普通高等教育“十三五”规划教材

大学计算机基础实验教程

主　编　饶　泓　龚根华

中国水利水电出版社
www.waterpub.com.cn
·北京·

内 容 提 要

本书以培养学生计算思维为出发点，以培养学生计算机实践能力为落脚点，结合全国计算机等级考试二级考试大纲设计了一系列内容新颖、涉及面广、应用性强的实验任务。实验教材以具体操作任务与实用技巧为驱动，将基础知识与实践技能融入实际的操作过程之中，使读者完成本书的实验任务后既能对计算机软硬件工作原理有深入的理解，又能熟练应用常用的软件工具完成实际工作中的文档处理、电子表格处理、幻灯片制作、简单的网页制作、音视频制作、计算机网络的设置等任务，从而实现理论与实践的统一。

全书共 9 章：计算机硬件组成、Windows 7 操作系统、程序设计基础（以 Python 为例）、Word 2010 文档处理、Excel 2010 电子表格制作、PowerPoint 2010 幻灯片制作、计算机网络、多媒体技术、网页制作（HTML+CSS+JavaScript）。

本书既可作为高等院校非计算机专业本专科学生学习“计算机基础”课程的实验教材，也可作为计算机培训、计算机等级考试的参考书。本书可与《大学计算机基础》配合使用。

图书在版编目（CIP）数据

大学计算机基础实验教程 / 饶泓，龚根华主编. -- 北京 : 中国水利水电出版社，2019.9（2021.8 重印）
普通高等教育“十三五”规划教材
ISBN 978-7-5170-7963-7

Ⅰ. ①大… Ⅱ. ①饶… ②龚… Ⅲ. ①电子计算机－高等学校－教材 Ⅳ. ①TP3

中国版本图书馆CIP数据核字(2019)第186795号

策划编辑：陈红华　　责任编辑：陈红华　　封面设计：李　佳

书　名	普通高等教育“十三五”规划教材 大学计算机基础实验教程 DAXUE JISUANJI JICHU SHIYAN JIAOCHENG
作　者	主　编　饶　泓　龚根华
出版发行	中国水利水电出版社 （北京市海淀区玉渊潭南路 1 号 D 座　100038） 网址：www.waterpub.com.cn E-mail：mchannel@263.net（万水） sales@waterpub.com.cn 电话：（010）68367658（营销中心）、82562819（万水）
经　售	全国各地新华书店和相关出版物销售网点
排　版	北京万水电子信息有限公司
印　刷	三河市鑫金马印装有限公司
规　格	184mm×260mm　16 开本　15.75 印张　328 千字
版　次	2019 年 9 月第 1 版　2021 年 8 月第 4 次印刷
印　数	15001—20000 册
定　价	40.00 元

前　　言

“大学计算机基础”是大学本科教育的第一门计算机公共基础课程，随着社会信息技术应用水平的迅速提高，该课程的改革越来越受到人们的关注。当前，国家推动创新驱动发展，以新技术、新业态、新模式、新产业为代表的新经济蓬勃发展，对大学生的信息技术能力培养提出了更高要求，迫切需要加快大学计算机基础课程的改革创新，以信息化技术的提升带动人才培养，培养创新能力强、能使用信息技术解决复杂问题、具备国际竞争力的高素质复合型新时代人才。

同时，物联网、大数据、云计算、人工智能、脑认知等新技术出现，传统的计算机基础知识需要重构，迫切需要基于新理念、新模式、新质量、新方法的融合创新范式对大学计算机基础知识体系进行改革，培养学生在智能时代的计算思维能力。

基于这种认识，本书突破了传统实验教程的编写模式，不仅能辅助主教材实现课程知识的验证，而且依据课程知识主线，以实际应用为目标，精心设计了一组内容新颖、涉及面广、应用性强的操作任务与实用技巧。

实验教程以具体操作任务与实用技巧为驱动，将基础知识与实践技能融入实际的操作过程之中，既激发学生的学习兴趣，又培养学生的实践操作能力，从而达到理论知识和实际应用融会贯通的目的。

同时，该书立足于计算机技术和网络技术的最新发展，根据智能时代对人才培养的新需求，与传统的计算机基础实验教程相比，增加了 Python 程序设计和网页前端制作实验，为综合性大学非计算机本科各专业学生的计算机应用基础能力培养提供了一套完整可行的解决方案。

该书的出版将有利于提高我校本科生信息技术实践能力培养水平、提高学生的计算机动手能力，对于提高我校人才培养质量具有重要意义。

全书共 9 章，第 1 章由邱春辐编写，第 2 章由刘晓清编写，第 3 章由饶泓编写，第 4 章由喻国平编写，第 5 章由张云如编写，第 6 章由周理凤编写，第 7 章由徐知海编写，第 8 章由王昊编写，第 9 章由龚根华编写。饶泓负责（龚根华协助）全书的组织和统稿工作。

在本书编写和出版过程中，编者得到了中国水利水电出版社、南昌大学教务处和南昌大学计算中心的大力支持与帮助，在此表示衷心感谢。

由于编者水平有限，加之时间仓促，书中难免有疏漏甚至错误之处，恳求读者和专家批评指正。

编者

2019 年 6 月

目　　录

第 1 章　计算机硬件组成

知识要览

本章主要内容包括：

- 微型计算机的基本部件及其组成。
- 主板、CPU、内存、硬盘、显卡、声卡、网卡、电源、鼠标、键盘、显示器及其基本功能。
- 如何根据用户需求列出计算机组装配件清单。

实验 1.1　认识微型计算机的主要部件

实验目的

（1）能够通过实物或图片识别每个计算机部件。

（2）尝试根据需求配置计算机。

实验内容与操作步骤

任务 1　认识主板

主板，又叫主机板（mainboard）、系统板（systemboard）和母版（motherboard），安装在机箱内，是微机最基本的也是最重要的部件之一，它决定了一台计算机的平台和档次。主板一般为矩形电路板，如图 1-1 所示。主板上安装有计算机的主要电路系统，包括 BIOS 芯片、I/O 控制芯片、键盘和面板控制开关接口、指示灯插接件、扩充插槽、主板及插卡的直流电源供电接插件等元件。

图 1-1 所示为技嘉 H110M-DS2V 主板，虽然主板的型号有很多，但是基本功能和部件大同小异。

需要注意的是，不同的主板只能搭载对应型号的硬件，如 CPU 和内存，因此在组装计算机时一定要注意选购的 CPU、内存等硬件是否和主板的接口适配，否则不能使用。下面以在京东商城选购计算机组件组装计算机为例来说明。

图 1-1　主板

（1）打开京东商城网站 www.jd.com，搜索“主板”，选择符合我们要求的主板，如图 1-2 所示。

图 1-2　在京东商城搜索主板

（2）我们选择了一块技嘉 H110M-DS2V 主板，然后单击“商品介绍”中的“规格与包装”，在此能够看到此块主板的各项参数。

通过图 1-3 可知该主板采用的芯片组和支持的 CPU 以及内存规格型号。

主体	品牌	技嘉 GIGABYTE
	型号	H110M-DS2V
	平台类型	Intel平台
芯片组	主/北桥芯片	Intel H110 高速芯片组
	集成显卡	需要搭配内建GPU的处理器
	显示输出接口	有
支持CPU	接口类型	LGA 1151
	兼容系列	支持第6代 / 第7代LGA1151插槽处理器： Intel Core i7处理器 / Intel Core i5处理器 / Intel Core i3处理器 / Intel Pentium处理器 / Intel Celeron处理器
内存	内存插槽	2个DDR4 DIMM插槽
	内存标准	DDR4 2133
	最大内存容量	32GB
	双通道支持	支持
	三通道支持	不支持

图 1-3　主板参数 1

芯片组是一个非常重要的性能指标，可以说芯片组决定了主板的档次。英特尔主流芯片组有 Z、B、H、X 等系列，其中 Z 系列是超频版，规格高，性能、用料好；B 系列是商用芯片组，不支持超频；H 系列是常规版，性能、用料中规中矩，价格偏低；X 系列是最高端的系列，属于发烧友级，用来搭配最高端的 CPU。此块主板搭载了 Intel H110 芯片组。

此块主板能支持的 CPU 也有列出，不在这个列表中的 CPU 将不能运行在该主板上。

此主板支持 DDR4 内存，含有 2 根内存插槽，最大内存容量为 32GB，在配置内存的时候一定要注意这个限制。

（3）除了以上参数，主板还会有一些接口、支持板卡数等参数，如图 1-4 所示。

板载接口	内置音频接口	1个前置音频插座
	CPU风扇插座	1组
	系统风扇插座	2组
	S/PDIF 插座	1个S/PDIF输出插座
	其它插座	4个SATA 3.0接口;1个24 PIN 主板供电插座;1个8 PIN CPU 供电插座;1个主板跳线插座;1个安全加密模块(TPM)插座；1个USB 3.0插座;2个USB 2.0插座
后置接口	PS/2	1 x PS/2键鼠接口
	VGA接口	1个VGA接口
	DVI接口	1 x DVI接口
	RJ 45网络接口	1 x RJ45接口
	音频接口	3个音频接口(音频输入、音频输出、麦克风)
	其它接口	2个USB 3.0接口；2个USB 2.0接口

图 1-4　主板参数 2

在此表中可以看到主板提供了两个视频接口：1 个 VGA 接口，一个 DVI 接口，一般来说这两个视频接口已经足够满足日常需求，可是如果需要 HDMI 高清数字接口，那么就不能选择这块主板了。

任务 2 认识 CPU

CPU 是 Central Processing Unit 的缩写，又称微处理器。CPU 主要由运算器和控制器组成，是微型计算机硬件系统中的核心部件。计算机所发生的全部动作都受 CPU 的控制，CPU 品质的高低通常决定了一台计算机的档次。

CPU 性能的主要参数包括字长、主频、外频、缓存、接口、工作电压等几方面。

- 主频：也叫时钟频率，单位是 MHz，用来表示 CPU 的运算速度。主频是衡量 CPU 性能的一个重要指标，但不代表 CPU 的整体性能。Core i5-650 CPU 的主频可达 3.2GHz。
- 外频：是 CPU 的基准频率，单位是 MHz。目前 Core i5-650 CPU 的外频已达到 733MHz 以上。CPU 的工作主频是通过倍频系数乘以外频得到的。
- 字长：CPU 在单位时间内（同一时间）能一次处理的二进制数的位数叫字长。目前，微型计算机主要使用 64 位机。
- 缓存：缓存是可以进行高速存取的存储器，又称 Cache，用于内存和 CPU 之间的数据交换。缓存大小也是 CPU 的重要指标之一。

CPU 主要有两大生产厂商：AMD 和 Intel，图 1-5 所示为 AMD 生产的 CPU。目前，AMD 的主流 CPU 产品是锐龙系列，Intel 的主流 CPU 产品是酷睿系列。

图 1-5 CPU

任务 3 认识内存

内存储器简称内存（又称主存），通常安装在主板上，如图 1-6 所示。内存与运算器和控制器直接相连，能与 CPU 直接交换信息，存取速度很快。在计算机中，通常把 CPU 和内存储器的组合称为主机。内存分为随机存储器（RAM）和只读存储器（ROM）两部分。

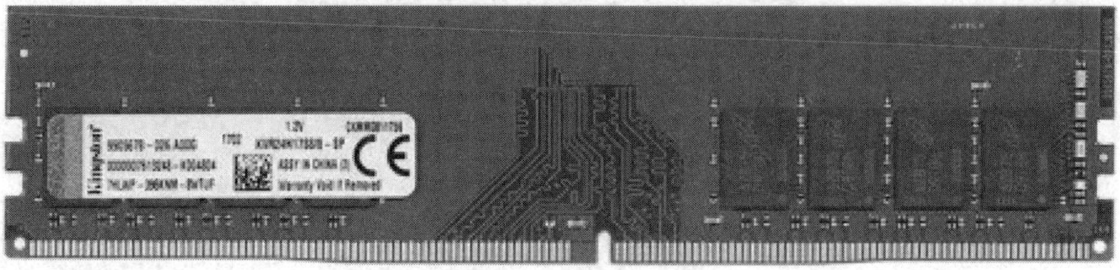

图 1-6　内存

RAM（Random Access Memory）的存储单元可以进行读写操作。目前有静态随机存储器（SRAM）和动态随机存储器（DRAM）。SRAM 的读写速度快，但价格高昂，主要用于高速缓存存储器（Cache）。DRAM 相对于 SRAM 而言，读写速度较慢，价格较低廉，因而用作大容量存储器。

ROM（Read Only Memory）是一种只能读出不能写入的存储器，其中的信息被永久地写入，不受断电的影响，即在关掉计算机的电源后 ROM 中的信息也不会丢失。因此，它常用于永久地存放系统的一些重要而且固定的程序和数据。

现在主流的内存为 DDR4 内存，需要注意的是 DDR4 内存条向下不兼容，也就是说使用的 DDR4 内存条不能被 DDR3 等内存条替代。

任务 4　认识硬盘

现在主流的硬盘主要有两种：机械硬盘和固态硬盘（SSD），如图 1-7 和图 1-8 所示。机械硬盘价格低、容量大，但是因为有电机加速旋转的过程，所以具有怕震动、怕灰尘、怕热等缺点；而固态硬盘价格高、容量小，但是启动速度极快、读延迟小、不怕震动、没有噪音，因此两种硬盘各有市场。还有用户选择安装两块硬盘，用固态硬盘作为系统启动盘，加快系统运行速度，而采用机械硬盘作为主要数据存储盘。

图 1-7　机械硬盘

图 1-8 固态硬盘

任务 5 认识显卡

显卡（如图 1-9 所示）是计算机的重要组成部分，显卡上带有 VGA、DVI、HDMI 等视频接口，目前很多主板都有集成显卡，但是对图形图像处理有特殊需求的计算机用户往往需要配置独立显卡。

图 1-9 显卡

任务 6 认识输入设备

常用的输入设备有键盘、鼠标，用户也可以根据自己的需要配置手写板、摄像头、麦克风等。

常用的鼠标（如图 1-10 所示）有有线、无线之分。

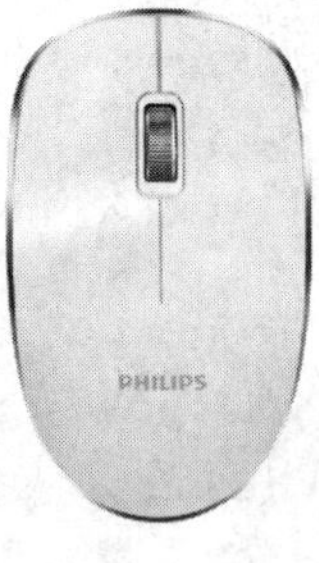

图 1-10 鼠标

键盘（如图 1-11 所示）是计算机必备的标准输入设备。键位分为标准字符区、功能键区、编辑键区和小键盘区。键盘又可以分为电容键盘、薄膜键盘、机械键盘。

图 1-11　键盘

任务 7　认识输出设备

常用的输出设备有显示器、打印机、音箱等。

显示器是计算机必备的输出设备，常用的有阴极射线管显示器、液晶显示器、LED 显示器、3D 显示器和等离子显示器。其中液晶显示器是当前微机的主流显示器，其因功耗小、无辐射等多种优点越来越受到用户的青睐，如图 1-12 所示。

图 1-12　LCD 显示器

打印机（如图 1-13 所示）是计算机系统的主要输出设备之一，它将计算机的运算结果或中间结果以人所能识别的数字、字母、符号和图形等依照规定的格式印在纸上。打印机的种类很多，按打印元件对纸是否有击打动作分为击打式打印机和非击打式打印机；按打印字符结构分为全形字打印机和点阵字符打印机；按一行字在纸上形成的方式分为串式打印机和行式打印机；按所采用的技术分为针式、柱形、球形、喷墨式、热敏式、激光式、静电式、磁式、发光二极管式等打印机。

图 1-13 打印机

针式打印机打印的字符和图形是以点阵的形式构成的。它的打印头由若干根打印针和驱动电磁铁组成。打印时使相应的针头接触色带击打纸面来完成。目前使用较多的是 24 针打印机。针式打印机的主要特点是价格便宜、使用方便，但打印速度较慢、噪音大。

激光打印机是激光技术和电子照相技术的复合产物。激光打印机的技术来源于复印机，但复印机的光源是用灯光，而激光打印机用的是激光。由于激光光束能聚焦成很细的光点，因此激光打印机能输出分辨率很高且色彩很好的图形。激光打印机正以速度快、分辨率高、无噪音等优势逐步进入微机外设市场，但价格稍高。

喷墨打印机是直接将墨水喷到纸上来实现打印。喷墨打印机价格低廉、打印效果较好，很受用户欢迎，但喷墨打印机使用的纸张要求较高，墨盒消耗较快。

思考与综合练习

通过网站（如中关村在线、泡泡网、京东商城等）查询各个部件的参数、价格，按照以下 3 个诉求配置计算机：

（1）一名学生，打算用自己的奖学金购置一台台式计算机。日常需求：上网、编辑 Office 文档、上网听歌、看视频网站的视频、安装学习中所需要用到的对系统资源要求不高的软件，预算 4000 元左右。

（2）刚刚参加工作的职场新人，日常需求：上网、编辑 Office 文档、打游戏，主要诉求是希望机器不要那么快过时，预算 6000～7000 元。

（3）视频设计人员，日常需求：视频剪辑、视频素材创作、视频渲染，预算 12000 元左右。

第 2 章　Windows 7 操作系统

知识要览

本章主要内容包括：

- Windows 系统的基本操作。
- Windows 系统的基本设置。
- Windows 系统的基本维护。
- Windows 系统的应用提高。

实验 2.1　文件与文件夹操作

实验目的

（1）掌握文件、文件夹的新建、删除、移动、复制、重命名、查看属性等基本操作。

（2）熟练掌握查找文件或文件夹的方法。

实验内容与操作步骤

任务

（1）在 D:盘上建立一个名为“学号”的文件夹，在“学号”文件夹下再分别创建两个子文件夹：“训练 1”和“训练 2”。

（2）把 C:\windows\apppatch 下的所有文件和文件夹复制到“训练 1”文件夹下。

（3）在“学号”文件夹下建立 stu.txt 文本文件。

（4）把“训练 1”文件夹下的第 2～4 个文件和第 6 个与第 8 个文件移动到“训练 2”文件夹下。

（5）搜索 D:盘“学号”文件夹中第一个字母为 a，扩展名为 dll 的文件，并将其全部删除。

（6）设置“训练 1”文件夹的属性。

（7）取消文件和文件夹的隐藏。

操作方法及步骤如下：

（1）双击桌面上的“计算机”图标打开资源管理器窗口，双击本地磁盘 D:打开本地磁盘的窗口，鼠标在空白处右击，在弹出的快捷菜单中选择“新建”→“文件夹”命令（如图 2-1 所示），“名称”输入“学号”，然后按 Enter 键。再双击打开文件夹“学号”，在其中建立“训练 1”文件夹和“训练 2”文件夹。

图 2-1 快捷菜单

（2）双击打开系统 C:盘，依次选择 windows 文件夹和 apppatch 文件夹，按 Ctrl+A 组合键选中全部，方法一：右击并选择“复制”选项，打开“训练 1”文件夹，右击并选择“粘贴”选项；方法二：按 Ctrl+C 组合键执行复制，打开“训练 1”文件夹后按 Ctrl+V 组合键执行粘贴；方法三：将目标用鼠标拖动到“训练 1”文件夹中。

（3）打开“学号”文件夹，右击并选择“新建”→“文本文档”命令，“名称”输入 stu（注意不能输入 stu.txt）。

（4）打开“训练 1”文件夹，单击第 2 个文件，按下 Shift 键的同时单击第 4 个文件，按下 Ctrl 键的同时单击第 6 个和第 8 个文件，选定目标文件后按 Ctrl+X 组合键执行剪切，打开“训练 2”文件夹，再按 Ctrl+V 组合键执行粘贴，完成移动。

（5）打开“学号”文件夹，出现如图 2-2 所示的窗口，在右上角搜索区域的文本框里输入 A*.DLL，搜索结果将自动出现在下面的窗格区域中。单击文件窗格区域，按 Ctrl+A 组合键选中全部文件，按 Delete 键完成删除。

（6）打开“学号”文件夹，选中“训练 1”文件夹并右击，在弹出的快捷菜单中选择“属性”选项，在如图 2-3 所示的对话框中单击“隐藏”复选项，再单击“应用”按钮，完成“训练 1”文件夹的隐藏。恢复“训练 1”文件夹隐藏的方法：先选择“学号”文件夹，设置隐藏并单击“应用”按钮，在对话框中选择“将更改应用于此文件夹、子文件夹和文件”，再单击“应用”按钮完成。

图 2-2　搜索结果

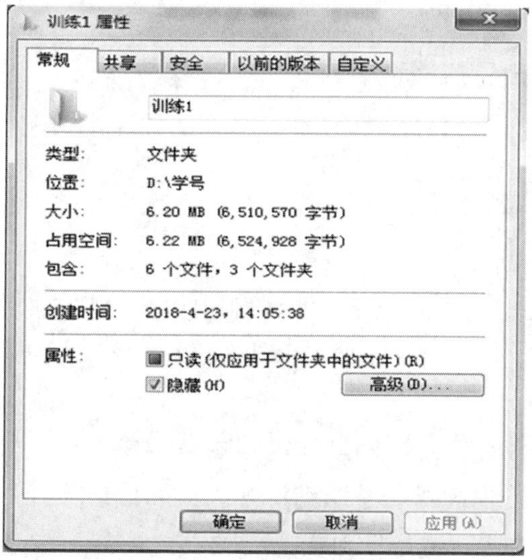

图 2-3　文件夹属性对话框

（7）启动“控制面板”：单击“开始”按钮并选择“控制面板”命令。双击“文件夹选项”，弹出如图 2-4 所示的对话框，单击“查看”选项卡，在“高级设置”列表框中查找“隐藏文件和文件夹”，选中“显示隐藏的文件、文件夹和驱动器”，单击“应用”按钮。返回步骤（6），即可查看到隐藏的文件和文件夹，通过属性对话框可以取消其隐藏属性。

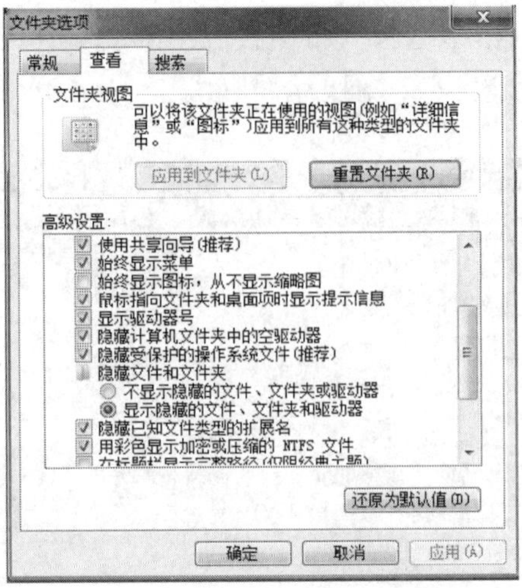

图 2-4 “文件夹选项”对话框

实验 2.2 程序管理

实验目的

（1）掌握建立快捷方式的方法。

（2）了解如何管理与删除应用程序。

（3）使用“Windows 任务管理器”查看已打开的程序，关闭程序。

实验内容与操作步骤

任务 1 在桌面上分别创建写字板和“训练 1”文件夹的快捷方式图标

操作方法及步骤如下：

（1）双击桌面上的“计算机”图标打开资源管理器窗口，打开 C:\windows 文件夹并选中 write 文件，在右键快捷菜单中选择“发送到”→“桌面快捷方式”选项。

（2）打开“学号”文件夹，选中“训练 1”文件夹并右击，在弹出的快捷菜单中选择“创建快捷方式”选项，将新创建的快捷方式图标拖到桌面上。

任务 2 使用“控制面板”中的“程序和功能”选项进行应用程序的卸载与管理

操作方法及步骤如下：

（1）启动“控制面板”：单击“开始”→“控制面板”命令。

（2）双击“程序和功能”，打开如图 2-5 所示的窗口。如果需要卸载某一个程序，例如“金山打字通”，则在列表框中找到该程序，然后单击“卸载”按钮，再在弹出的对话框中单击“是”按钮。

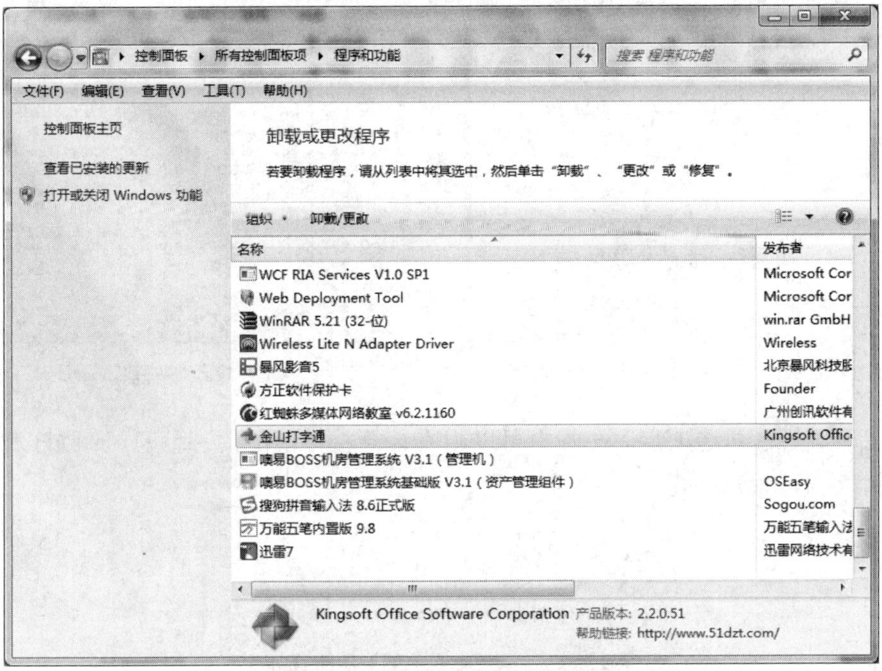

图 2-5 “程序和功能”窗口

任务 3 了解任务管理器，利用任务管理器关闭打开的应用程序

操作方法及步骤如下：

（1）打开“Windows 任务管理器”，方法是：右击任务栏的空白处，在弹出的快捷菜单中选择“启动任务管理器”命令（也可按 Ctrl+Shift+Esc 组合键）。

（2）分别打开写字板和“训练 1”文件夹，再单击“Windows 任务管理器”窗口，如图 2-6 所示。

（3）在“应用程序”选项卡的“任务”列表框中选择一个任务，单击“结束任务”按钮直接关闭某个应用程序，如结束“写字板”；如果需要同时结束多个任务，可以按住 Ctrl 键复选。也可以双击应用程序来结束任务。利用任务管理器来结束任务将丢失未保存的数据。

（4）打开“进程”选项卡。“进程”选项卡用于显示关于计算机上正在运行的进程的信息，包括应用程序、后台服务等，如图 2-7 所示。找到需要结束的进程名，如 notepad.exe（记事本），单击“结束进程”按钮，即可强行终止。如果结束的是系统服务，系统的某些功能可能无法正常使用。

图 2-6 “Windows 任务管理器”窗口

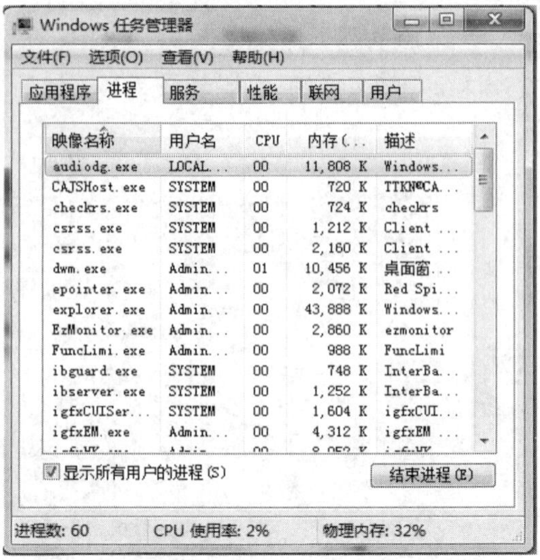

图 2-7 “进程”选项卡

（5）打开“性能”选项卡。在其中可以查看计算机性能的动态信息，例如 CPU 和各种内存的使用情况，如图 2-8 所示。

图 2-8 “性能”选项卡

实验 2.3 系统设置

实验目的

使用控制面板掌握以下操作：

（1）系统设置。

（2）显示属性设置。

（3）Internet 属性。

（4）安装打印机。

实验内容与操作步骤

任务 1　查看系统信息，通过“系统属性”对话框更改计算机名信息

操作方法及步骤如下：

（1）启动“控制面板”，打开“系统和安全”窗口，如图 2-9 所示。

图 2-9　“系统和安全”窗口

（2）单击“系统”下的“查看该计算机的名称”选项可以重新设置计算机的名称。

任务 2　查看显示属性，更改桌面背景及显示分辨率等，并进一步了解“外观和个性化”的其他设置

操作方法及步骤如下：

（1）启动“控制面板”，打开“外观和个性化”窗口，如图 2-10 所示。

（2）单击“更改主题”选项，可以选择其他主题。

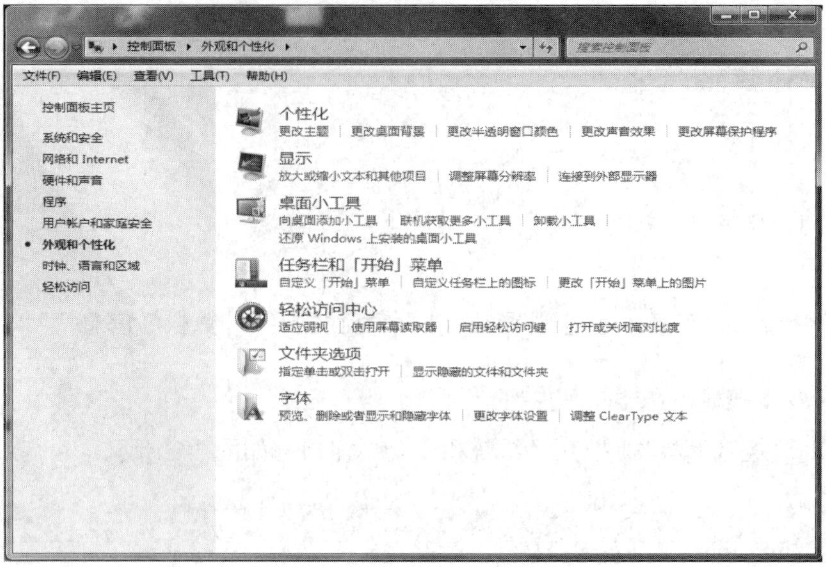

图 2-10 “外观和个性化”窗口

（3）单击“更改桌面背景”选项，可以修改和设置当前的桌面背景。

（4）单击“更改屏幕保护程序”选项，可以设置当前的屏幕保护程序，如选择“变幻线”作为屏幕保护程序，在“等待”数值框中选择 2 分钟，如图 2-11 所示。

图 2-11 设置屏幕保护程序

（5）单击“调整屏幕分辨率”选项，可以调整屏幕分辨率。

任务 3 使用 Internet 属性设置浏览器主页和自定义安全级别

操作方法及步骤如下：

（1）打开“控制面板”→“Internet 选项”。

（2）在“常规”选项卡的“主页”框中输入新的主页地址，如 www.163.com。

（3）在“安全”选项卡（如图 2-12 所示）中，单击“自定义级别”按钮。

（4）在图 2-13 所示的对话框中，启用“ActiveX 控件和插件”；当从网上下载完毕后要返回本对话框，在“重置为”下拉列表框中选择“中-高（默认值）”恢复原设置。

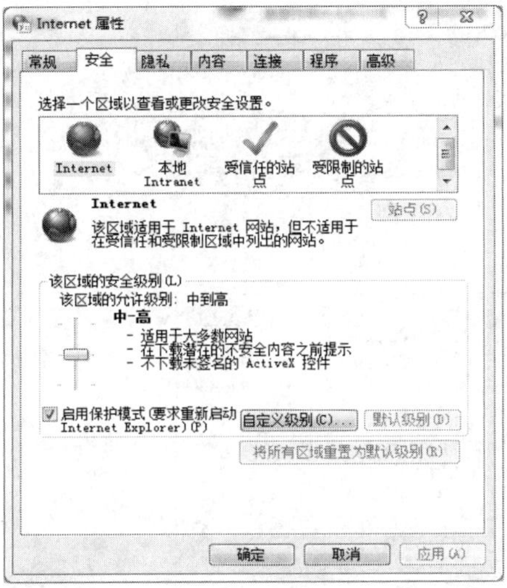

图 2-12 “Internet 属性”对话框

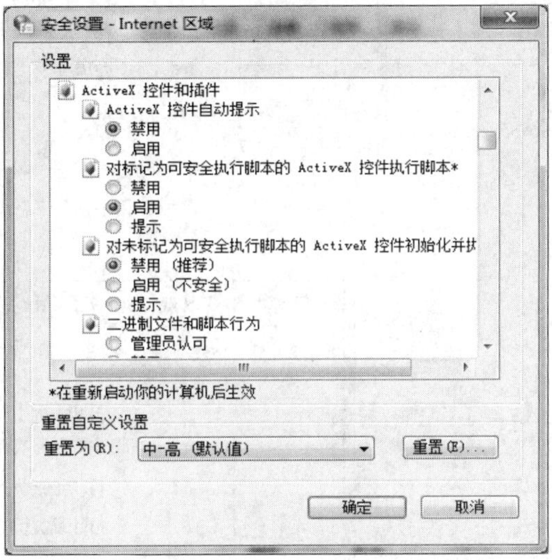

图 2-13 Internet 安全设置

任务 4 安装打印机驱动程序及属性设置

操作方法及步骤如下：

（1）单击“控制面板”→“设备与打印机”，在打开的窗口中单击“添加打印机”选项，弹出“添加打印机”对话框，从列表框中选择打印机，也可以单击“从磁盘安装”按钮，如图 2-14 所示。

（2）根据向导选择打印机的类型，如“添加本地打印机”，端口采用默认设置，选择打印机生产厂商及型号，如 Epson LASER LP-1300。

（3）将打印机命名为 Epson，选择“设为默认打印机”复选项。

（4）单击“打印测试页”按钮进行打印测试，完成打印机的安装。

（5）右击“打印机”窗口中的打印机，在弹出的快捷菜单中选择“打印首选项”命令，在弹出的对话框中可以设置纸张方向、打印布局等属性，如图 2-15 所示。

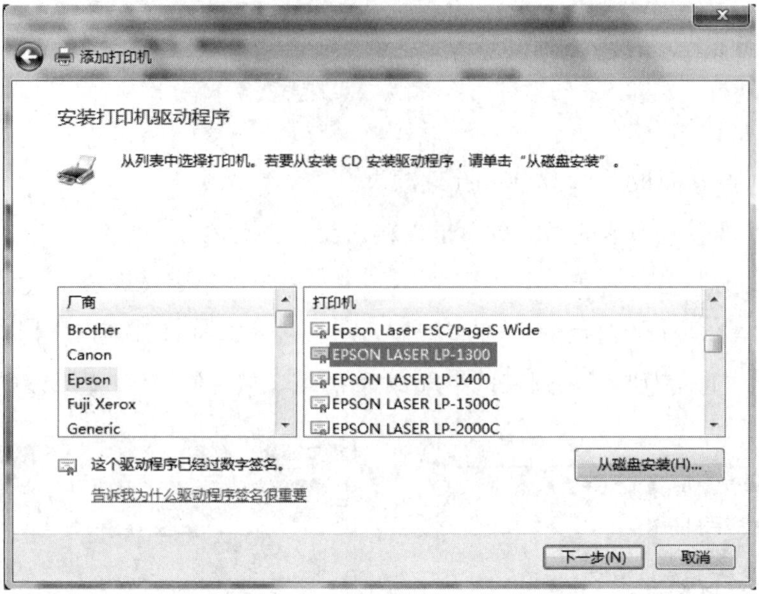

图 2-14 “添加打印机”对话框

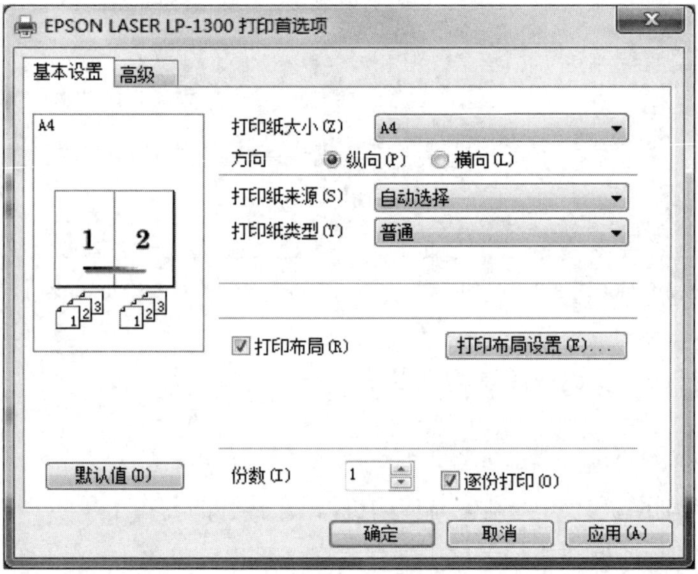

图 2-15 打印属性设置

实验 2.4 系统维护

实验目的

（1）磁盘碎片整理和释放磁盘空间。

（2）系统的备份与还原。

实验内容与操作步骤

任务 1 使用“磁盘清理”和“磁盘碎片整理程序”工具优化系统

操作方法及步骤如下：

（1）打开“控制面板”窗口，依次选择“管理工具”→“磁盘碎片整理程序”，选择要整理的磁盘 C:，然后单击“分析磁盘”按钮，如图 2-16 所示。等待分析完成后，系统会给出是否需要碎片整理的建议。如果需要整理，则单击“磁盘碎片整理”按钮开始整理碎片。

图 2-16 “磁盘碎片整理程序”对话框

（2）打开“控制面板”窗口，依次选择“管理工具”→“磁盘清理”，弹出如图 2-17 所示的对话框。选择要整理的磁盘 C:，在列表框中选择需要删除的文件，然后单击“确定”按钮。

任务 2 系统的备份与还原

操作方法及步骤如下：

（1）打开“控制面板”窗口，选择“备份与还原”，单击“设置备份”，选择保存备份文件的位置，如图 2-18 所示。单击“下一步”按钮直到完成备份。

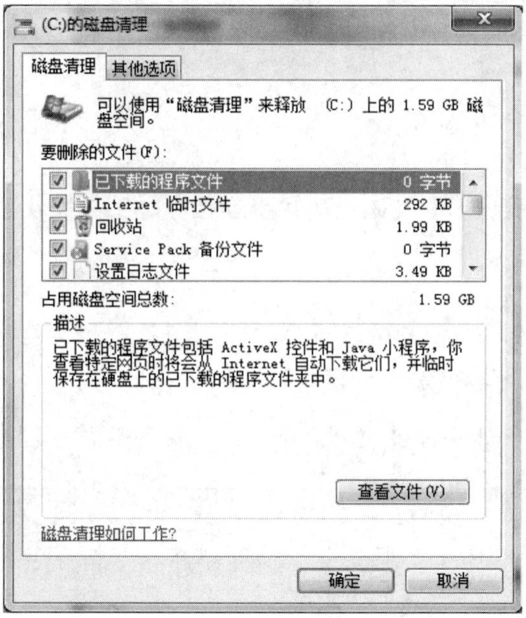

图 2-17 “磁盘清理”对话框

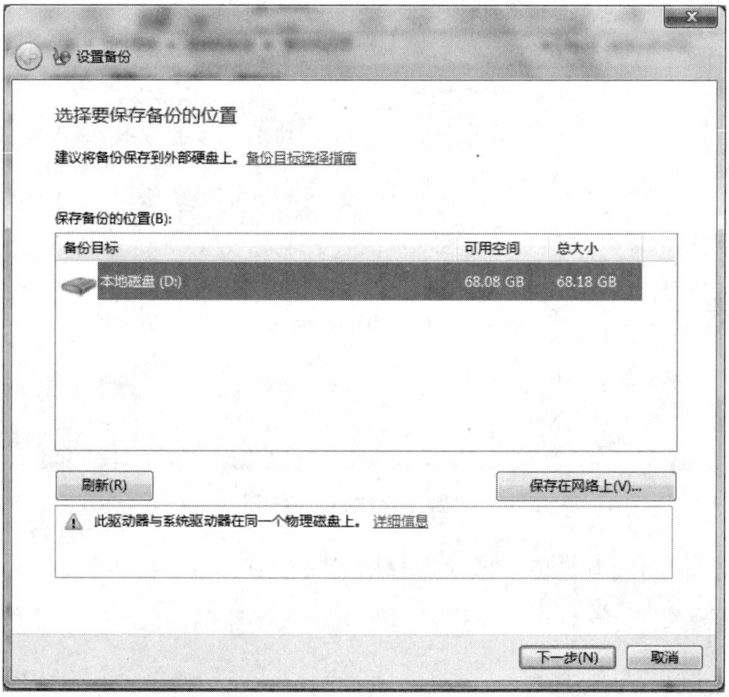

图 2-18 “设置备份”对话框

（2）打开“控制面板”窗口，选择“备份与还原”，单击“还原文件”按钮，弹出如图 2-19 所示的对话框，单击“浏览文件”按钮会还原该文件的内容，如果单击“浏览文件夹”按钮则还原文件夹里的全部内容。

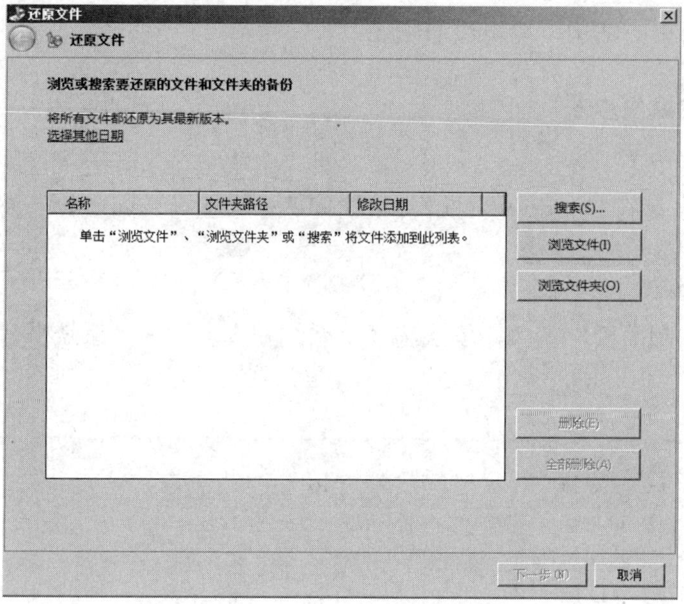

图 2-19　“还原文件”对话框

（3）在图 2-20 所示的对话框中选择要还原的文件夹，然后单击“添加文件夹”按钮，单击“下一步”按钮完成还原。

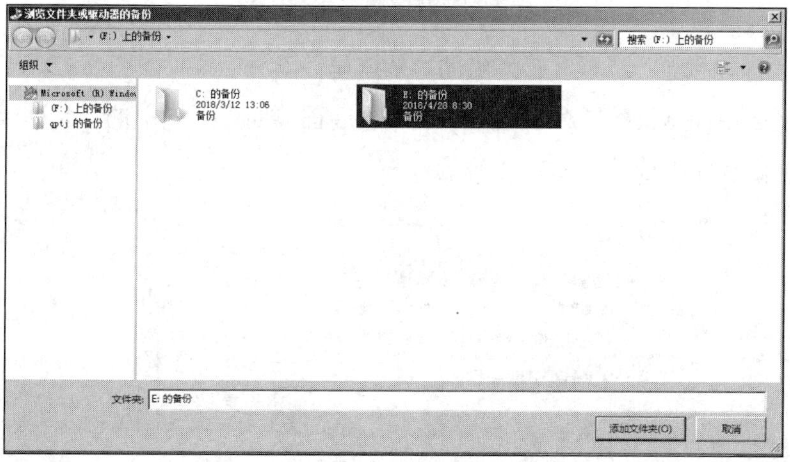

图 2-20　浏览备份文件

实验 2.5　进阶提高

实验目的

（1）使用远程桌面连接，使用一台主控计算机访问另一台被控的计算机。

（2）了解注册表的结构，编辑注册表。

实验内容与操作步骤

任务 1 从一台运行 Windows 的计算机访问另一台运行 Windows 的计算机

操作方法及步骤如下：

（1）打开“控制面板”窗口，依次选择“系统和安全”→“系统”，打开“系统”窗口，如图 2-21 所示。

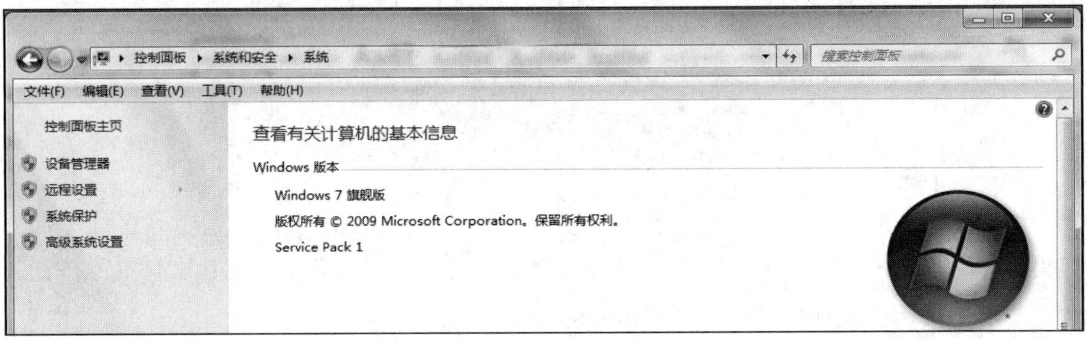

图 2-21 计算机系统属性

（2）选择“远程设置”选项，在弹出的“系统属性”对话框（如图 2-22 所示）中选择“允许远程协助连接这台计算机”复选项，然后选中“远程桌面”区域中的“允许运行任意版本远程桌面的计算机连接”单选项，单击“确定”按钮。

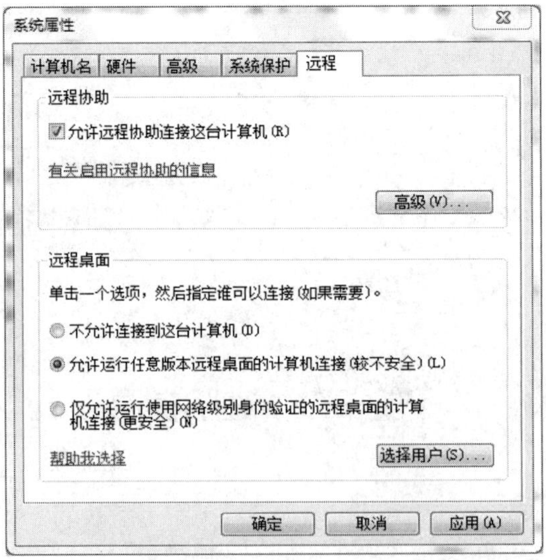

图 2-22 “系统属性”对话框

（3）创建新用户：在“控制面板”窗口中选择“用户账户和家庭安全”，选择“管理员”单选项，在文本框中输入账户名称，如 stud，单击“创建账户”按钮，如图 2-23 所示。

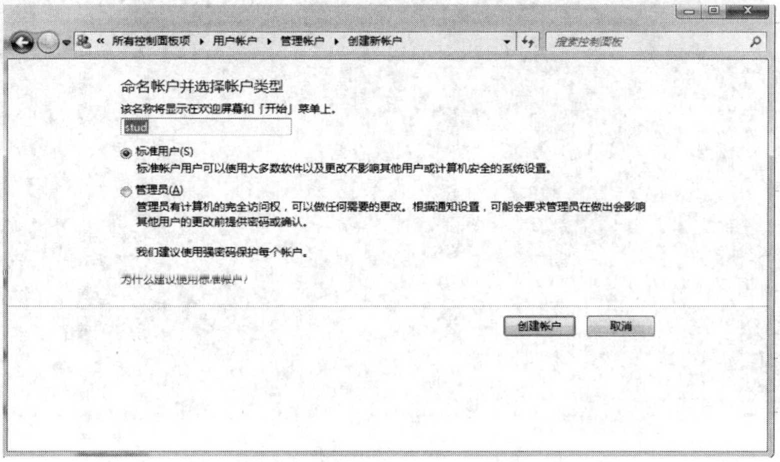

图 2-23　建立自己的账户

（4）在“管理账户”窗口中双击新建的账户，给新建的账户设置密码，如图 2-24 所示。

图 2-24　设置密码

（5）单击“开始”→“所有程序”→“附件”→“运行”命令，输入 CMD，打开命令操作窗口，在命令提示符后输入 ipconfig 命令，如图 2-25 所示，查找到本机的 IPv4 地址，记下这个 IP 地址。

（6）被控的计算机用新用户名登录。

（7）在主控机上单击“开始”→“所有程序”→“附件”→“远程桌面”命令或使用 mstsc 命令打开“远程桌面连接”对话框，如图 2-26 所示，输入受控机所在的 IPv4 地址或 PC 用户名。

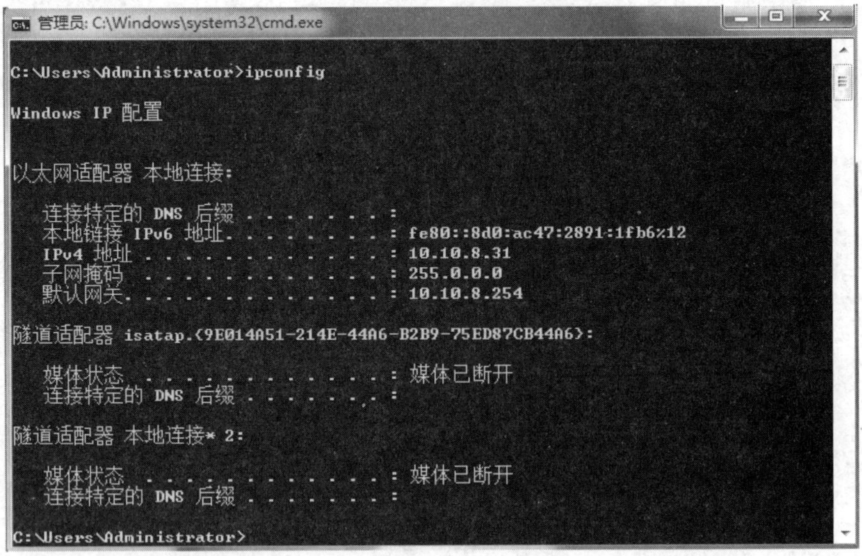

图 2-25　Windows IP 配置

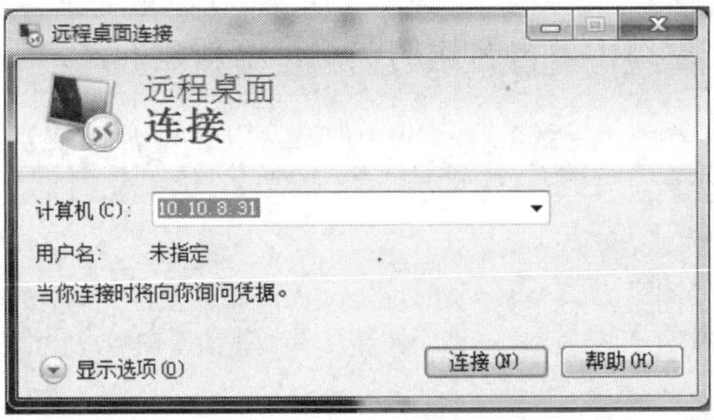

图 2-26　“远程桌面连接”对话框

（8）单击“连接”按钮后等待启动远程连接模块，之后会弹出对话框要求输入用户名和密码，如图 2-27 所示。输入要注意区分字母大小写。

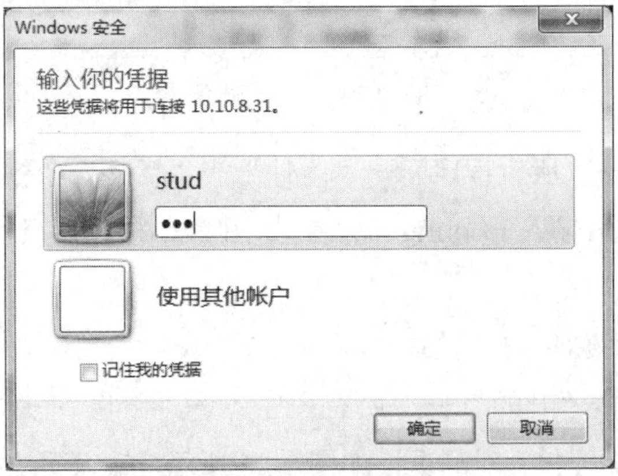

图 2-27　输入连接密码

至此远程连接完成，受控机桌面出现在操控机桌面中，如图 2-28 所示。此时即可用主控机来操作受控机，可以双击桌面图标使其运行，也可以将文件复制到主控机上来（网速较慢尽量不拖动大型文件）。

图 2-28　受控机桌面出现的窗口

任务 2　了解和操作注册表

（1）运行并查看注册表，认识注册表的结构。

（2）备份与恢复注册表。

（3）编辑注册表。

操作方法及步骤如下：

（1）单击“开始”→“所有程序”→“附件”→“运行”命令，在弹出的对话框中输入 regedit，如图 2-29 所示。

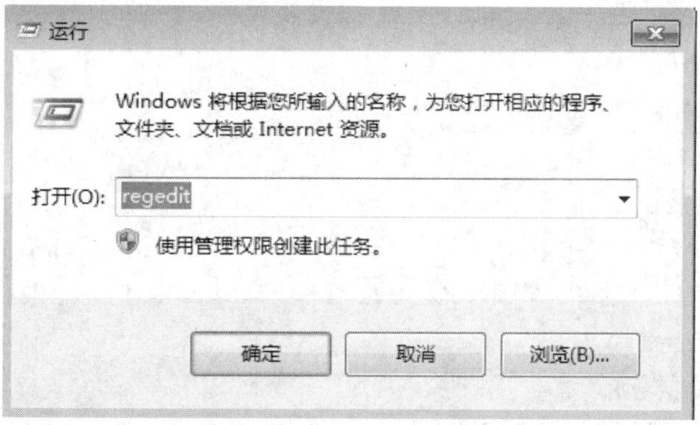

图 2-29　“运行”对话框

（2）单击“确定”按钮即可打开“注册表编辑器”窗口，如图 2-30 所示。

（3）单击左侧窗格中的右三角按钮，查看注册表键值数值并了解注册表的组成。

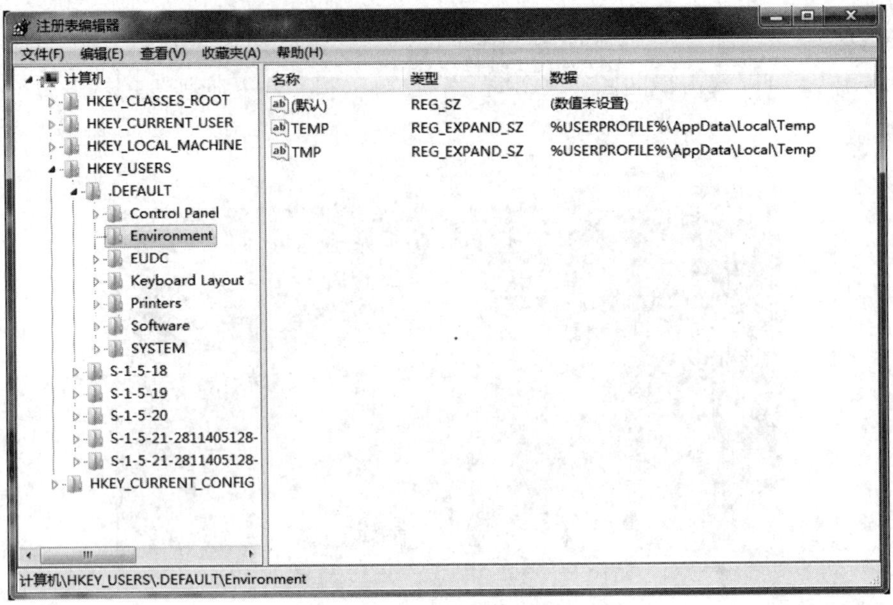

图 2-30 “注册表编辑器”窗口

（4）选择“文件”→“导出”命令，弹出“导出注册表文件”对话框，如图 2-31 所示。

（5）在“导出范围”区域中选定“全部”单选项，将文件命名为 regedit1.reg，保存路径设为“D:\学号”，单击“保存”按钮完成注册表的导出，即备份注册表。

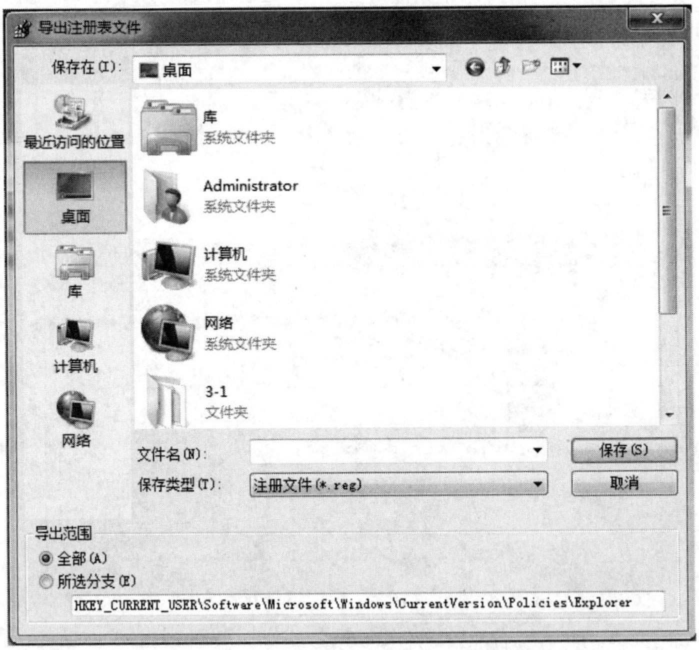

图 2-31 “导出注册表文件”对话框

（6）在“注册表编辑器”窗口中单击“文件”→“导入”命令，在弹出的“导入注册表”

对话框中选中“D:\学号”文件夹中的 regedit1.reg 文件，单击“打开”按钮完成注册表的恢复，也可以找到 regedit1.reg 文件并双击直接导入。

（7）编辑注册表，简单应用——隐藏桌面上的所有图标。打开“注册表编辑器”窗口，依次展开 HKEY_CURRENT_USER\Software\Microsoft\Windows\CurrentVersion\Policies\Explorer，如果 Explorer 没有就新建其项，先导出注册表，在“导出注册表文件”对话框中选择所选分支，单击“保存”按钮，然后通过快捷菜单新建 DWORD 值 NoDesktop，双击 NoDesktop，编辑修改其值为 1，如图 2-32 所示。重启系统后，你会发现桌面已变得空荡荡一片。最后导入前面备份的注册表，恢复原来注册表的值。

图 2-32　注册表编辑

思考与综合练习

1. 将自己的旅游照片以地名为文件夹名进行分类整理。
2. 将被删除的文件恢复。
3. 卸载一个应用程序。
4. 更改屏幕保护程序。
5. 对自己的系统进行备份与还原。
6. 对自己的注册表进行备份和恢复。

第 3 章　程序设计基础（以 Python 为例）

知识要览

本章主要内容包括：

- Python 的安装与使用。
- Python 的数据类型。
- Python 结构化程序设计。
- Python 面向对象程序设计。

实验 3.1　Python 的安装与使用

实验目的

（1）掌握下载与安装 Python 的方法。

（2）安装和管理 Python 安装包。

（3）使用 Python 内置集成开发环境 IDLE。

实验内容与操作步骤

Python 作为一种解释型语言，强调代码的可读性和简洁的语法（使用空格缩进划分代码块，而不是使用大括号或者关键词）。相比于 C++或 Java，Python 让开发者能够用更少的代码表达想法。

Python 目前包含两个主要版本：Python 2.x 和 Python 3.x。2010 年 Python 2.x 系列发布了最后一个版本 2.7，终结了 2.x 系列版本的发展。值得注意的是，Python 3.x 并不向下兼容，也就是说 Python 2.x 的程序在 Python 3.x 中无法正常运行。2008 年 12 月，Python 3.0 正式发布，截至 2019 年 6 月，发行的版本为 3.7。

在使用 Python 之前需要安装 Python 集成开发环境，Python 的集成开发环境常用的有 Python 自带的 IDLE、Anaconda、PyCharm 等。本书将介绍在 Python 自带的 IDLE 开发环境下编写 Python 程序。

任务 1　Python 的下载与安装

不同的操作系统需要下载不同的 Python 安装包，这里讲解如何在 Windows 操作系统下安装 Python。根据 Windows 版本（64 位或 32 位）从 Python 官方网站（https://www.python.org/downloads/）下载 Python 最新版本的 64 位安装程序或 32 位安装程序，如图 3-1 所示。

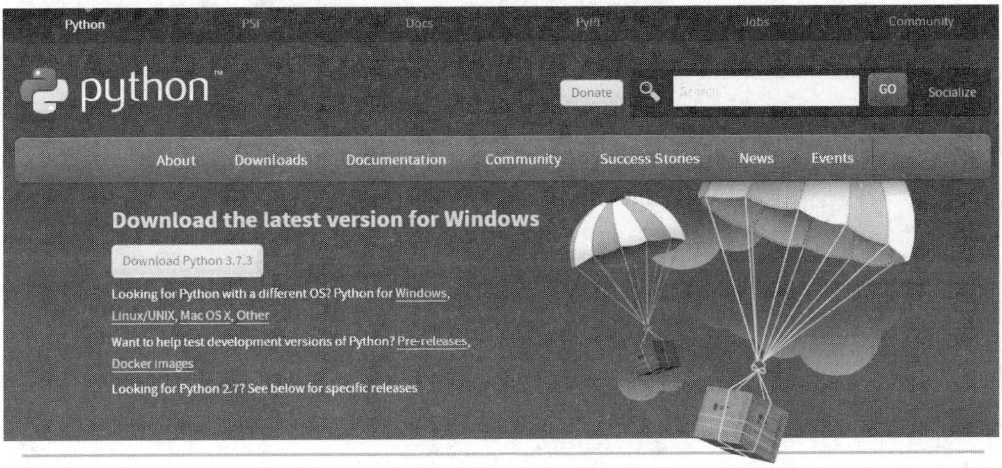

图 3-1　Python 下载页面

单击按钮下载 Python 3.7.3，约 25MB，如图 3-2 所示。

图 3-2　Python 解释器的下载

下载完成后，安装 Python 安装包，如图 3-3 所示。如果在安装时勾选了 Add Python 3.7 to PATH 复选项，则表示在安装完成后系统自动将 Python 的安装路径加入环境变量中；如果未勾选此复选项，则需要在 Python 安装完成后手动修改环境变量。

安装成功后，显示安装成功提示，如图 3-4 所示。

图 3-3　Python 安装界面

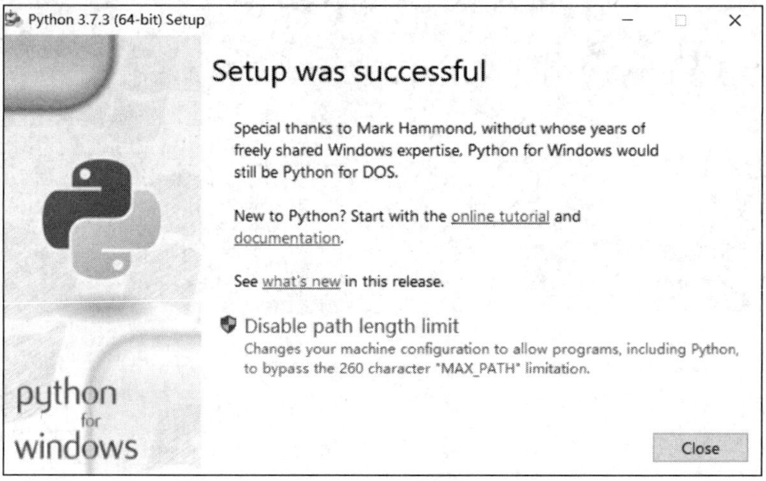

图 3-4　安装程序成功界面

打开命令提示符窗口，输入 python 后回车，如果出现如图 3-5 所示的界面，则表示 Python 安装成功。其中提示符>>>就表示我们已经在 Python 交互式环境中了，可以输入任何 Python 代码，回车后会立刻得到执行结果。

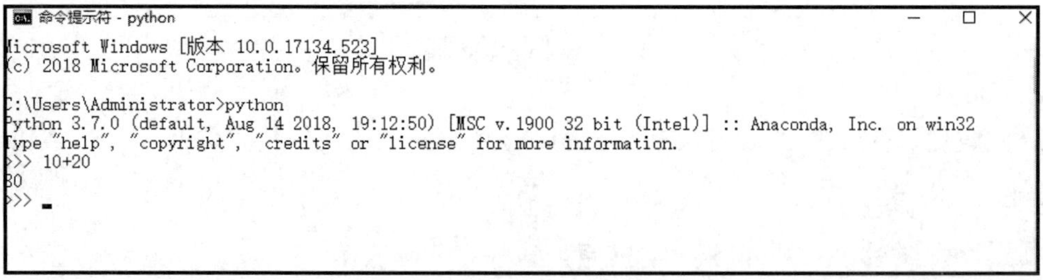

图 3-5　Python 安装成功界面

任务 2　环境变量的设置

如果在命令提示符窗口中输入 python，页面提示“‘python’不是内部或外部命令，也不是可运行的程序或批处理文件”，则表示 Python 环境变量未添加，需要手动在环境变量 PATH 中添加 Python 路径。

操作步骤如下：

（1）确认 Python 的安装路径，如图 3-6 所示。

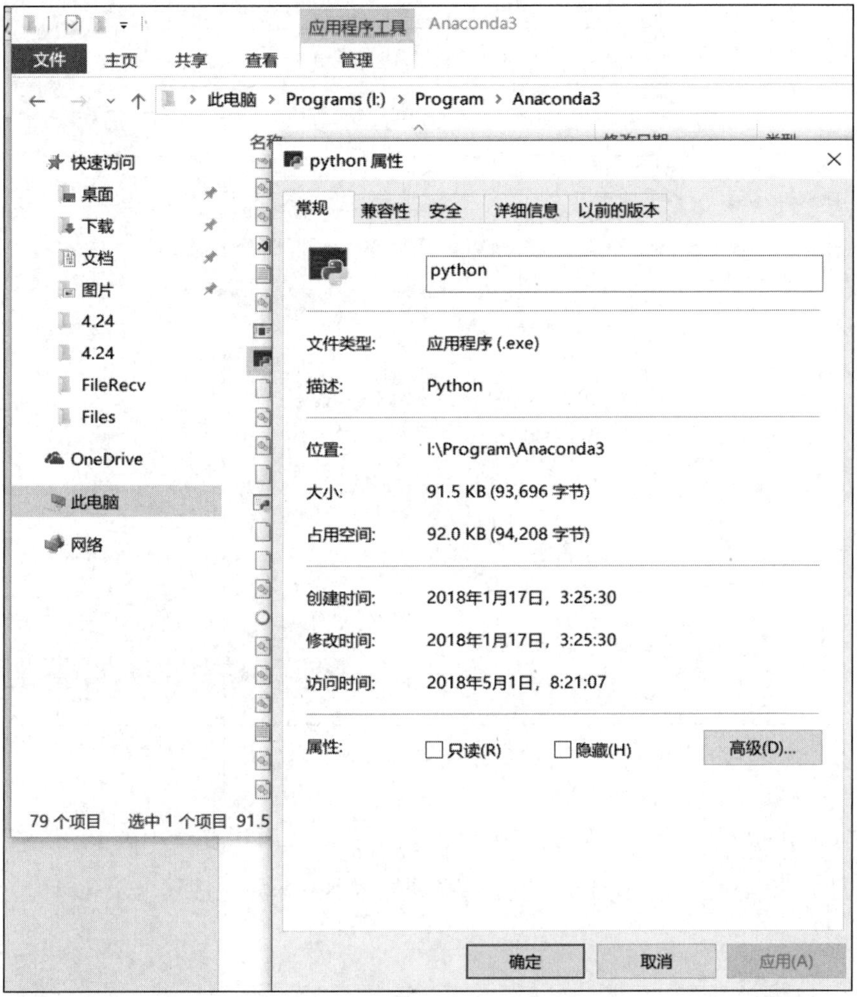

图 3-6　查找 Python 的安装路径

（2）右击“此电脑”图标，在弹出的快捷菜单中选择“属性”选项，如图 3-7 所示。

（3）单击“高级系统设置”，在弹出的“系统属性”对话框中单击“环境变量”按钮，如图 3-8 所示。

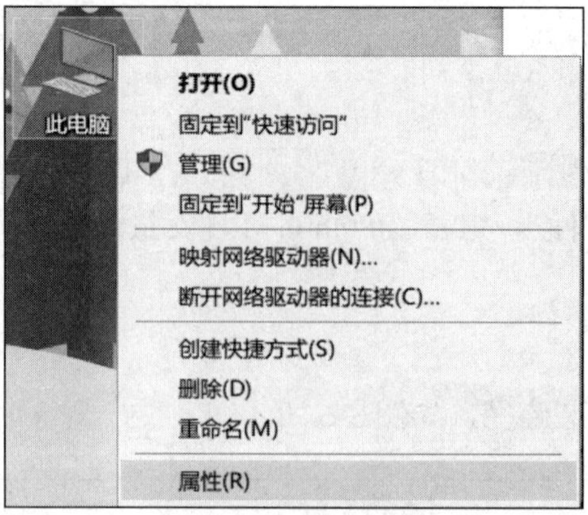

图 3-7　右键快捷菜单

图 3-8　高级系统设置

（4）在弹出的"环境变量"对话框中单击系统变量或用户变量中的 Path 变量，在弹出的"编辑环境变量"对话框中将 Python 的安装路径加入其中，即完成了 Python 环境变量的设置，如图 3-9 所示。

任务 3　使用 IDLE 编写简单的 Python 程序

IDLE 是 Python 自带的一个简洁的集成开发环境。安装好 Python 以后，单击"开始"→ IDLE（Python 3.7）命令即可启动 Python 解释器，可以看到当前安装的 Python 版本号。>>> 是 Python 的提示符，可以在提示符后面输入要执行的语句。

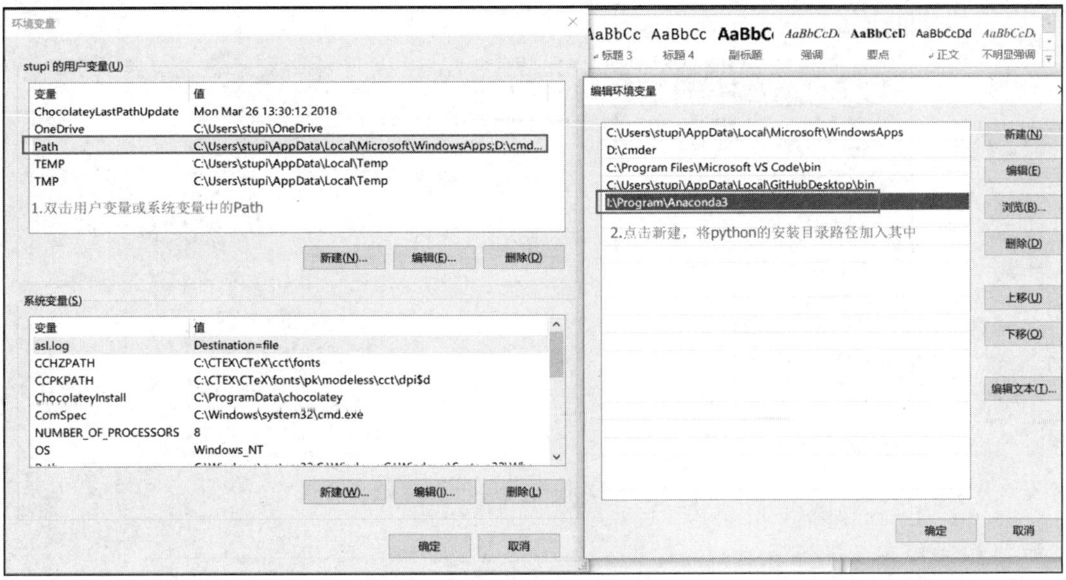

图 3-9　添加 Python 安装路径

在 IDLE 中，如果使用交互式编程模式，那么直接在提示符>>>后面输入相应的命令并回车执行，如果执行顺利则立刻可以看到执行结果，否则会抛出异常，如图 3-10 所示。

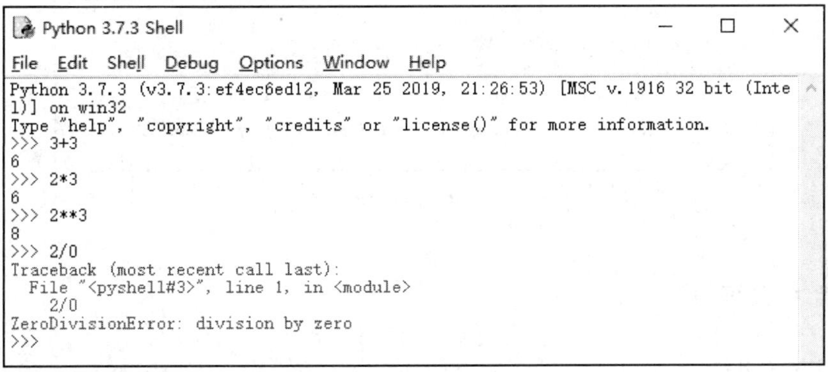

图 3-10　Python 简单输入界面

在 IDLE 界面中单击 File→New File 命令创建一个程序文件，输入代码并保存为.py 或.pyw 文件，如图 3-11 所示。

文件创建以后，可以单击 Run→Check Module 命令来检查程序中是否存在语法错误，或者单击 Run→Run Module 命令运行程序，程序运行结果将直接显示在 IDLE 交互界面上。

Hello.py 文件的内容如图 3-12 所示，运行结果如图 3-13 所示。

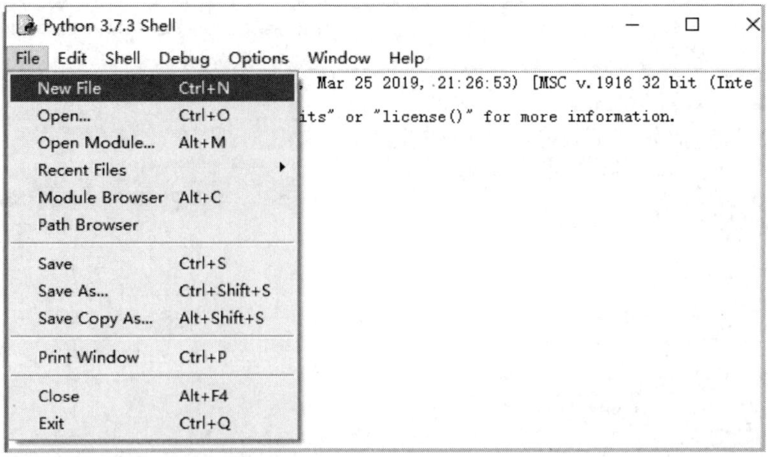

图 3-11 在 IDLE 中新建 Python 源文件

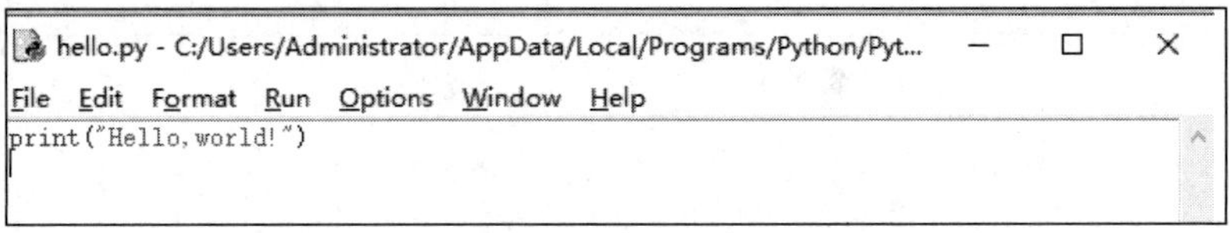

图 3-12 Hello.py 文件的内容

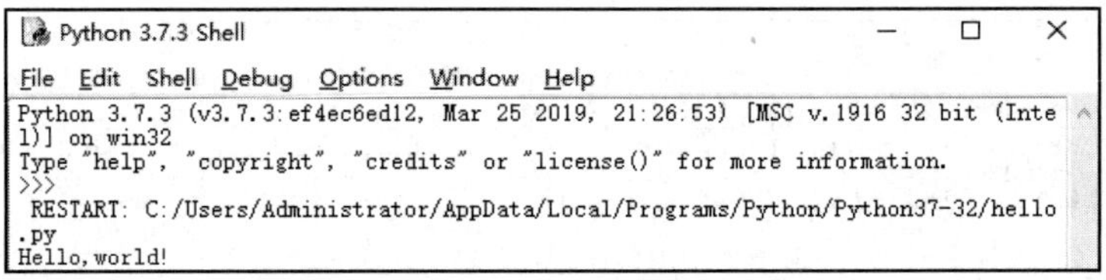

图 3-13 Hello.py 文件运行结果

思考与综合练习

1．使用 IDLE 编写求解 2 的 100 次方的程序。

2．使用 IDLE 编写 Hello 程序，实现对朋友的问候。如从键盘输入姓名 Jack，屏幕输出“Hello,Jack!”。

实验 3.2 Python 的基本数据类型、表达式和运算符

实验目的

（1）掌握 Python 内置的数据类型。

（2）掌握 Python 中常用的运算符。

（3）掌握对指定数据类型的格式化输出。

实验内容

Python 内置了多种数据类型，表 3-1 进行了简单的描述（适用于 Python 3.x）。

表 3-1　Python 中常用的内置数据类型

类型	描述	例子
str	一个由字符组成的不可改变的有序序列	'NCU' "ihaveawatermelon"
bytes	一个由字节组成的不可改变的有序序列	b'some ASCII'
list	可以包含多种类型的可改变的有序序列	[4, 'String', True]
tuple	可以包含多种类型的不可改变的有序序列	（4, 'String', True]）
set、frozenset	与数学中集合的概念类似，无序且每个元素唯一	{4, 'String', True]}
dict、map	一个可改变的由键值对组成的无序序列	{'China':'Chinese','The US':'American'}
int	大小不限的整数	15
float	浮点数，精度与系统相关	3.1415926535
complex	复数	3+2j
bool	逻辑值，只有两个值：真或假	True False

任务 1　数据类型及相互转换

（1）在 Python 中，变量不需要显式地定义类型，但是需要显式地赋值。可以使用 type() 函数查看数据类型。

```
>>> i=1
>>> type(i)
<class &apos;int&apos;>
>>> a=2.0
>>> type(a)
<class &apos;float&apos;>
>>> s=&apos;hello,world&apos;
>>> type(s)
<class &apos;str&apos;>
```

（2）在 Python 中，允许同时为多个变量赋值，也可以为多个对象指定多个不同的变量。

```
>>> a = b = c = 1
>>> a
1
>>> b
1
>>> c
1
>>> a, b, c= 1, 2, 's'
>>> a
1
>>> b
2
>>> c
's'
>>> 
```

（3）在 Python 中，可以使用相应的函数实现数据类型的相互转换。这里使用 int(y)将字符型变量转换为整型变量。

```
>>> x=2
>>> print(x*2)
4
>>> y='2'
>>> print(y*2)
22
>>> y=int(y)
>>> print(y*2)
4
```

任务 2　数据输入和格式化输出

在 Python 中，input 和 print 可以完成输入和输出。

例 3-1　从键盘输入年月日，在显示器上输出完整的日期。

```
year = input("请输入年份")
month = input('请输入月份')
day = input('请输入今天的日期')

print('今天是%s 年%s 月%s 日' % (year, month, day))
```

前面 3 句分别读取年月日的值到变量 year、month 和 day 中，再通过 print 语句将这 3 个变量以字符串的形式输出，其中%s 为字符串变量占位符。在 Python 中，%d 是十进制整型变量的占位符，%f 是浮点型变量的占位符。

运行结果如图 3-14 所示。

```
>>>
 RESTART: C:/Users/Administrator/AppData/Local/Programs/Python/Python37-32/YearM
onth.py
请输入年份2019
请输入月份06
请输入今天的日期15
今天是2019年06月15日
>>>
```

图 3-14　格式化输出完整的日期

上面的输出语句也可以用 format 函数格式化字符串来实现，这里通过{}和:来代替前面 print()语句中的%，{}中的数字表示变量的先后顺序，如果省略数字则顺序映射 format()中的变量：

```
print("今天是{0}年{1}月{2}日".format(year,month,day))
```

得到的效果与上面的完全一样。

思考与综合练习

1．编写一个程序，将用户输入的华氏温度 F 转化为摄氏温度 C，华氏温度与摄氏温度的换算关系为：$C=\frac{5}{9}(F-32)$

2．编写一个程序，用户输入长方形的长和宽，计算并输出这个长方形的周长和面积。

3．编写一个程序，用户输入圆形的半径，计算并输出这个圆的直径、面积和周长。

实验 3.3　结构化程序设计

实验目的

（1）了解程序设计的 3 种基本流程控制结构。

（2）了解流程图的画法。

（3）掌握 Python 程序设计中选择结构的基本方法，掌握 if-else、if-elif-else 的用法。

（4）掌握 Python 程序设计中循环结构的基本方法。

实验内容

程序是一个语句序列，执行程序就是按特定的次序执行程序中的语句。程序中执行点的变迁称为控制流程。在传统的面向过程程序设计中有 3 种经典的控制结构：顺序结构、选择结构和循环结构。无论是面向对象的程序设计还是面向过程的程序设计，都无法脱离这 3 种基本的程序结构。

程序的流程控制可以用流程图来形象地表示。流程图采用标准化的图形符号来描述程序的执行步骤，是一种常用的程序设计工具。本书中不另辟章节来系统地介绍各种标准的流程控制符号，而是通过例子来演示常用流程控制符号的用法。

任务 1　简单的顺序结构程序设计

程序中各语句按出现位置的先后顺序执行，称为顺序结构。如图 3-15 所示，各语句块之间是顺序执行关系。

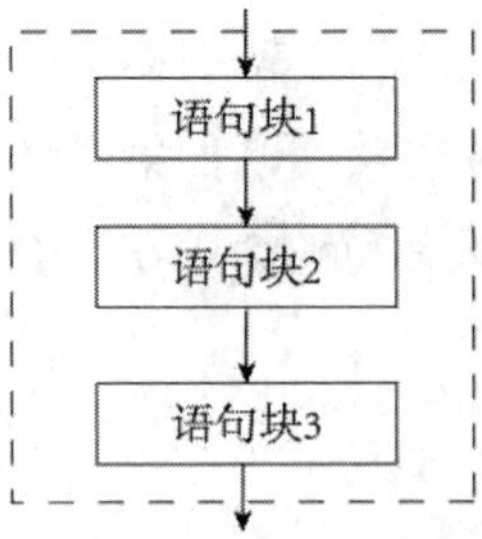

图 3-15 顺序结构流程图

例 3-2 绘制几个不同半径的同切圆。程序如下：

```
import turtle                  #引入 turtle 库
turtle.pensize(3)              #设置画笔宽度为 3 像素
turtle.pencolor("red")         #设置画笔颜色为红色
turtle.circle(10)              #绘制半径为 10 像素的圆
turtle.circle(40)              #绘制半径为 40 像素的圆
turtle.circle(100)             #绘制半径为 100 像素的圆
turtle.circle(150)             #绘制半径为 150 像素的圆
```

每条语句被顺序执行，得到如图 3-16 所示的一组同切圆。

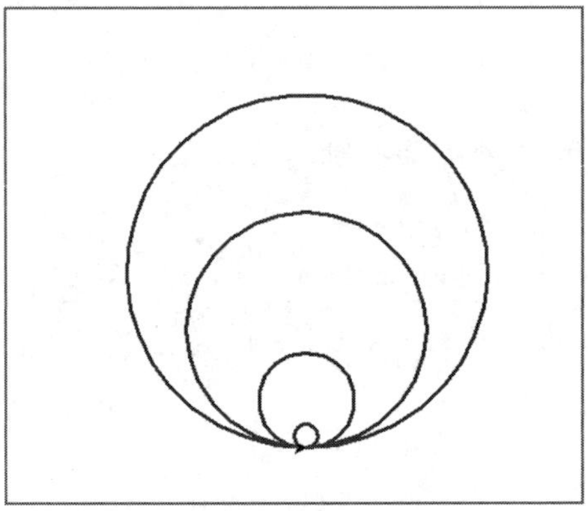

图 3-16 同切圆的绘制效果

任务 2 分支结构程序设计

Python 通过 if、elif、else 等保留字实现单分支结构、双分支结构和多分支结构。

if 往往用于单分支结构，而 if else 用于双分支结构。if 语句用于检测某个条件是否成立，如果成立，则执行 if 语句内的代码，否则跳过 if 语句执行后面的代码。if else 的嵌套使用则实现了多分支结构。

（1）单分支结构，如图 3-17 所示。

```
if 表达式:
    语句块
```

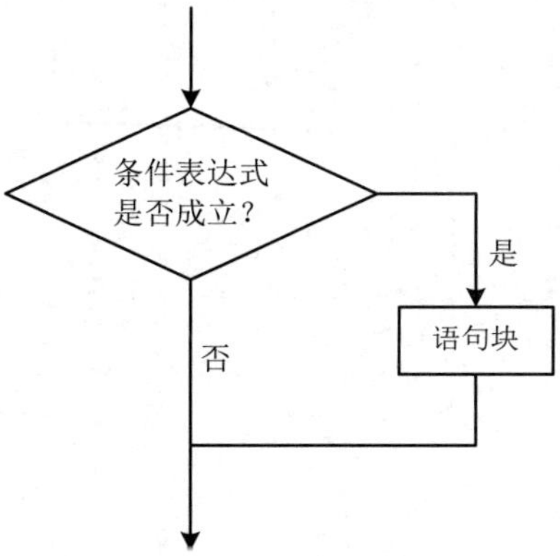

图 3-17　单分支结构

例 3-3　编程实现 PM2.5 空气质量优秀的判断（PM 值在 35 以下，空气质量为优）。

```
PM=input("请输入 PM2.5 的值：")
PM=float(PM)
if PM<=35:
    print("空气质量优！")
```

（2）双分支结构，如图 3-18 所示。

```
if 表达式:
    语句块 1
else:
    语句块 2
```

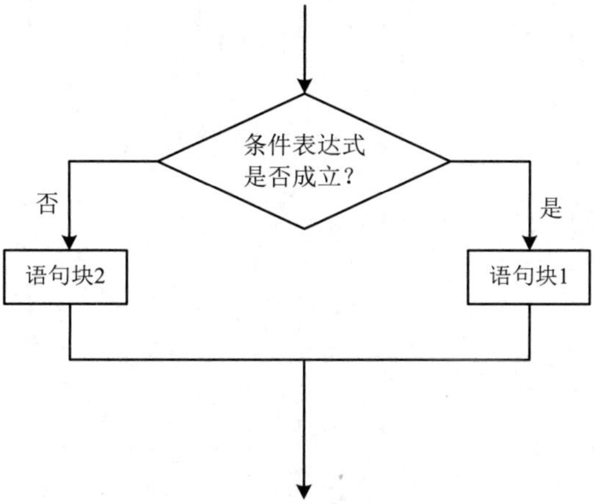

图 3-18　双分支结构

例 3-4　PM2.5 空气质量污染的判断。PM 值在 75 以下，空气质量为优良，否则为污染。

```
PM=input("请输入 PM2.5 的值：")
PM=float(PM)
if PM<=75:
    print("空气质量优良！")
```

```
else:
    print("空气污染！")
```

（3）多分支结构，如图 3-19 所示。

```
if 表达式 1:
    语句块 1
elif 表达式 2:
    语句块 2
elif 表达式 3:
    语句块 3
else:
    语句块 4
```

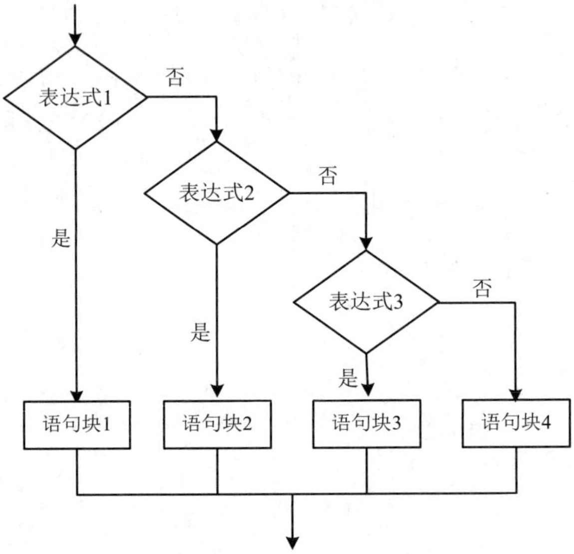

图 3-19　多分支结构

例 3-5　PM2.5 空气质量的判断。判断条件如下：

优：0～35

良：35～75

轻度污染：75～115

中度污染：115～150

重度污染：150～250

严重污染：250 及以上

```
PM=input("请输入 PM2.5 的值：")
PM=float(PM)
if 0<=PM<=35:
    print("空气质量优！")
elif 35<PM<=75:
```

```
    print("空气质量良！")
elif 75<PM<=115:
    print("空气轻度污染！")
elif 115<PM<=150:
    print("空气中度污染!")
elif 150<PM<=250:
    print("空气重度污染！")
else:
    print("严重污染！")
```

运行结果如下：

```
请输入PM2.5的值：180
空气重度污染！
```

任务 3　循环结构程序设计

Python 提供了两种基本的循环结构语句：while 语句和 for 语句。while 循环一般用于循环次数难以提前确定的情况，也可以用于循环次数确定的情况。for 循环一般用于循环次数可以提前确定的情况，尤其是用于枚举序列或迭代对象中的元素。一般优先考虑使用 for 循环。相同或不同的循环结构之间都可以互相嵌套，实现更为复杂的逻辑。

（1）while 循环结构，如图 3-20 所示。

```
while 条件表达式:
   循环体
[else:
    else 子句代码块]
```

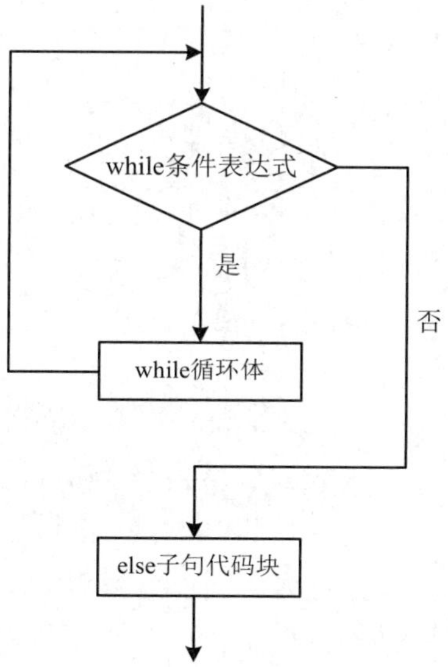

图 3-20　while 循环结构流程图

（2）for 循环结构，如图 3-21 所示。

```
for 取值 in 序列或迭代对象:
    循环体
[else:
    else 子句代码块]
```

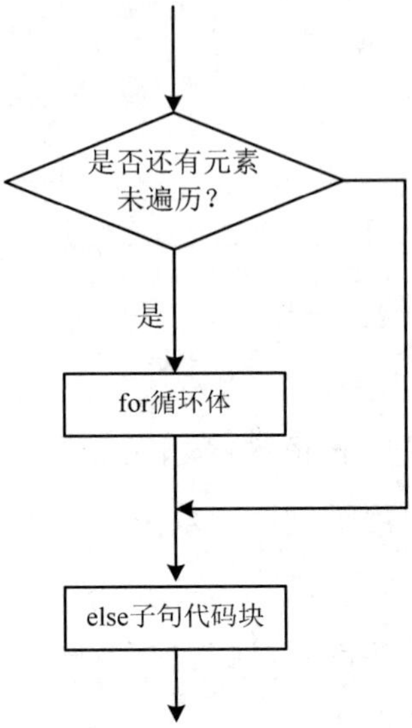

图 3-21　for 循环结构流程图

为了优化程序以获得更高的效率和运行速度，在编写循环语句时，应尽量减少循环内部不必要的计算，将与循环变量无关的代码尽可能地提取到循环之外。

例 3-6　分别利用 while 和 for 循环结构实现 1～100 的求和。

①while 循环结构。

```
i, sum_of_values = 1, 0

while i <= 100:
    sum_of_values += i
    i=i+1
print('The sum of first 100 integers is', sum_of_values)
```

②for 循环结构。

```
sum_of_values = 0

for i in range(1,101):
    sum_of_values += i

print('The sum of first 100 integers is', sum_of_values)
```

（3）break 语句和 continue 语句。

break 语句在 while 循环和 for 循环中都可以使用，一般放在 if 选择结构中，一旦 break 语句被执行，将使整个循环提前结束。continue 语句的作用是终止本次循环并忽略当前循环中 continue 之后的语句，直接回到循环的控制部分进行判断，提前进入下一次循环。一般来说，除非使用 break 语句会让代码更简单或更清晰，否则不要轻易使用。

在循环中，break 语句可以提前退出循环。例如，本来要循环打印 1～100 的数字。

```
n = 1

while n <= 100:
    print(n)
    n += 1

print('程序结束，n 为',n)
```

上面的代码可以打印出 1～100，如果要提前结束循环，则可以用 break 语句。

```
n = 1

while n <= 100:
    n += 1
    if n >= 10:
        break    #结束循环

print('程序结束, n 为', n)
```

观察两段代码的运行结果，你可以将其中的 break 替换为 continue，体会两者的区别。

例 3-7　判断一个数是否是素数。

```
x=input("请输入一个整数：")
for i in range(2, x):
    if x%i == 0:
        break
if i>=x-1:
    print('素数')
else:
    print('合数')
```

例 3-8　输出“水仙花数”。所谓水仙花数是指一个 3 位的十进制数，其各位数字的立方和等于该数本身。例如 153 是水仙花数，因为 $153 = 1^3 + 5^3 + 3^3$。

```
for i in range(100, 1000):
    bai=i//100
    shi=i%100//10
    ge =i%10
    if ge**3 + shi**3 + bai**3 == i:
        print(i)
```

例 3-9　求列表中各数的平均值。

```
a = [70, 90, 78, 85, 97, 94, 65, 80]
s = 0
for i in a:
```

```
        s += i
    print(s/len(a))
```

例 3-10 编写代码实现冒泡法排序。

```
lst=[7,6,18,15,17]
print('before sort:',lst)
length = len(lst)
for i in range(0, length):
    for j in range(0, length-i-1):
        #比较相邻两个元素的大小并根据需要进行交换
        if lst[j] > lst[j+1]:
            lst[j], lst[j+1] = lst[j+1], lst[j]
print('After sort:\n', lst)
```

例 3-11 编写程序，计算百钱买百鸡问题。假设公鸡 5 元一只，母鸡 3 元一只，小鸡 1 元 3 只，现在有 100 元钱，想买 100 只鸡，问有多少种买法？

```
#假设能买 x 只公鸡，x 最大为 20
for x in range(21):
    #假设能买 y 只母鸡，y 最大为 33
    for y in range(34):
        #假设能买 z 只小鸡
        z = 100-x-y
        if (z%3==0 and 5*x + 3*y + z//3 == 100):
            print(x,y,z)
```

思考与综合练习

1．利用多分支选择结构将成绩从百分制变换到等级制。

2．根据输入的体重和身高值计算身体质量指数 BMI，并根据计算结果给出中国标准的身体体型判断，给出相应疾病发病率的危险提示。BMI 标准如表 3-2 所示。

BMI 的定义：BMI=体重（kg）/身高（m）^{2}

表 3-2　BMI 标准

体型	WHO 标准	亚洲标准	中国标准	相关疾病发病危险性
偏瘦	<18.5			低（但其他疾病危险性增加）
正常	18.5～24.9	18.5～22.9	18.5～23.9	平均水平
超重	≥25	≥23	≥24	
偏胖	25.0～29.9	23～24.9	24～27.9	增加
肥胖	30.0～34.9	25～29.9	≥28	中度增加
重度肥胖	35.0～39.9	≥30	——	严重增加
极重度肥胖	≥40.0			非常严重增加

3．编写一个程序，给出一个年份，例如 2008，判断该年是否为闰年。

4．编写一个程序，给出一个字符，例如 a、3、@，判断其为数字、字母还是符号。

5．编写一个函数，找到 20000 以下所有的素数。

6．编写一个函数，找出 2000 年内所有的闰年。

7．已知 L 为[100,60,23,69,10,91,58]，利用如下公式计算 L 中数据的标准差σ：

$$\sigma^2 = \frac{\sum(x-\mu)^2}{N}$$

其中，x 为 L 中的数据，N 为数据的个数，μ 为数据的平均值。

实验 3.4　函数和代码复用

实验目的

（1）熟悉常用的内置函数。

（2）掌握标准库函数的使用。

（3）了解第三方库函数的使用。

（4）掌握函数的定义及使用方法。

实验内容

函数是能完成相对独立功能、可多次被调用的代码程序段，是结构化程序设计的重要思想。使用函数可以降低程序的复杂度、实现代码复用、提高代码质量，函数一般通过函数名进行调用。

Python 语言中，函数可以分为内置函数、标准库函数、第三方库函数和自定义函数。Python 安装包自带了一些常用函数，称为内置函数，如 abs()、len()、eval()等，如表 3-3 所示。Python 在安装时还会安装一些标准库，如 math、random、datetime 等，通过 import 语句可以导入标准库，然后使用其中的函数。Python 社区提供了许多高质量的库，如 Pillow、Scrapy、NumPy、SciPy、matplotlib 等，需要另外安装，安装以后可以通过 import 导入再使用其中的函数。用户也可以自己编写函数，称为自定义函数。语法形式如下：

```
def <函数名> (<参数列表>):
    <函数体>
    return <返回值列表>
```

函数调用和执行的一般形式如下：

```
<函数名>(<参数列表>)
```

表 3-3 Python 中常用的内置函数

abs()	delattr()	hash()	memoryview()	set()
all()	dict()	help()	min()	setattr()
any()	dir()	hex()	next()	slice()
ascii()	divmod()	id()	object()	sorted()
bin()	enumerate()	input()	oct()	staticmethod()
bool()	eval()	int()	open()	str()
breakpoint()	exec()	isinstance()	ord()	sum()
bytearray()	filter()	issubclass()	pow()	super()
bytes()	float()	iter()	print()	tuple()
callable()	format()	len()	property()	type()
chr()	frozenset()	list()	range()	vars()
classmethod()	getattr()	locals()	repr()	zip()
compile()	globals()	map()	reversed()	__import__()
complex()	hasattr()	max()	round()	

任务 1 内置函数的使用

例 3-12 内置函数 abs()、len()、sorted()、eval()、range()的使用。

```
>>> abs(-100)              #返回一个整数或浮点数的绝对值
100
>>> a=[9,-3,20,4,0]
>>> len(a)                 #返回对象的长度（元素个数）
5
>>> sorted(a)              #根据 a 中的项返回一个新的已排序列表，sorted 不改变原有列表的值
[-3, 0, 4, 9, 20]
>>> print(a)
[9, -3, 20, 4, 0]
>>> x=input("请输入一个整数：")     #input()从键盘输入一个字符类型的值
请输入一个整数：10
>>> print(x*3)                 #此处字符串乘法得到重复 3 次的字符串
101010
>>> x=eval(x)                  #将字符型数字转换为数值
>>> print(x*3)                 #数值的计算
30
>> z=range(10)         # range([start,] end[,step] )函数返回具有惰性求值特点的 range 对象，其中包含[start,
                       # end)内以 step 为步长的整数。参数 start 默认为 0，step 默认为 1
>>> print(z)
range(0, 10)                   #返回 range(0,10)对象
>>> print(list(z))             #将 range 对象转变为列表序列
[0, 1, 2, 3, 4, 5, 6, 7, 8, 9]
```

任务 2　标准库函数和第三方库函数的使用

Python 环境中默认支持的函数库叫做标准库函数，需要进行安装的称为第三方库函数。这两类函数都需要使用 import 导入才能使用。

例 3-13　math 库函数的使用。

```
>>> import math
>>> math.e                    #自然常数 e
2.718281828459045
>>> math.pl                   #圆周率 pi
3.141592653589793

>>> math.sqrt(49)             #math.sqrt(x)，返回 x 的平方根
7.0
>>> math.pow(2,10)            # math.pow(x, y)，返回 x 的 y 次方
1024.0

>>> math.degrees(math.pi)         #弧度转度
180.0
>>> math.radians(90)              #度转弧度
1.5707963267948966

>>> math.exp(2)               #math.exp(x)，返回 e 的 x 次方
7.38905609893065
>>> math.log(math.e)          #返回默认以 e 为底的对数
1.0
>>> math.log10(100)           #返回以 10 为底的对数
2.0

>>> math.ceil(5.2)            #math.ceil(x)，返回不小于 x 的整数
6
>>> math.floor(5.9)           #math.floor(x)，返回不大于 x 的整数
5

>>> math.factorial(5)         #math.factorial(x)，返回 x 的阶乘
120

>>> math.sin(math.pi/2)       #math.sin(x)，返回 x（弧度）的三角正弦值
1.0
>>> math.cos(math.pi/4)       #math.cos(x)，返回 x（弧度）的三角余弦值
0.7071067811865476
```

例 3-14　请利用 math 库将 65° 的角转换为弧度制并将结果赋给一个变量。

```
>>> x= math.radians(65)
>>> print(x)
1.1344640137963142
```

例 3-15 random 库函数的使用。

random 库主要用于产生各种分布的伪随机数序列，Python 标准库 random 共提供了 8 个常用函数。

（1）random.random()：返回一个[0.0,1.0)区间的随机小数。

```
import random
for i in range(10):
    print(random.random())
```

输出结果：

```
0.971178852284094
0.8393243901212275
0.4690997748757615
0.9285301246123336
0.5527017531554024
0.7400570825710002
0.746008167687971
0.03050095449235235
0.41187615367181774
0.36231554350389195
```

（2）random.seed(a)：初始化随机数种子，默认值为当前系统时间，只要种子相同，每次生成的随机数序列也相同。

```
import random
random.seed(100)
for i in range(3):
    print(random.random())
```

输出结果：

```
0.1456692551041303
0.45492700451402135
0.7707838056590222
```

再次运行这段代码：

```
import random
random.seed(100)
for i in range(3):
    print(random.random())
```

输出结果与前一次相同：

```
0.1456692551041303
0.45492700451402135
0.7707838056590222
```

（3）random.uniform(a,b)：生成一个[a,b]区间的随机小数。

```
import random
print (random.uniform(2, 6))
```

输出结果：

```
3.62567571297255
```

（4）random.randint(a,b)：生成一个[a,b]区间的整数。

```
import random
print (random.randint(6,8))
```

输出结果：

```
8
```

（5）random.randrange(start,stop[,step])：生成一个[start,stop)区间，以 step 为步长的随机整数。

```
import random
print (random.randrange(6, 28, 3))
```

输出结果：

```
15
```

（6）random.choice(seq)：从序列 seq 中获取一个随机元素。

```
import random
print (random.choice("www.oldboyedu.com"))
```

输出结果：

```
o
```

（7）random.shuffle(seq)：将一个列表中的元素打乱，随机排序。

```
import random
num = [1, 2, 3, 4, 5]
random.shuffle(num)
print (num)
```

输出结果：

```
[3, 5, 2, 4, 1]
```

（8）random.sample(pop,k)：从 pop 类型中随机选取 k 个元素，以列表类型返回。

```
import random
num = [1, 2, 3, 4, 5]
sli = random.sample(num, 3)
print (sli)
```

输出结果：

```
[2, 4, 5]
```

numpy 库是一个科学计算库，包含三角函数、向量/矩阵运算、傅立叶变换等功能，具有广泛的应用。

numpy 库有一个生成等差数列的函数：linespace(a,b,n)，该函数的功能是将区间[a,b]尽量平均地生成 n-1 个小区间，n 的默认值是 50。

例 3-16　numpy 库的使用，要求绘制如下函数的曲线（花形）：

$$\begin{cases} x = \sin(10\theta)\cos(\theta) \\ y = \sin(10\theta)\sin(\theta) \end{cases} \quad \theta \in [0,2\pi]$$

```
import numpy as np
import matplotlib.pyplot as plt
t=np.linspace(0,2*np.pi,1000)
xt=np.sin(10*t)*np.cos(t)
yt=np.sin(10*t)*np.sin(t)
plt.plot(xt,yt,'orange')
plt.show()
```

运行结果如图 3-22 所示。

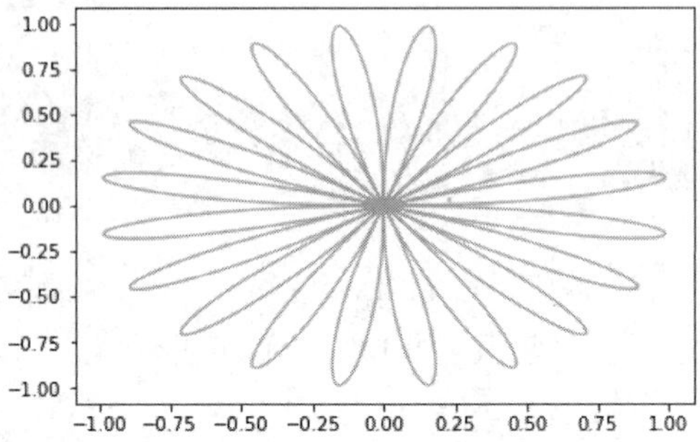

图 3-22 花形曲线的绘制

任务 3 函数的定义和调用

例 3-17 定义一个函数，用来返回两个数的平均值。

（1）函数的定义。

```
def average(a,b):
        x=(a+b)/2
return x
```

（2）函数的调用。

```
a=average(10,20)
print(a)
```

输出结果：

```
15
```

例 3-18 定义生成斐波那契数列的函数。斐波那契数列定义如下：

F(1)=1

F(2)=1

F(n)=F(n-1)+F(n-2)（n≥2，n∈N）

函数定义如下：

```
def fib(n):
    a, b = 0, 1
    while a < n:
        print(a, end=' ')
```

```
        a, b = b, a+b
    print()
```

函数调用：

```
fib(1000)
```

输出结果：

```
0 1 1 2 3 5 8 13 21 34 55 89 144 233 377 610 987
```

任务 4　简单的递归函数

如果一个函数在内部调用其自身，那么这个函数就是递归函数。

例 3-19　使用递归函数实现阶乘，非负整数的阶乘定义为：

$$n! = n \times (n\text{-}1) \times (n\text{-}2) \times \ldots \times 2 \times 1$$

$$\begin{cases} n! = 1 & n = 1 \text{ 时} \\ n! = n \times (n\text{-}1)! & n > 1 \text{ 时} \end{cases}$$

函数定义如下：

```
def factorial(n):
    if n==1:
        return 1
    else:
        return n*factorial(n-1)
```

函数调用求 1～10 的阶乘：

```
for i in range(1,11):
    a=factorial(i)
    print("{}!={}".format(i,a))
```

程序运行结果如下：

```
1! = 1
2! = 2
3! = 6
4! = 24
5! = 120
6! = 720
7! = 5040
8! = 40320
9! = 362880
10!=3628800
```

思考与综合练习

1．绘制如下函数的曲线（心形）：

$$\begin{cases} x = 16\sin(\theta)^3 \\ y = 13\cos\theta - 5\cos 2\theta - 2\cos 3\theta - \cos 4\theta \end{cases} \qquad \theta \in [0, 2\pi]$$

2．编程实现 isEven()函数，参数为整数，如果整数为偶数，返回 True，否则返回 False。

3．编程实现 isPrime()函数，参数为整数，如果整数为质数，返回 True，否则返回 False。

4．编程实现随机生成 10 个 1～100 之间的整数，并求这 10 个随机整数的和。

实验 3.5　面向对象的程序设计

实验目的

（1）了解面向对象程序设计的基本思想。

（2）掌握类的定义和实例化方法。

（3）了解继承。

实验内容

面向对象程序设计的思想来源于自然界。类（Class）是一种抽象概念，而实例（Instance）是指类的具体化。面向对象的设计思想是抽象出 Class，再根据 Class 创建 Instance。一个类中既包含属性又包含方法。

Python 采用了面向对象程序设计的思想，完全支持面向对象的基本功能，如封装、继承、多态，以及对基类方法的覆盖或重写。

任务 1　类的定义与实例化

Python 使用 class 关键字来定义类，格式如下：

```
class 类名:
    属性 1
    属性 2
    …
    方法 1
    方法 2
    …
```

类名的首字母一般要大写，当然也可以按照自己的习惯定义类名，但一般推荐参考惯例来命名，并在整个系统的设计和实现中保持风格一致。

例 3-20　定义交通工具类并实例化。

```
class Vehicle:
    def info(self):
        """ 定义车的信息 """
        return 'This is a vehicle'
```

定义了类之后，可以用该类实例化对象，并通过“对象名.成员”方式来访问其中的数据成员或成员方法。

```
car = Vehicle()
bike = Vehicle()
print(car.info())
```

运行结果如图 3-23 所示。

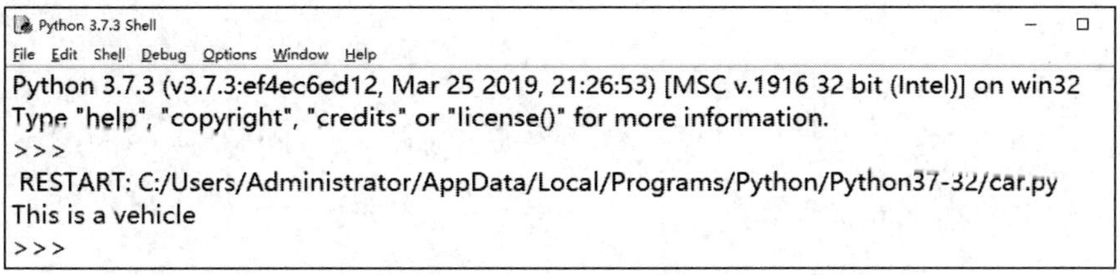

图 3-23　实例化运行结果

在 Python 中，可以使用内置方法 isinstance()来测试一个对象是否为某个类的实例。

```
print(isinstance(car,Vehicle))
print(isinstance(bike,Vehicle))
print(isinstance(car,str))
```

测试结果如下：

```
True
True
False
```

类的所有实例方法都必须至少有一个名为 self 的参数，并且必须是方法的第一个形参（如果有多个形参的话），self 参数代表将来要创建的对象本身。

在类的实例方法中访问实例属性时需要以 self 为前缀，但在外部通过对象名调用对象方法时并不需要传递这个参数，如果在外部通过类名调用对象方法则需要显式地为 self 参数传值。

Python 中，在类中定义实例方法时将第一个参数定义为 self 只是一个习惯，而实际上类的实例方法中第一个参数的名字是可以变化的，而不是必须使用 self 这个名字，尽管如此，为了提升代码的可读性，建议编写代码时仍以 self 作为方法的第一个参数名。

实例的数据成员一般在构造函数__init__()中定义，这里 init 的前后都是双下划线。定义和使用时必须以 self 作为前缀，类的数据成员则是在类中的所有方法之外定义。

在主程序中（或类的外部），实例属性属于实例（对象），只能通过对象名访问，而类属性属于类，可以通过类名或对象名访问。

在 Python 中比较特殊的是，可以动态地为类和对象增加成员，这一点和很多面向对象程序设计语言是不同的，也是 Python 动态类型特点的一种重要体现。

例 3-21　Person 类的定义。

一般一个人具有的属性有身高、体重、性别等。在构造函数中，通过传入身高、体重、性别等信息完成对 Person 类的构建。

Person 类的定义如下：

```
class Person:
    """一个 Person 类示例
    height = 170      #身高 170 厘米
    weight = 80       #体重 80 千克
    gender = 'male'   #性别为男
    """
    def __init__(self, height = 170, weight = 80,gender = 'male'):
        """ 定义以身高、体重、性别为输入的构造函数"""
        self.height = height
        self.weight = weight
        self.gender = gender
```

在构造函数__init__中，设定了 height、weight、gender 的默认值，当实例化时若不传参数，则以默认的值作为该对象的属性值，否则以传入的值作为该对象的属性值。

实例化 Person 类，得到对象 p1 和 p2，程序如下：

```
p1=Person()
print("默认的身高是{}厘米".format(p1.height))
p2=Person(180,72,'male')
print("根据传参得到身高是{}厘米".format(p2.height))
```

运行结果如下：

```
默认的身高是 170 厘米
根据传参得到身高是 180 厘米
```

Python 并没有对私有成员提供严格的访问保护机制。

在定义类的成员时，如果成员名以两个下划线“__”开头则表示是私有成员。私有成员在类的外部不能直接访问，需要通过调用对象的公有成员方法来访问，也可以通过 Python 支持的特殊方式来访问。

公有成员既可以在类的内部进行访问，也可以在外部程序中使用。

举个例子，一个人有想展示给别人的部分，如他的才艺、相貌，也有他不想展示给别人的部分，如他的日记。那么就可以将其分别设置为公有属性和私有属性。

```
class Person:
    """ 人类，有才艺、日记两个属性
    """
    talent = '跳舞'
    __diary = '写日记'

    def show(self):
        print('我的才艺是', self.talent)

    def show_diary(self):
```

```
        print('我写了私密日记，但可以分享给喜欢的人看',self.__diary)
```

公有属性和私有属性的调用结果：

```
>>> person = Person()
>>> person.talent
'跳舞'
>>> person.show()
我的才艺是 跳舞
>>> person.__diary
Traceback (most recent call last):
  File "<stdin>", line 1, in <module>
AttributeError: 'Person' object has no attribute '__diary'
>>> person.show_diary()
我写了私密日记,但可以分享给喜欢的人看 写日记
```

从上面的例子中可以看出，talent 是公有属性，__diary 是私有属性，如果直接调用这个 Person 类的 talent 和__diary 属性，talent 会返回成功，__diary 会返回 Person 类无此属性。但是通过成员函数可以调用私有属性，从而解决了私有属性不能直接访问的问题。

任务 2　继承

继承是为代码复用和设计复用而设计的，是面向对象程序设计的重要特性之一。设计一个新类时，如果可以继承一个已有的设计良好的类然后进行二次开发，则可以大幅减少开发工作量。

在继承关系中，已有的、设计好的类称为父类或基类，新设计的类称为子类或派生类。派生类可以继承基类的公有成员，但是不能继承其私有成员。如果需要在派生类中调用基类的方法，可以使用内置函数 super()或者通过“基类名.方法名()”方式来实现。

例 3-22　Person 类的继承。

在现实生活中，不管是什么职业，基本属性都是人，学生和教师继承 Person 类的身高、体重等属性，但在职责的分配上存在不同，如学生需要写作业，而教师需要分配作业。

程序如下：

```
class Person:
    """定义 Person 类"""

    def __init__(self, height=170, weight=80, gender='male'):
        self.height = height
        self.weight = weight
        self.gender = gender

    def greet(self):
        s='你好，世界！'
        print(s)

class Student(Person):
    """学生 Student 类从 Person 中继承而来"""
```

```
    def do_homework(self):
        """做作业的方法"""
        print("我正在做作业！")

class Teacher(Person):
    """教师 Teacher 类从 Person 中继承而来"""

    def give_assignment(self):
        """分配作业给学生"""
        print("今天每个同学都要做作业")

    def greet(self):
        print('同学们好！')
```

分别实例化类 Teacher 和 Student 生成对象 student1 和 teacher1。

```
student1=Student()
print(student1.height)
student1.do_homework()

teacher1=Teacher()
teacher1.give_assignment()
teacher1.greet()
```

运行结果如下：

```
170
我正在做作业！
今天每个同学都要做作业
同学们好！
```

从例子中可以看出，子类 Student 并没有定义构造方法，但是可以直接利用父类的构造方法设置体重、身高、性别等属性。同时子类 Student 有自己的成员函数 do_homework()。

在子类 Teacher 中，Teacher 有自己的成员函数 give_assignment，不同的是，子类 Teacher 有一个与父类相同的 greet 方法，这种情况下执行子类自身的成员函数 greet()。

任务 3　多态

所谓多态，是指基类的同一个方法在不同派生类对象中具有不同的表现和行为。派生类继承了基类的行为和属性之后，还会增加某些特定的行为和属性，同时还可能会对继承来的某些行为进行一定的改变，这都是多态的表现形式。

Python 的大多数运算符可以作用于多种不同类型的操作数，并且对于不同类型的操作数往往有不同的表现，这就是多态，多态通过特殊方法和运算符重载来实现。

例 3-23　多态的举例。

```
class Animal:
```

```
    def say(self):
        print('你好，这是动物！')

class Deer(Animal):
    def say(self):
        print('你好，这是一头鹿！')

class Rabbit(Animal):
    def say(self):
        print('你好，这是一只兔子！')

class UnknowAnimal(Animal):
    pass
```

不同的类的对象具有相同的方法名，但表达不同的内容。

使用定义的类进行实例化，程序如下：

```
deer = Deer()
rabbit = Rabbit()
unknowAnimal = UnknowAnimal()
for i in (deer,rabbit,unknowAnimal):
    i.say()
```

运行结果如下：

```
你好，这是一头鹿！
你好，这是一只兔子！
你好，这是动物！
```

思考与综合练习

1．设计一个图形类 Shape，继承它的三角形类 Triangle 和长方形类 Rectangle。

2．设计一个手机类 Phone，继承它的智能手机类 SmartPhone 和非智能手机类 BasicPhone，以及继承于 SmartPhone 类的 IPhone 与 AndroidPhone 和继承于 BasicPhone 的 MusicPhone。

第 4 章　Word 2010 文档处理

知识要览

本章主要内容包括：

- 文字、段落格式的设置。
- Word 页眉、页脚的设置。
- 分栏分页的排版及其他格式的设置。
- 表格的创建与初始化。
- 图片的插入及图片格式设置。
- 图文混排相关操作。
- 邮件合并和目录生成的操作。
- 插入批注、脚注、尾注。

实验 4.1　文档的基本操作及排版

实验目的

（1）掌握 Word 2010 的启动和退出方式，认识 Word 2010 的操作界面。

（2）掌握文档的新建、打开与保存。

（3）掌握文档的编写：中英文内容输入、日期时间输入、符号插入等。

（4）熟练掌握文档的编辑：选择、复制与移动文本，查找与替换文本，删除、撤销与恢复文本，文件的合并等。

（5）掌握文字、段落格式的设置。

（6）掌握 Word 页眉、页脚的设置，分栏分页的排版，以及其他格式的设置。

实验内容与操作步骤

任务 1　对文章进行排版

按如下要求新建一个 Word 文档，对“样张 1”和“样张 2”进行编辑排版，形成“样张 3”：

（1）启动 Word 2010 软件，新建一个 Word 文档，以 test01.docx 为文件名保存在 D:盘以学号姓名命名的文件夹中。

（2）在新建的 test01.docx 文件中输入“样本 1”中含有标题和正文的一段话并保存。

（3）选中第二段中的“良好的语言表达能力……也能获得更和睦的关系。”并将它们复制到第三段之后，使其成为独立的一段。

（4）将第二段中的第三行移动到第四段最后。

（5）将文中所有的“能力”改为“水平”，字体设置为宋体，字体颜色设置成蓝色，字体大小设置为小四号，加粗显示，下划线线型改为波浪线。

（6）新建一个空白文档，输入“样张 2”中的内容，其中的日期设置成自动更新，完成操作要求之后以 test02.docx 为文件名保存在 D:盘以学号姓名命名的文件夹中。

（7）将“样张 2”中的时间“20:00-次日 5:00”设置上标，将日期设置为下标。

（8）将 test02.docx 文件中的内容合并到 test01.docx 文件中，使之成为一篇文章。

（9）完成后的效果如“样张 3”所示，以 test03.docx 为名保存。

【样张 1】

说话的艺术

数千年前的智者苏格拉底说：“世间有一种能力可以使人很快完成伟业，并获得世人的认可，那就是令人喜悦的讲话能力。”这说明了语言表达能力的强弱，关系到人生是否成功。

到了现代，人们对语言表达能力的认识，变得更加深入了。良好的语言表达能力，不仅能帮助人们获得成功，而且还能给人们带来幸福。会讲话的人，不只是在职场上能够如鱼得水，在日常的家庭生活中也能获得更和睦的关系。维护他人的自尊，实际上也是给自己一个台阶。如果你想获得他人的尊重，让彼此的关系更融洽，就要懂得照顾他人的感受，在对方遇到尴尬局面的时候，要能想方设法维护对方的尊严，帮人圆场，摆脱窘境。

很多时候，我们输在语言表达上，都是因为不注意一些细节问题。其实，这些问题在经过后天的专门训练，都可以改变。无数人通过亲身经历证明：只要掌握了正确的训练方法，平时勤加练习，即使原来语言表达很糟糕，最终也可以练好。

【样张 2】

1．求 $\iint_D x^2 e^{-y^2} dxdy$，其中 D 是以(0,0)、(1,1)和(0,1)为顶点的三角形。

2．

停电通知

尊敬的住户：

由于下雨闪电的缘故，导致供电系统瘫痪，本小区将在某年某月某日 20:00-次日 5:00 停止供电，由此给您带来的不便，敬请谅解。谢谢合作！

物业公司管理处

2019/6/25

【样张 3】

说话的艺术

数千年前的智者苏格拉底说："世间有一种水平可以使人很快完成伟业，并获得世人的认可，那就是令人喜悦的讲话水平。"这说明了语言表达水平的强弱，关系到人生是否成功。

到了现代，人们对语言表达水平的认识，变得更加深入了。良好的语言表达水平，不仅能帮助人们获得成功，而且还能给人们带来幸福。会讲话的人，不只是在职场上能够如鱼得台阶。如果你想获得他人的尊重，让彼此的关系更融洽，就要懂得照顾他人的感受，在对方遇到尴尬局面的时候，要能想方设法维护对方的尊严，帮人圆场，摆脱窘境。

很多时候，我们输在语言表达上，都是因为不注意一些细节问题。其实，这些问题在经过后天的专门训练，都可以改变。无数人通过亲身经历证明：只要掌握了正确的训练方法，平时勤加练习，即使原来语言表达很糟糕，最终也可以练好。

良好的语言表达水平，不仅能帮助人们获得成功，而且还能给人们带来幸福。会讲话的人，不只是在职场上能够如鱼得水，在日常的家庭生活中也能获得更和睦的关系。水，在日常的家庭生活中也能获得更和睦的关系。维护他人的自尊，实际上也是给自己一个

1．求 $\iint_D x^2 e^{-y^2} dxdy$，其中 D 是以(0,0)、(1,1)和(0,1)为顶点的三角形。

2．

停电通知

尊敬的住户：

由于下雨闪电的缘故，导致供电系统瘫痪，本小区将在某年某月某日 20:00-次日 5:00 停止供电，由此给您带来的不便，敬请谅解。谢谢合作！

物业公司管理处

2019/6/25

操作方法及步骤如下：

（1）在 D:盘上新建一个文件夹，以学号姓名命名，如图 4-1 所示。

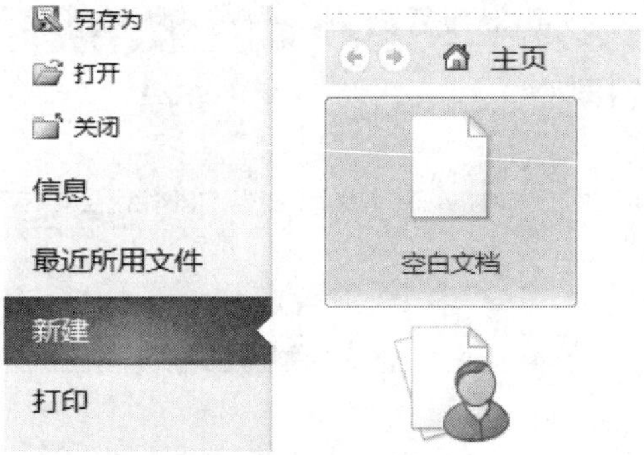

图 4-1 创建空白 Word 文档

（2）步骤 1：选择“开始”→“所有程序”→Microsoft Office→Microsoft Word 2010 命令（也可以直接双击桌面上的快捷方式）启动 Word 软件。

步骤 2：输入“样张 1”中的文本，然后单击“文件”功能区中的“保存”按钮（或直接单击），弹出“另存为”对话框，选择要保存的位置，在“文件名”文本框中输入文件名 test01.docx，单击“保存”按钮。

（3）步骤 1：在文档保存后，单击“文件”功能区的“打开”按钮，选中 test01.docx 并打开。选中第二段文字（将鼠标指针放在准备选择的一段文本的左侧，鼠标拖动选中），再执行“复制”操作（单击图标、单击“开始”功能区中的“复制”按钮、右击并从快捷菜单中选择“复制”选项或使用快捷键 Ctrl+C）。

步骤 2：将鼠标指针定位到第三段后面，按 Enter 键，然后执行“粘贴”操作。

（4）步骤 1：选中第二段的第三行（将鼠标指针放在准备选择的一行文本的左侧，当鼠标指针变成右箭头形状时单击并拖动鼠标选中）。

步骤 2：执行“移动”操作。

步骤 3：将鼠标指针定位到第四段后面，执行“粘贴”操作。

（5）步骤 1：选中全文，执行“查找”操作（单击“开始”功能区“编辑”组中的“查找”按钮或者使用快捷键 Ctrl+F，弹出“查找和替换”对话框，如图 4-2 所示）。

步骤 2：在“查找内容”文本框中输入“能力”，在“替换为”文本框中输入“水平”。

步骤 3：单击“更多”按钮，在展开的对话框中单击“格式”按钮并选择“字体”，选择需要查找文字的格式，单击“确定”按钮。

步骤 4：单击“全部替换”按钮。

（6）步骤 1：新建一个新的空白文档，完成插入公式的操作：把光标定位到需要插入公式的位置，单击“插入”功能区“符号”组中的“公式”按钮（如图 4-3 所示）；或者把光标定位到需要插入公式的位置，单击“插入”功能区“文本”组中的“对象”按钮，输入“样张 2”中“1.”的内容。

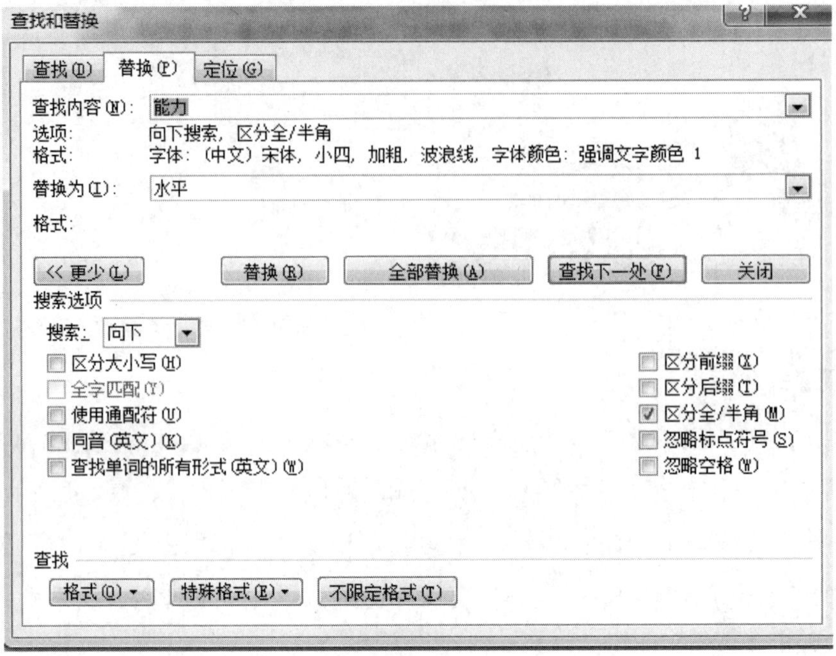

图 4-2 “查找和替换”对话框

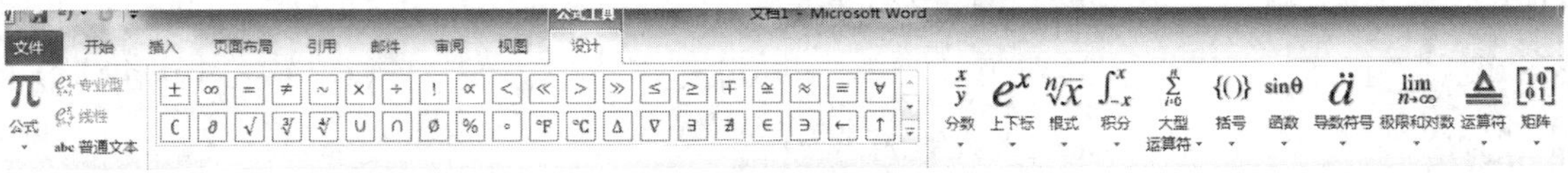

图 4-3 公式编辑器

步骤 2：完成插入日期的操作：单击“插入”功能区“文本”组中的“日期和时间”按钮，在“语言”下拉列表中选择“中文（中国）”，在“可用格式”区域中选择准备使用的日期格式。

步骤 3：勾选右下角的“自动更新”复选项，单击“确定”按钮，如图 4-4 所示。

步骤 4：输入“样张 2”中“2.”的内容。完成后以 test02.docx 为文件名保存在 D:盘以学号姓名命名的文件夹中。

（7）步骤 1：选中“样张 2”中的时间“20:00-次日 5:00”，单击“开始”功能区“字体”组中的 $\mathbf{x}^2$ 按钮完成设置上标的操作。

步骤 2：选中“样张 2”中的日期，单击“开始”功能区“字体”组中的 $\mathbf{x}_2$ 按钮完成设置下标的操作。

（8）步骤 1：打开 test01.docx 文件，将光标定位到文档末尾，单击“插入”功能区“文本”组中“对象”按钮下拉列表中的“文件中的文字”。

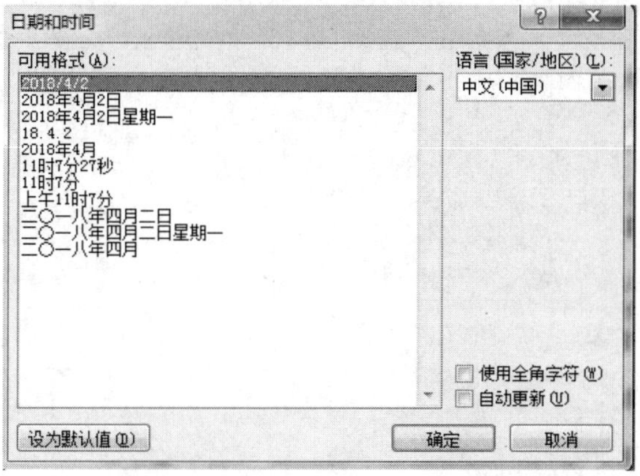

图 4-4　“日期和时间”对话框

步骤 2：在弹出的“插入文件”对话框中找到并选择 test02.docx，单击“插入”按钮完成文档合并。

（9）完成后以 test03.docx 为名保存在 D:盘以学号姓名命名的文件夹中。

任务 2　在任务 1 的基础上完成对文字字体的操作

（1）将标题“说话的艺术”的字体颜色设置成绿色，字体大小为小四、加粗显示，字符间距缩放 150%。

（2）将正文第一段设置为华文彩云，将第二行加下划线，线型为双横线，下划线颜色设置为红色，将引号里面的内容添加删除线。

（3）将正文第二段的字体设置为倾斜、楷体 12 号字，并将其转换为繁体字，加蓝色三维 4.5 磅边框，应用于“段落”。

（4）将正文第三段中“注意”的字体大小设置为小三，字体颜色设置为黄色，将它的位置降低 3 磅并添加着重号。

（5）将正文第一段首字下沉 2 行，距正文 0.3 厘米，字体设置为微软雅黑。

（6）完成后以 test04.docx 为名另存在 D:盘以学号姓名命名的文件夹中。

操作方法及步骤如下：

（1）步骤 1：打开以学号姓名命名的文件夹，打开 test01.docx 文件。

步骤 2：选中标题“说话的艺术”，单击“开始”功能区“字体”组中的“字号”五号下拉列表框，选择应用的字号大小，在“字体颜色”按钮的下拉列表中选择应用的颜色，单击“加粗”按钮设置粗体；直接选中要编辑的文字并右击，在弹出的快捷菜单中选择“字体”，弹出如图 4-5 所示的“字体”对话框，在“高级”选项卡的“字符间距”区域的“缩放”下拉列表框中选择 150%完成操作。

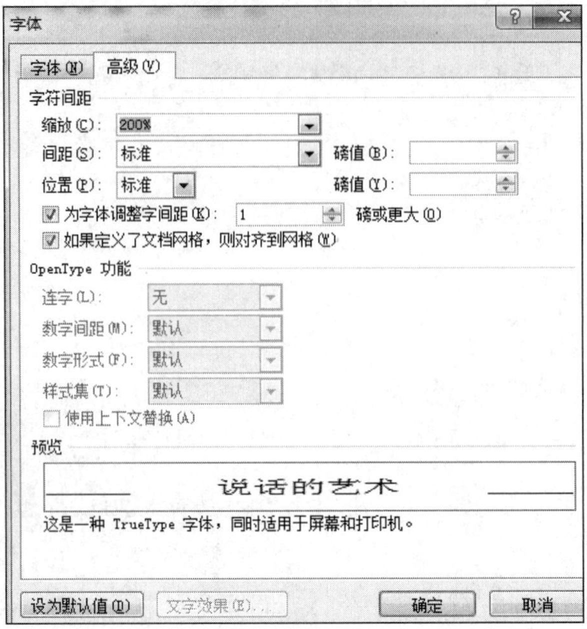

图 4-5 “字体”对话框的“高级”选项卡

（2）步骤 1：选中正文第一段并右击，在弹出的快捷菜单中选择“字体”，在“中文字体”下拉列表框中选择“华文彩云”，选择下划线线型为“双横线”，颜色选择“红色”，单击“确定”按钮。

步骤 2：选中第一段中的引号部分并右击，在弹出的快捷菜单中选择“字体”，在“字体效果”中选择“删除线”，单击“确定”按钮。

（3）步骤 1：选中正文第二段并右击，在弹出的快捷菜单中选择“字体”，在“字形”中选择“倾斜”。

步骤 2：在“中文字体”下拉列表框中选择“楷体”，“字号”设置为 12，单击“确定”按钮。

步骤 3：单击“审阅”功能区“中文简繁转换”组中的“简转繁”按钮。

步骤 4：单击“页面布局”功能区“页面背景”组中的“页面边框”按钮，弹出如图 4-6 所示的“边框和底纹”对话框。

步骤 5：在“页面边框”选项卡的“设置”区域中单击“三维”按钮，在“颜色”下拉列表框中选择“蓝色”，在“宽度”下拉列表框中选择“4.5 磅”，在“应用于”下拉列表框中选择“段落”，单击“确定”按钮。

（4）步骤 1：选中第三段中的“注意”并右击，在弹出的快捷菜单中选择“字体”，按要求设置字号和颜色。

步骤 2：在“高级”选项卡的“字符间距”区域的“位置”下拉列表框中选择“下降”，

在“磅值”文本框中输入“3 磅”，在“着重号”下拉列表框中选择“.”，单击“确定”按钮。

（5）选中正文第一段，单击“插入”功能区“文本”组中的“首字下沉”按钮，弹出如图 4-7 所示的“首字下沉”对话框，选择“下沉”选项，设置要求的属性。

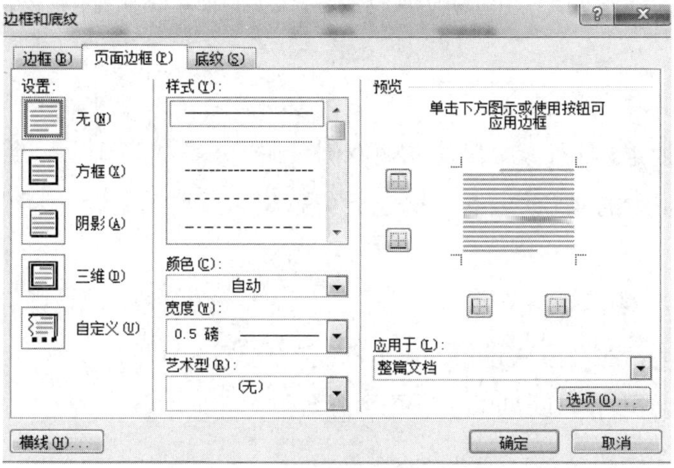

图 4-6　“边框和底纹”对话框

图 4-7　“首字下沉”对话框

（6）单击“文件”中的“另存为”命令，输入 test04.docx 保存在以学号姓名命名的文件夹中。效果如图 4-8 所示。

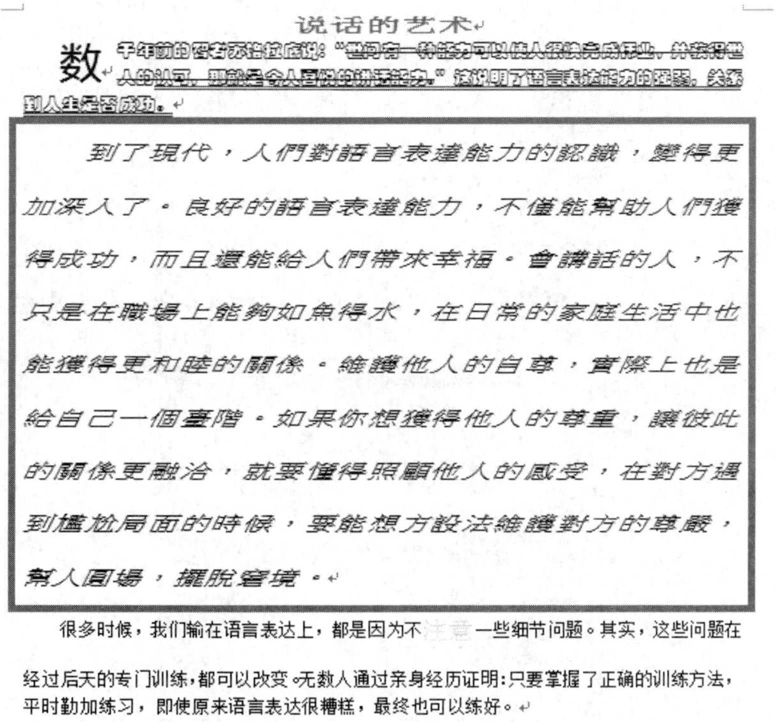

说话的艺术

数千年前的哲者苏格拉底说：“世间有一种能力可以使人很快完成伟业，并获得世人的认可，那就是令人喜悦的讲话能力。”这说明了语言表达能力的重要，关系到人生是否成功。

到了現代，人們對語言表達能力的認識，變得更加深入了。良好的語言表達能力，不僅能幫助人們獲得成功，而且還能給人們帶來幸福。會講話的人，不只是在職場上能夠如魚得水，在日常的家庭生活中也能獲得更和睦的關係。維護他人的自尊，實際上也是給自己一個臺階。如果你想獲得他人的尊重，讓彼此的關係更融洽，就要懂得照顧他人的感受，在對方遇到尷尬局面的時候，要能想方設法維護對方的尊嚴，幫人圓場，擺脫窘境。

很多时候，我们输在语言表达上，都是因为不注意一些细节问题。其实，这些问题在经过后天的专门训练，都可以改变。无数人通过亲身经历证明：只要掌握了正确的训练方法，平时勤加练习，即使原来语言表达很糟糕，最终也可以练好。

图 4-8　文字字体操作效果

任务 3　在任务 1 的基础上完成对文档段落的操作

（1）将文档中的所有段落设置首行缩进 2 字符，大纲级别设置为 1 级。

（2）将正文第一段与第二段的段落间距设置为段前段后各 1 行，首字下沉 2 行，距正文 0.5 厘米，字体为华文行楷。

（3）将正文第二段分成等宽的两栏，栏间距为 3 字符，添加分隔线。

（4）将正文第三段行距设置为 1.5 倍行距，段落左侧右侧各缩进 5 字符。

（5）将正文第一段设置红色阴影的 4.5 磅边框，应用于“段落”，底纹图案设置为红色的浅色竖线，填充色设置为蓝色。

（6）将正文各段设置项目符号 ●。

（7）将正文标题设置拼音指南，对齐方式设置为 1-2-1，字号设置为 9 磅。

（8）完成后以 test05.docx 为名另存在 D:盘以学号姓名命名的文件夹中。

操作方法及步骤如下：

（1）步骤 1：打开以学号姓名命名的文件夹，打开 test01.docx 文档。

步骤 2：选中文档正文并右击，在弹出的快捷菜单中选择“段落”，在“大纲级别”中选择“1 级”，在“特殊格式”中选择“首行缩进”，度量值设置为“2 字符”。

（2）步骤 1：选中正文的第一段和第二段并右击，在弹出的快捷菜单中选择“段落”，在“间距”处将“段前”和“段后”分别设置为“1 行”，单击“确定”按钮。

步骤 2：选中正文的第一段和第二段，单击“插入”功能区“文本”组中的“首字下沉”下拉按钮，在弹出的下拉列表中选择“首字下沉”选项。

步骤 3：“字体”设置为华文行楷，“下沉行数”设置为 2 行，“距正文”选择 0.5 厘米。

（3）步骤 1：选中正文的第二段，单击“页面布局”功能区“页面设置”组中的“分栏”下拉按钮，在下拉列表中选择“更多分栏”选项，弹出如图 4-9 所示的“分栏”对话框。

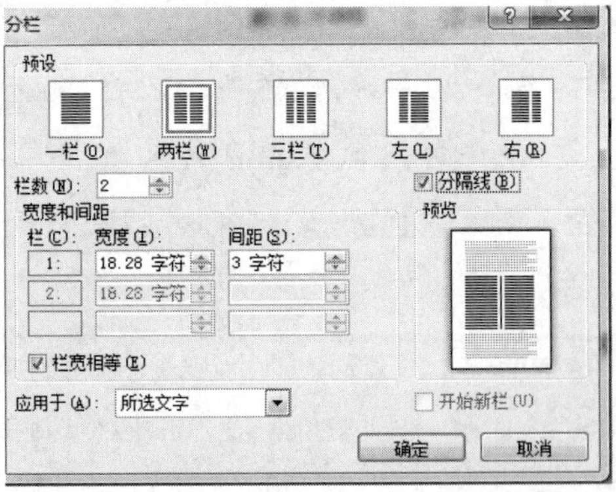

图 4-9　“分栏”对话框

步骤 2：在“预设”区域中选择“两栏”，将“间距”设置为“3 字符”，选中“分隔线”复选项，在“应用于”下拉列表框中选择“所选文字”。

（4）步骤 1：选中正文的第三段并右击，在弹出的快捷菜单中选择“段落”，选择“缩进和间距”选项卡，在“间距”区域的“行距”下拉列表框中选择“1.5 倍行距”。

步骤 2：将“缩进”区域的“左侧”和“右侧”设置为“5 字符”，单击“确定”按钮。

（5）步骤 1：选中正文的第一段，单击“页面布局”功能区“页面背景”组中的“页面边框”按钮，弹出如图 4-10 所示的“边框和底纹”对话框，选择“边框”选项卡。

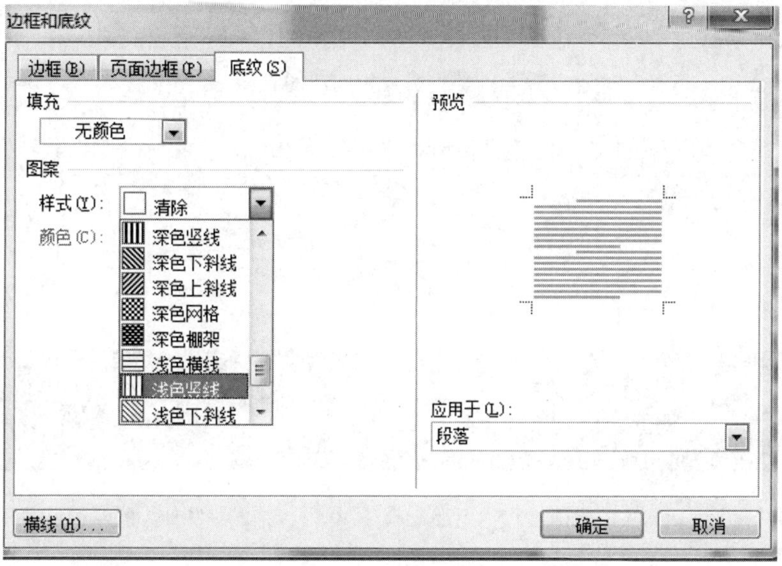

图 4-10　“边框和底纹”对话框

步骤 2：在“设置”中选择“阴影”，在“颜色”下拉列表框中选择“红色”。

步骤 3：在“宽度”下拉列表框中选择 4.5 磅，应用于“段落”。

步骤 4：在“底纹”选项卡中单击“填充”下拉列表框并选择“蓝色”。在“图案”区域的“样式”下拉列表框中选择“浅色竖线”，在“颜色”下拉列表框中选择“红色”，单击“确定”按钮。

（6）选中文档正文并右击，在弹出的快捷菜单中选择“项目符号”，在“项目符号库”中选择需要设置的符号。

（7）步骤 1：选中文章标题，单击“开始”功能区“字体”组中的“拼音指南”按钮。

步骤 2：弹出如图 4-11 所示的“拼音指南”对话框，将“对齐方式”设置为 1-2-1，“字号”设置为 9 磅，单击“确定”按钮。

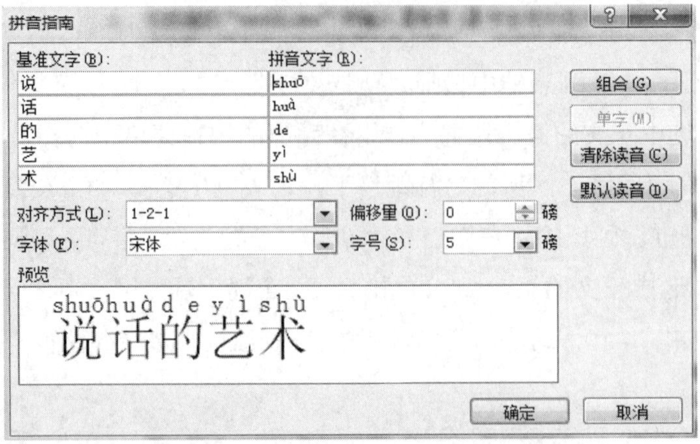

图 4-11 “拼音指南”对话框

（8）单击“文件”中的“另存为”命令，输入 test05.docx 保存在以学号姓名命名的文件夹中。效果如图 4-12 所示。

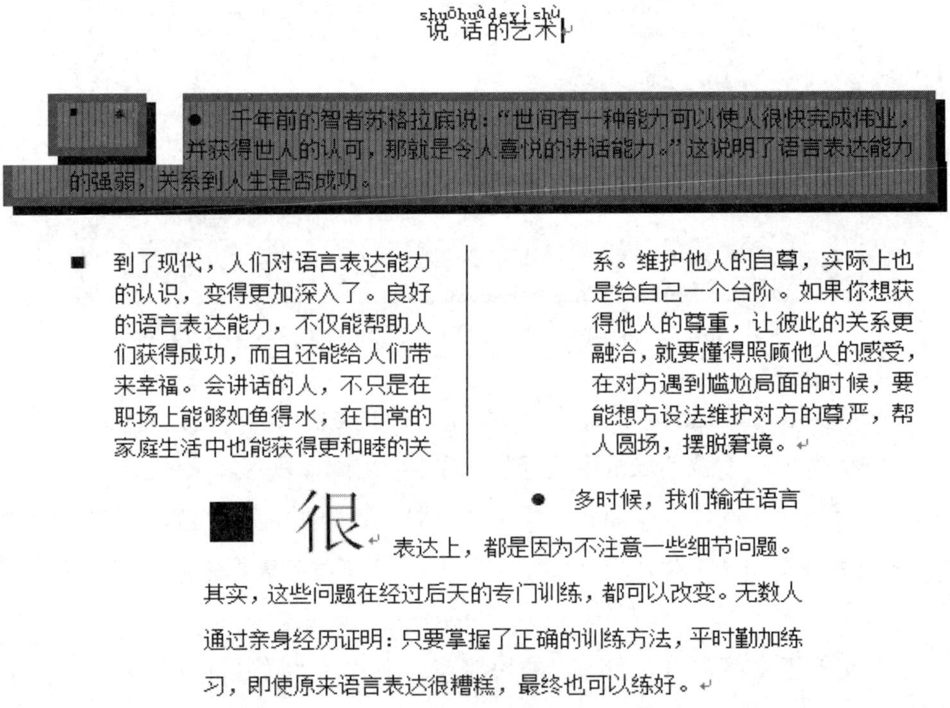

图 4-12 文档段落操作效果

任务 4 在任务 1 的基础上完成对 Word 页眉页脚、节、页面设置的操作

（1）复制 test01.docx 的文本内容并粘贴多次（每次复制时按 Enter 键换行），使之占据最少 5 个页面。

（2）在文章第一页第一篇结束后插入分页符，将第一页第一篇的标题设置为水平方向，将字体紧缩 0.05 厘米。

（3）在第二篇第一段后插入分节符，分节符类型为“连续”，并设置第二篇文档每行 45 个字符，跨度 15 磅。

（4）设置首页的页眉为隶书小四号的“页眉的设置”，奇数页、偶数页的页眉分别为“世间有一种能力可以使人很快完成伟业”和“维护他人的自尊，实际上也是给自己一个台阶”。页脚全部设置成自动图文集中的“作者，页码和日期”。

（5）设置文档上下边距分别为“2 厘米”和“2.5 厘米”，左右边距分别为“3.5 厘米”和“4 厘米”，方向为横向，装订线位置设置在“右”侧。

（6）设置文档每页 45 行，跨度 20 磅；每行 40 个字符，跨度 25 磅；纸张宽度设置为 45 厘米，高度为 35 厘米。完成上述操作后执行“打印预览”来观看打印效果。

（7）设置打印第 2、4 和 5-7 页，打印 3 份，并按 32 开纸张进行缩放打印。

操作方法及步骤如下：

（1）步骤 1：打开以学号姓名命名的文件夹，打开 test01.docx 文档。

步骤 2：鼠标拖动或用快捷键 Ctrl+A 全选 test01.docx 文档全文，将鼠标指针移到文档末尾或按快捷键 Ctrl+End，然后按 Enter 键换行，执行“粘贴”操作多次，直到内容超过 5 页。

（2）步骤 1：选中文章第一页第一篇结束处，单击“页面布局”功能区“页面设置”组中的“分隔符”按钮，在下拉列表中选择“分页符”。

步骤 2：选择文章第一页第一篇标题，单击“页面布局”功能区“文字方向”组中的“水平”。

步骤 3：选择文章第一页第一篇标题并右击，在弹出的从快捷菜单中选择“字体”，在“字符间距”区域的“间距”下拉列表框中选择“缩放”，值设置为“0.05 厘米”。

（3）步骤 1：将鼠标指针定位在第二篇第一段后。

步骤 2：单击“页面布局”功能区“页面设置”组中的“分隔符”按钮，在下拉列表中选择“分节符”，分节符类型选择“连续”。

步骤 3：单击“页面布局”功能区“页面设置”组右边的按钮，弹出“页面设置”对话框。

步骤 4：在其中选择“文档网格”选项卡，如图 4-13 所示。

步骤 5：在“网格”区域中选择“指定行和字符网格”复选项，在“字符数”区域的“每行”文本框中输入 45，在“跨度”文本框中输入 15，单击“确定”按钮。

（4）步骤 1：在“页面设置”对话框中选择“版式”选项卡，如图 4-14 所示。

步骤 2：在“页眉和页脚”区域中勾选“奇偶页不同”复选项和“首页不同”复选项。

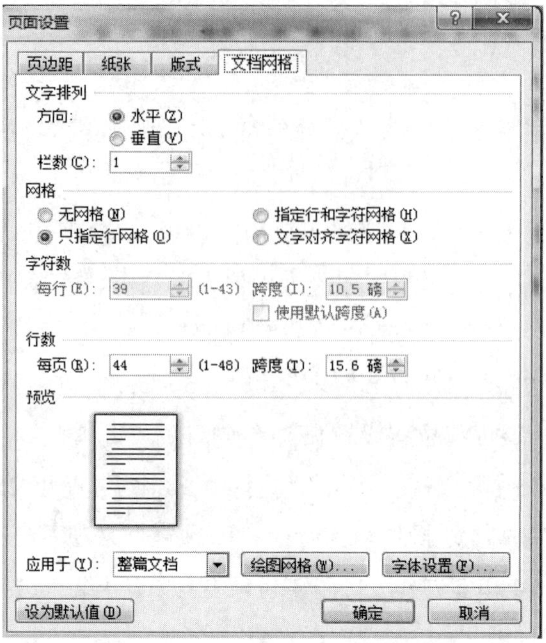

图 4-13 “文档网格”选项卡

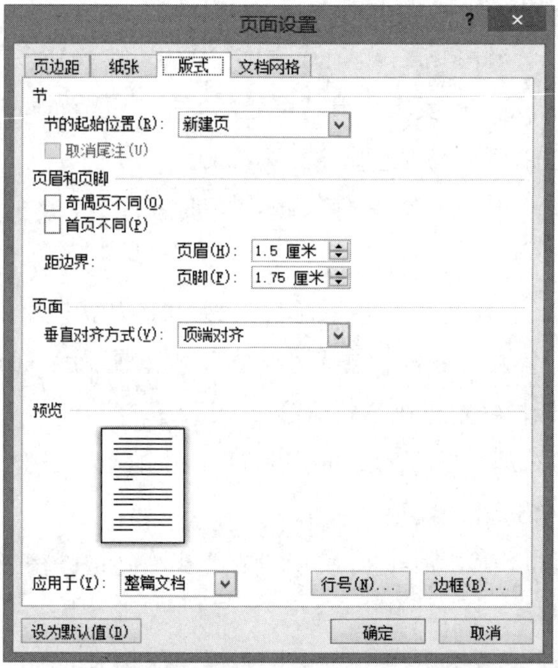

图 4-14 “版式”选项卡

步骤 3：将光标定位到文档第一页，单击“插入”功能区“页眉和页脚”组中的“页眉”按钮并选择“编辑页眉”，在页眉区域中输入内容“页眉的设置”。

步骤 4：选中页眉内容，单击“开始”功能区“字体”组中的“字体”下拉列表框，设置为“隶书”，“字体大小”设置为“小四号”。

步骤 5：单击“页眉”，单击“导航”组中的“转至页脚”按钮；在“插入”组中单击“文档部件”按钮，选择“自动图文集”中的“作者”，选择“页码”中的“当前位置”插入页码，单击“日期和时间”按钮，在弹出的“日期和时间”对话框中选择合适的格式插入日期和时间。

步骤 6：将鼠标指针定位到下一页，依照前面的方法设置奇数页的页眉内容为“维护他人的自尊，实际上也是给自己一个台阶”，页脚为“作者，页码和日期”；偶数页的页眉内容为“世间有一种能力可以使人很快完成伟业”，页脚为“作者，页码和日期”。

（5）步骤 1：单击“页面布局”功能区“页面设置”组中的按钮，弹出如图 4-15 所示的“页面设置”对话框。

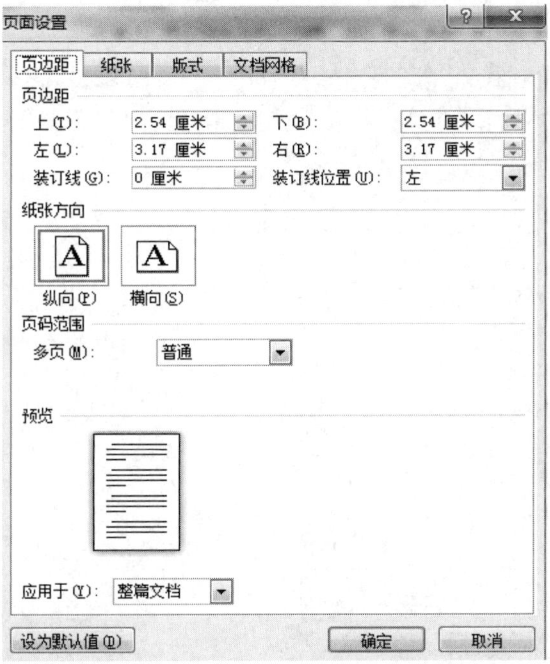

图 4-15　“页面设置”对话框的“页边距”选项卡

步骤 2：在“页边距”区域设置上下边距分别为“2 厘米”和“2.5 厘米”，左右边距分别为“3.5 厘米”和“4 厘米”，在“装订线位置”下拉列表框中选择“右”，“纸张方向”设置为“横向”，单击“确定”按钮。

（6）步骤 1：单击“页面布局”功能区“页面设置”组中的按钮。

步骤 2：在“页面设置”对话框中选择“文档网络”选项卡。

步骤 3：在“网络”区域中选中“指定行和字符网格”，在“字符数”区域的“每行”文本框中输入 40，在“跨度”文本框中输入 20。

步骤 4：在“行数”区域的“每页”文本框中输入 45，在“跨度”文本框中输入 25。

步骤5：在“页面设置”对话框中选择“纸张”选项卡，如图4-16所示。

步骤6：在“纸张大小”下拉列表框中选择“自定义大小”，将“宽度”设置为45厘米，“高度”设置为35厘米。

步骤7：单击“文件”中的“打印”命令预览打印效果。

（7）步骤1：单击“文件”中的“打印”命令。

步骤2：在“份数”文本框中输入3，在“设置”区域的“页数”文本框中输入2,4,5-7，在最后一个下拉列表框“缩放至纸张大小”中选择“32开”。“打印”任务窗格如图4-17所示。

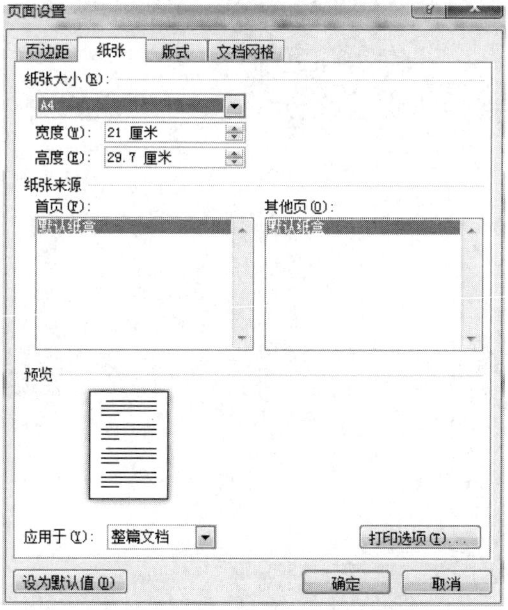

图4-16 “纸张”选项卡

图4-17 “打印”任务窗格

任务5 在任务1的基础上完成对Word其他方面的操作

（1）将标题“说话的艺术”加注拼音，字体为“华文彩云”，对齐方式为“居中”，字号为9磅。

（2）将正文第一段中的“讲话能力”进行合并，字体设置为华文行楷，字号为9磅。

（3）将正文第二段中的“成功”设置为带三角形并增大圈号的中文格式。

（4）将正文第三段中的“亲身经历”设置为“双行合一”，并将该样式应用于第一段的第二句话。

（5）为文档设置打开密码。

（6）设置文档背景为预设效果“雨后初晴”，并设文字“信息工程学院”为水印效果，字体为“华文彩云”，字号为 66 磅，蓝色，半透明。

（7）以 test06.docx 为名另存在 D:盘以学号姓名命名的文件夹中。

操作方法及步骤如下：

（1）步骤 1：打开以学号姓名命名的文件夹，打开 test01.docx 文档。

步骤 2：选中标题“说话的艺术”，单击“开始”功能区“字体”组中的“拼音指南”按钮，在弹出的“拼音指南”对话框中设置字体为“华文彩云”，对齐方式为“居中”，字号为“9 磅”。

（2）步骤 1：选中正文第一段中的“讲话能力”，单击“段落”组中的“中文版式”按钮并选择“合并字符”命令，弹出如图 4-18 所示的“合并字符”对话框。

图 4-18　“合并字符”对话框

步骤 2：选择字体为“华文行楷”，字号设置为 9 磅，单击“确定”按钮。

（3）步骤 1：选中正文第二段中的“成”，单击“开始”功能区“字体”组中的“带圈字符”按钮，弹出如图 4-19 所示的“带圈字符”对话框。

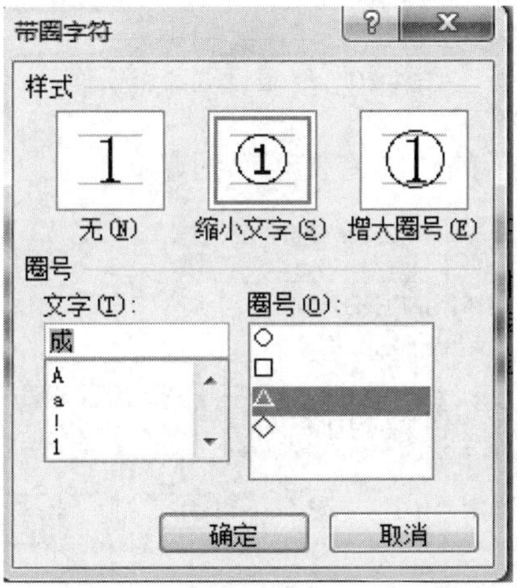

图 4-19　“带圈字符”对话框

步骤 2：选择“样式”为“增大圈号”，“圈号”选择三角形，单击“确定”按钮。

步骤 3：选中正文第二段中的“功”，以同样的操作设置带圈字符。

（4）步骤 1：选中正文第三段中的“亲身经历”，单击“开始”功能区“段落”组中的“中文版式”按钮并选择“双行合一”命令，单击“确定”按钮。

步骤 2：再次选择“亲身经历”，单击“开始”功能区“剪切板”组中的“格式刷”按钮，用格式刷刷过第一段的第二句话。

（5）步骤 1：单击“文件”功能区“信息”选项卡中的“保护文档”，在下拉列表中选择“用密码进行加密”命令，如图 4-20 所示。

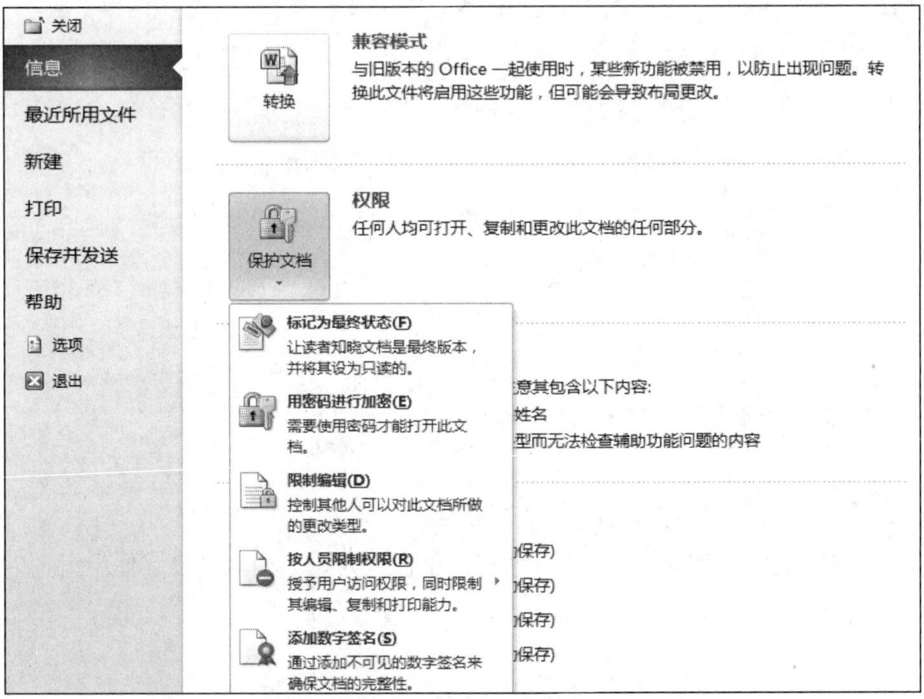

图 4-20　权限设置菜单操作

步骤 2：弹出如图 4-21 所示的“加密文档”对话框，在“密码”文本框中输入密码。

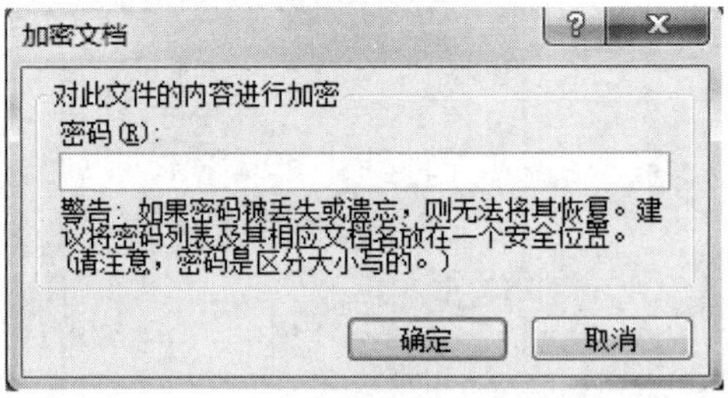

图 4-21　“加密文档”对话框

步骤 3：单击“确定”按钮后再次输入密码完成设置。

（6）步骤 1：单击“页面布局”功能区“页面背景”组中的“页面颜色”按钮并选择“填充效果”命令，弹出如图 4-22 所示的“填充效果”对话框。

图 4-22　“填充效果”对话框

步骤 2：在“颜色”区域中选择“预设”单选项，在“预设颜色”下拉列表框中选择“雨后初晴”，在“底纹样式”区域中选择“斜上”单选项。

步骤 3：单击“页面布局”功能区“页面背景”组中的“水印”按钮并选择“自定义水印”命令，弹出如图 4-23 所示的“水印”对话框。

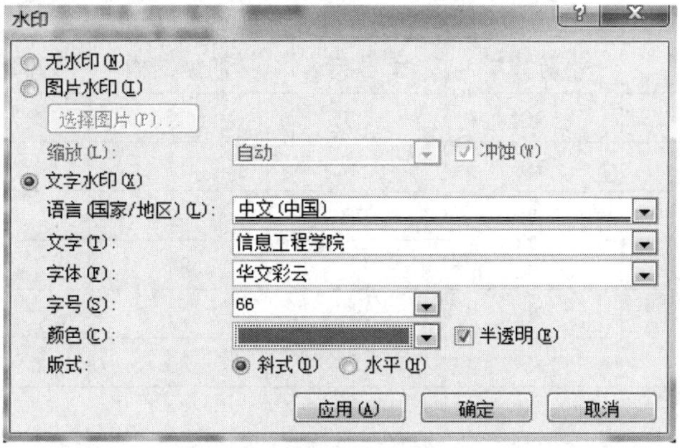

图 4-23　“水印”对话框

步骤 4：在“文字”组合框中输入“信息工程学院”，“字体”选择“华文彩云”，“字号”设置为“66 磅”，在“颜色”下拉列表框中选择“蓝色”，在“版式”区域中选择“斜式”单选项，选中“半透明”复选项。

（7）单击“文件”中的“另存为”命令，输入 test06.docx 保存在以学号姓名命名的文件夹中。

实验 4.2　表格设计

实验目的

（1）熟练掌握表格的创建和初始化的方法。

（2）熟练掌握在表格中输入和编辑文字的方法。

（3）熟练掌握设置表格布局、合并和拆分单元格的方法。

实验内容与操作步骤

任务 1　对样表进行排版

按如下要求新建一个 Word 文档，对“样表”进行编辑排版：

（1）启动 Word 2010 软件，新建一个 Word 文档，以“表格制作.docx”为文件名保存在 D:盘以学号姓名命名的文件夹（若无此文件夹请新建）中。

（2）在“表格制作.docx”文件中插入一个 8 行 7 列的表格。

（3）在新建的表格中输入样表中的内容，并将行高设置为 1 厘米，设置表格外边框为蓝色实线 1.5 磅，表格底纹为红色。

【样表】

学号	姓名	高等数学	大学英语	数据结构	计算机网络	操作系统
001	王仁	80	87	89	85	92
002	刘强	79	88	76	76	80
003	徐云	78	90	92	79	76
004	张克明	90	88	87	80	87
005	刘旭东	70	87	77	98	84
006	王桂兰	87	97	83	78	91
007	陈圆圆	98	91	85	69	81

（4）在“高等数学”后面插入一列，第一行为“数据库”，分数依次输入 91、87、97、86、79、80、92；在“操作系统”后面插入一列，第一行输入“总分”。

（5）在最后一行后面插入一行，并在该行第一列的单元格中输入“平均分”。

（6）在该表格上方输入内容“2017－2018 学年度第一学期软件工程一班成绩一览表”作为表格标题并居中显示。

（7）将表格样式设置为“彩色列表－强调文件颜色 2”。

（8）删除第 5 行即“张克明”所在的行，并将文件另存为“表格编辑.docx”。

操作方法及步骤如下：

（1）步骤 1：在 D:盘上新建一个文件夹，以学号姓名命名。

步骤 2：启动 Word 2010 软件，新建一个 Word 文档，选择“文件”功能区中的“保存”命令（或直接单击按钮），弹出“另存为”对话框，选择要保存的位置，在“文件名”文本框中输入文件名“表格制作.docx”，单击“保存”按钮。

（2）步骤 1：选择“文件”功能区中的“打开”命令，选中“表格制作.docx”并打开。

步骤 2：单击“插入”功能区“表格”组中的“表格”下拉按钮，在下拉列表中选择“插入表格”选项，弹出如图 4-24 所示的“插入表格”对话框，在其中输入 8 行 7 列，然后单击“确定”按钮。

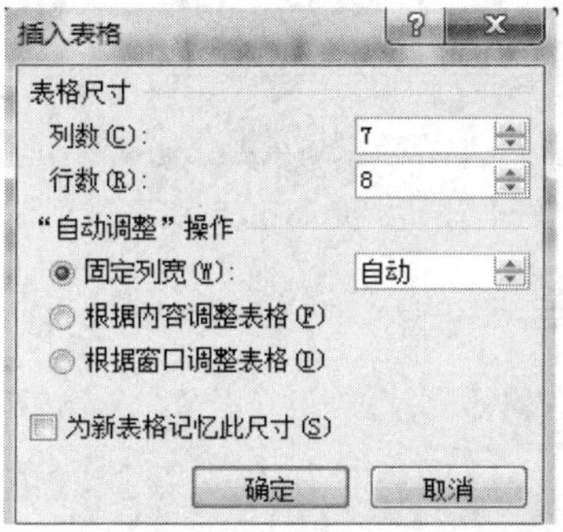

图 4-24　“插入表格”对话框

（3）步骤 1：在单元格中输入样表中的内容。

步骤 2：输入完成后，选中新建的表格并右击，在弹出的快捷菜单中选择“表格属性”，弹出如图 4-25 所示的“表格属性”对话框，选择“行”选项卡，选中“指定高度”复选项并设置为“1 厘米”。

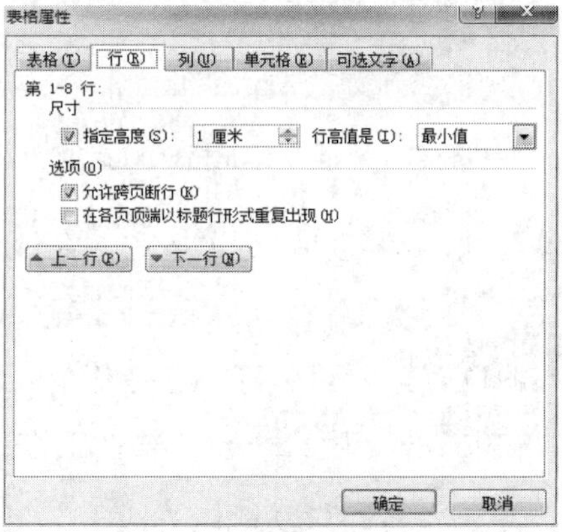

图 4-25　“表格属性”对话框

步骤 3：选中新建的表格，单击“表格工具/设计”选项卡“绘制边框”组中右下角的按钮，弹出如图 4-26 所示的“边框和底纹”对话框。

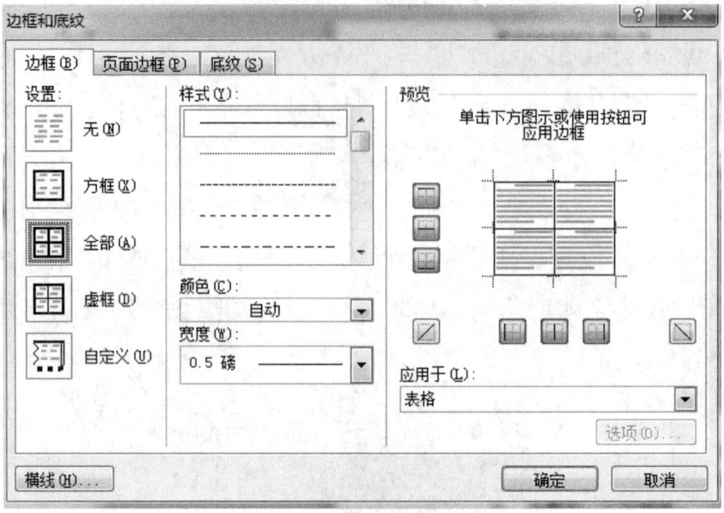

图 4-26 “边框和底纹”对话框

步骤 4：选择“边框”选项卡“设置”区域中的“全部”，“样式”选择“实线”，“颜色”设置为“蓝色”，“宽度”设置为“1.5 磅”。

步骤 5：选择“底纹”选项卡，“填充”颜色选择“红色”，单击“确定”按钮。

（4）将光标定位到需要插入单元格的位置上，单击“布局”功能区“行和列”组中的按钮，弹出如图 4-27 所示的“插入单元格”对话框，选中“整列插入”单选项，单击“确定”按钮，将相应数据输入。

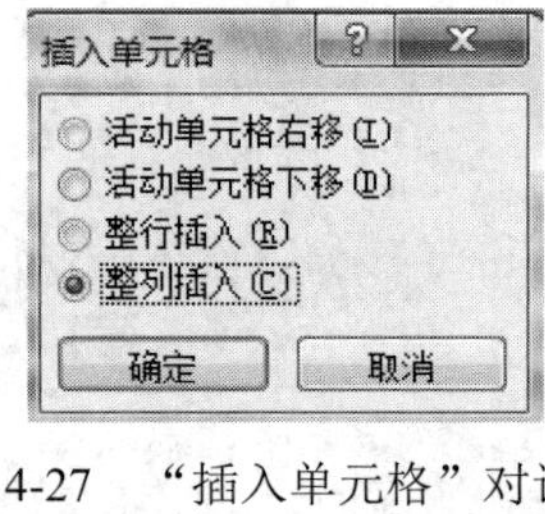

图 4-27 “插入单元格”对话框

（5）选择“整行插入”单选项，单击“确定”按钮。在该行第一列的单元格中输入“平均分”。

（6）步骤 1：在表格下方的位置输入回车符，选择整个表格并拖动到文档的第二行，在文档的第一行输入内容“2017－2018 学年度第一学期软件工程一班成绩一览表”。

步骤 2：选中第一行内容，单击“开始”功能区“段落”组中的“居中对齐”按钮将标题内容居中显示。

（7）步骤 1：选中表格，单击“表格工具/设计”功能区“表格样式”组中的“其他”按钮，系统会弹出如图 4-28 所示的“表格样式”下拉列表。

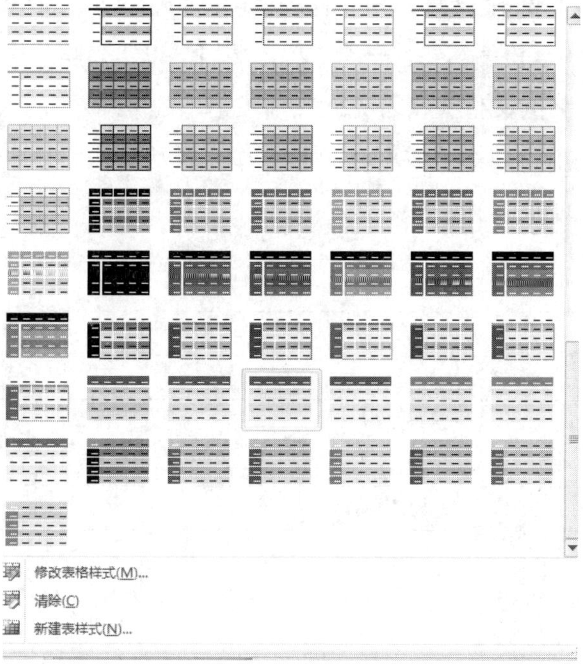

图 4-28　“表格样式”下拉列表

步骤 2：在其中选择“彩色列表－强调文件颜色 2”。

（8）步骤 1：选择表格第 5 行（“张克明”所在的行），单击“布局”功能区中的“删除单元格”按钮，选择“删除整行”命令。

步骤 2：选择“文件”功能区中的“另存为”命令，在弹出的“另存为”对话框的“文件名”文本框中输入“表格编辑”，在“保存位置”下拉列表框中选择 D:盘以学号姓名命名的文件夹，单击“保存”按钮。完成后的效果如图 4-29 所示。

2017-2018 学年度第一学期软件工程一班成绩一览表

学号	姓名	高等数学	数据库	大学英语	数据结构	计算机网络	操作系统	总分
001	王仁	80	91	87	89	85	92	
002	刘强	79	87	88	76	76	80	
003	徐云	78	97	90	92	79	76	
004	张克明	90	86	88	87	80	87	
006	王桂兰	87	80	97	83	78	91	
007	陈圆圆	98	92	91	85	69	81	
平均分								

图 4-29　效果图

任务 2 编辑“个人简历”表格

按如下要求新建一个 Word 文档，对“样表”（“个人简历”表格）进行编辑排版：

（1）启动 Word 2010 软件，新建一个 Word 文档，以“表格格式化 1.docx”为文件名保存在 D:盘以学号姓名命名的文件夹（若无此文件夹请新建）中。

（2）在“表格格式化 1.docx”文档中创建“个人简历”表格，并将表格中的数据输入到相应位置，使表格所占的位置刚好为一页。

【样表】

<table>
<tr><td>姓名</td><td></td><td>性别</td><td></td><td>出生年月</td><td></td><td>民族</td><td></td><td rowspan="4">（图片）</td></tr>
<tr><td>文化程度</td><td></td><td>政治面貌</td><td></td><td>身高</td><td></td><td>视力</td><td></td></tr>
<tr><td>身份证号</td><td colspan="5"></td><td>婚否</td><td></td></tr>
<tr><td>专业</td><td colspan="2"></td><td>技术等级</td><td colspan="2"></td><td>工龄</td><td></td></tr>
<tr><td>本人简历</td><td></td><td colspan="7"></td></tr>
<tr><td>家庭住址</td><td colspan="4"></td><td>邮政编码</td><td></td><td colspan="2"></td></tr>
<tr><td>联系人</td><td colspan="3"></td><td>联系电话</td><td></td><td colspan="3"></td></tr>
</table>

（3）将表格中的文字设置为“居中”显示，并将表中的“文化程度”“政治面貌”“专业”“工龄”“联系电话”设置为四号、黑体、加粗，其他文字设置为四号、宋体。

（4）在该表格上方输入内容“个人简历”作为表格标题，字体为三号、加粗并居中显示。

（5）设置表格外边框为双实线、1.5 磅，相应单元格底纹为“灰度 25%”。

（6）设置表格中第 1～4 行行高为 1 厘米，第 6～7 行宽度设置为 2.5 厘米。

（7）在“图片”框中插入图 4-30 所示的图片，调整图片大小使之填充整个“图片”单元格。

图 4-30　图片

（8）新建一个 Word 文档，以“表格格式化 2.docx”为文件名保存在 D:盘以学号姓名命名的文件夹中，并在该文档中输入图 4-31 所示的文字。

月份，产品名称，销售额，成本，负责人

一月，化妆品，123009，60330，张晓梅

一月，食品，78650，56000，刘凤霞

一月，服装，780000，340000，李敏

图 4-31　输入的文字内容

将上述文字转换为一个 5 行 5 列的表格，再根据表格中的内容调整表格大小。

操作方法及步骤如下：

（1）步骤 1：在 D:盘上新建一个文件夹，以学号姓名命名。

步骤 2：启动 Word 2010 软件，新建一个文件名为“表格格式化 1.docx”的 Word 文档。

（2）步骤 1：在文档保存后，选择“文件”功能区中的“打开”命令，选中“表格格式化 1.docx”并打开。

步骤 2：分析“个人简历”表格，建立 7 行 9 列的表格。单击“插入”功能区“表格”组中的“表格”下拉按钮，在下拉列表中选择“插入表格”选项，在弹出的“插入表格”对话框中输入 7 行 9 列。

步骤 3：根据“个人简历”表的特点调整单元格（合并单元格命令：选中需要合并的单元格并右击，在弹出的快捷菜单中选择“合并单元格”命令）。

（3）步骤 1：选中表格，单击“表格工具/布局”功能区“对齐方式”组中的“水平居中”按钮来设置文字相对于单元格水平居中。

步骤 2：选中表格中的“文化程度”“政治面貌”“专业”“工龄”“联系电话”，在上面的

工具栏中设置四号、黑体、加粗；其他的文字格式用同样的方法设置。

（4）步骤 1：在表格下方的位置输入回车符，选择整个表格并拖动到文档的第二行，在文档的第一行输入内容“个人简历”。

步骤 2：选中第一行内容，单击“开始”功能区“段落”组中的“居中对齐”按钮将标题内容居中显示；选择“字体”组中的字体大小，加粗。

（5）步骤 1：选中新建的表格，单击“表格工具/设计”功能区“绘制边框”组中右下角的按钮，弹出“边框和底纹”对话框。

步骤 2：选择“边框”选项卡“设置”区域中的“全部”，“样式”选择“双实线”，“宽度”设置为“1.5 磅”。

步骤 3：选择“底纹”选项卡，在“填充”下拉列表框中选择“灰度 25%”，单击“确定”按钮。

（6）步骤 1：选中表格的第 1～4 行并右击，在弹出的快捷菜单中选择“表格属性”，在弹出的“表格属性”对话框中选择“行”选项卡，在“指定高度”的数值框中设置为“1 厘米”，单击“确定”按钮。

步骤 2：选中表格的第 6～7 行并右击，在弹出的快捷菜单中选择“表格属性”，在弹出的“表格属性”对话框中选择“列”选项卡，在“指定宽度”的数值框中设置为“2.5 厘米”，单击“确定”按钮。

（7）步骤 1：将图片另存在桌面上，单击“图片”单元格，再单击“插入”功能区“插图”组中的“图片”按钮，在“插入图片”对话框中选择照片所在的位置，单击“插入”按钮。

步骤 2：选中图片，在图片边缘处会出现调整图片大小的标志，通过拖动标志来设置图片的大小，使之填充整个“图片”单元格。

（8）步骤 1：将要求中的文字输入，输入完成后选择该文本，单击“插入”功能区“表格”组中的“表格”下拉按钮，在下拉列表中选择“文本转换成表格”命令，如图 4-32 所示。

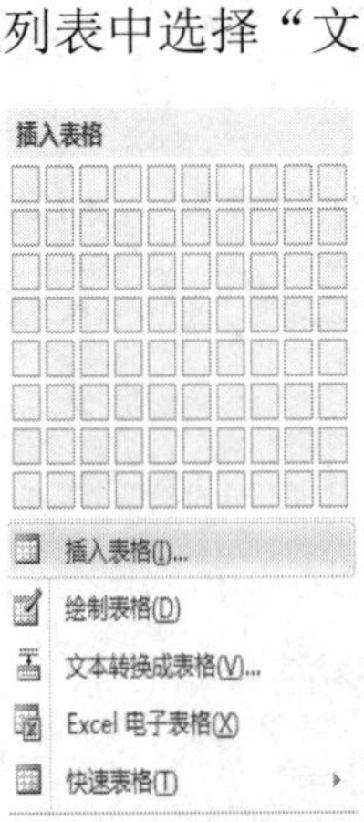

图 4-32 “文本转换成表格”命令

步骤 2：在弹出的“文本转换成表格”对话框中选中“根据内容调整表格”单选项，单击“确定”按钮。

步骤 3：选择“文件”中的“另存为”命令，弹出“另存为”对话框，在“文件名”文本框中输入“表格格式化 2.docx”，在“保存位置”下拉列表框中选择 D:盘以学号姓名命名的文件夹，单击“保存”按钮。

任务 3　在任务 1 的基础上对表格数据进行编辑排版

（1）打开任务 1 所编辑的文档“表格制作.docx”，分别计算表格中每位学生的“总分”和各课程的“平均分”。

（2）修改“王桂兰”的“大学英语”分数为 88，更新“大学英语”的平均成绩以及“王桂兰”的总分。

（3）按“总分”升序（若“总分”相同，则按“学号”升序）对表格数据重新排列。完成操作后将文档以“表格数据处理.docx”为名另存在 D:盘以学号姓名命名的文件夹中。

操作方法及步骤如下：

（1）步骤 1：单击“文件”功能区中的“打开”命令，在弹出的“打开”对话框中选择文件位置为 D:盘以学号姓名命名的文件夹，选择“表格制作.docx”文件，单击“确定”按钮。

步骤 2：选择第 2 行第 9 列的单元格，单击“表格工具/布局”功能区“公式”组中的“公式”按钮 *fx*，弹出“公式”对话框（如图 4-33 所示），在“公式”文本框中输入“=SUM(LEFT)”，单击“确定”按钮计算总分。

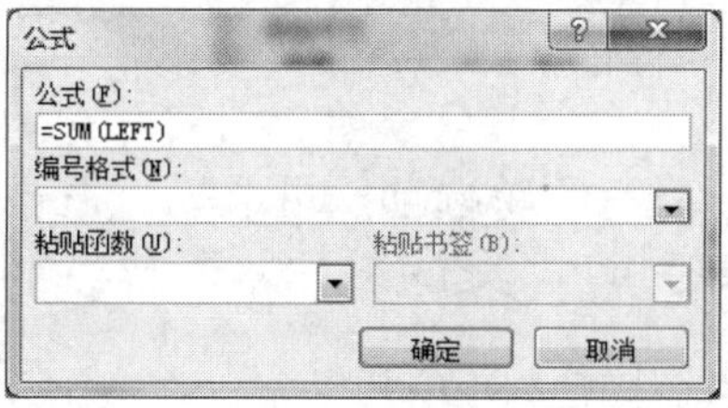

图 4-33　“公式”文本框

步骤 3：选择第 9 行第 3 列的单元格，单击“表格工具/布局”功能区“公式”组中的“公式”按钮，在弹出对话框的“公式”文本框中输入“=AVERAGE(ABOVE)”，单击“确定”按钮计算平均分。依照上述方法计算其他的总分和平均分。

（2）步骤 1：选择“王桂兰”的“大学英语”单元格，将其数据修改为 88，然后选择“王桂兰”的“总分”单元格并右击，在弹出的快捷菜单中选择“更新域”命令，如图 4-34 所示。

步骤 2：按照上述方法更新“大学英语”的平均分。

（3）步骤 1：选择表格（除最后一行），单击“表格工具/布局”功能区“数据”组中的

“排序”按钮，弹出如图 4-35 所示的“排序”对话框。

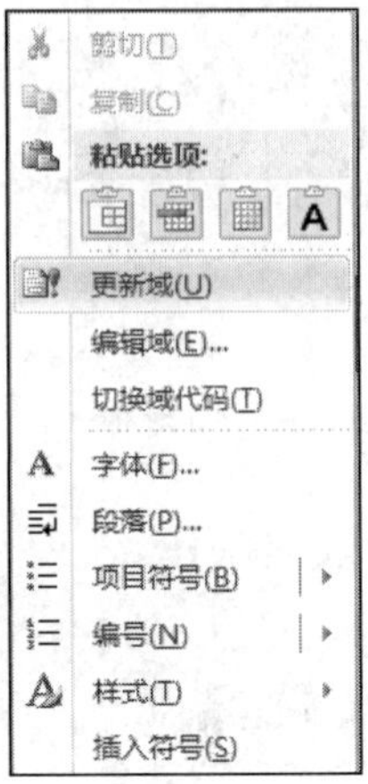

图 4-34　选择“更新域”命令

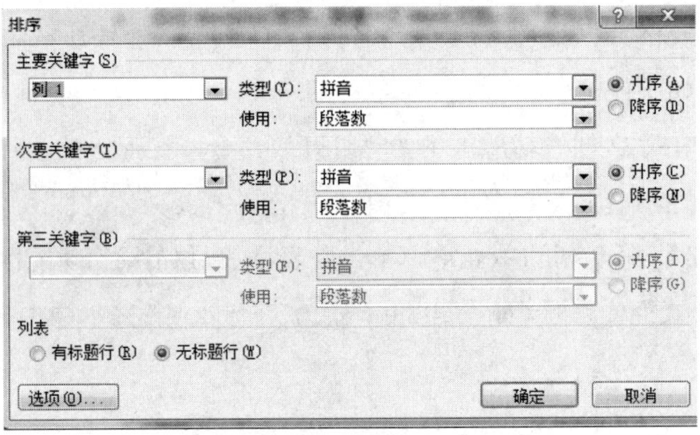

图 4-35　“排序”对话框

步骤 2：在其中选择“有标题行”单选项，再选择“主要关键字”为“总分”，选中“升序”单选项；选择“次要关键字”为“学号”，选中“升序”单选项。

步骤 3：选择“文件”功能区中的“另存为”命令，弹出“另存为”对话框，在“文件名”文本框中输入“表格数据处理.docx”，在“保存位置”下拉列表框中选择 D:盘以学号姓名命名的文件夹，单击“保存”按钮。

实验 4.3　图文混排

实验目的

（1）掌握图片的插入及图片格式设置方法。

（2）掌握艺术字的插入和编辑方法。

（3）掌握自选图形的插入和设置方法。

（4）掌握文本框的插入和设置方法。

实验内容与操作步骤

任务 1 制作图片

按如下要求制作图片并保存在 Word 文档内：

（1）启动 Word 2010 软件，新建一个 Word 文档，以“图片制作.docx”为文件名保存在 D:盘以学号姓名命名的文件夹中。

（2）打开“图片制作.docx”文档，在其中插入名为“灯”的剪贴画，设置宽度为 4.5 厘米，设置高度为 5 厘米。

（3）在剪贴画右侧插入图 4-36 所示的图片，设置图片的高度和宽度与剪贴画相同。

图 4-36 示例图

（4）在图片正下方输入文字“薰衣草”，字体设置为“华文行楷”，字号设置为“四号”，加粗显示。

操作方法与步骤如下：

（1）步骤 1：在 D:盘上新建一个文件夹，以学号姓名命名。

步骤 2：启动 Word 2010 软件，新建一个文件名为“图片制作.docx”的 Word 文档。

（2）步骤 1：在文档保存后，选择“文件”功能区中的“打开”命令，选中“图片制作.docx”并打开。

步骤 2：单击“插入”功能区“插图”组中的“剪贴画”按钮，在窗口右侧弹出如图 4-37 所示的“剪贴画”任务窗格。

图 4-37 “剪贴画”任务窗格

步骤 3：在“搜索文字”文本框中输入准备搜索的内容“灯”，单击“搜索”按钮。在窗格下方显示所搜索的剪贴画，双击准备使用的剪贴画。

步骤 4：在“大小”组中的“高度”和“宽度”文本框中设置图片的大小数值。

（3）步骤 1：复制图 4-36 中的图片于桌面上，单击“插入”功能区“插图”组中的“图片”按钮，弹出“插入图片”对话框，选择准备打开图片的路径，然后选择准备插入的图片，单击“插入”按钮。

步骤 2：双击图片，在“大小”区域中的“高度”和“宽度”文本框中设置图片的大小数值。

（4）步骤 1：将光标定位到“薰衣草”图片的后边，按 Enter 键，输入“薰衣草”，然后将光标定位到“薰衣草”的前方，连续按空格键，直到将文本“薰衣草”定位到图片的正下方。

步骤 2：选中“薰衣草”，在“开始”功能区的“字体”组中设置字体和字号，单击“加粗”按钮，效果如图 4-38 所示。

图 4-38 图片制作效果图

任务 2　艺术字和文本框设置

按如下要求进行艺术字、文本框设置并保存在 Word 文档内：

（1）启动 Word 2010 软件，新建一个 Word 文档，以“艺术字.docx”为文件名保存在 D:盘以学号姓名命名的文件夹中。

（2）打开“艺术字.docx”文档，在其中输入下面给出的文字。字体设置为“楷体”，字号设置为“小四”；字符间距设置为“加宽”，磅值为“1 磅”；行间距设置为 1.5 倍行距。

“薰衣草花朵采摘后不易变色、变形，气味浓郁，留香时间长，是比较理想的切花材料；亦可风干后，做成香囊可置于衣柜、卫生间、汽车等，对衣物、居室有较好香薰和驱虫作用，或者将干花放入枕头中，有助于改善睡眠；薰衣草香味宜人，在食品业中以薰衣草为原料生产的产品也颇受人们的喜欢，如薰衣草果酱、薰衣草蜂蜜、薰衣草芳香醋等，它不仅能增进食欲，且还具有保健功能。

薰衣草无法忍受炎热和潮湿，若长期受涝根烂即死。室外栽种时注意不要让雨水直接淋在植株上。五月过后需移置阳光无法直射的场所，增加通风程度以降低环境温度，保持凉爽，才能安然的度过炎夏。注意阳光、水分、温度、耐心。”

（3）插入艺术字，艺术字样式设置为“左领章”形，并输入“薰衣草”作为文档标题，左对齐。字体设置为“楷体”，字号设置为“60 号”。

（4）在标题“薰衣草”右侧插入文本框并输入下面给出的文字，字体设置为“华文行楷”，字号设置为“四号”。

修名宁复冀，余日苦无多。

已叹堂堂去，将如寂寂何！

编篱护香草，埋盎贮清波。

儿戏君无笑，相从且浩歌。

—《初夏幽居杂赋》”。

（5）文本框的填充颜色为“白色背景 1，深色 25%”，透明度设置为 65%。文本框的线条颜色设置为“紫色，淡色 40%”，宽度设置为“2 磅”。

操作方法与步骤如下：

（1）步骤 1：在 D:盘上新建一个文件夹，以学号姓名命名。

步骤 2：启动 Word 2010 软件，新建一个文件名为“艺术字.docx”的 Word 文档。

（2）步骤 1：在文档保存后，选择“文件”功能区中的“打开”命令，选中“艺术字.docx”并打开。

步骤 2：输入要求（2）中的两段文本到“艺术字.docx”文档中。选中两段文本，单击“开始”功能区“字体”组中的按钮，在弹出的“字体”对话框中设置“字体”为“楷体”，“字号”为“小四”；单击“高级”选项卡，在“间距”下拉列表框中选择“加宽”，在“磅值”下拉列表框中设置为“1 磅”，单击“确定”按钮。

步骤 3：选中两段文本，单击“开始”功能区“段落”组中的按钮，在弹出的“段落”对话框中将“行间距”设置为“1.5 倍行距”。

（3）步骤 1：单击“插入”功能区“文本”组中的“艺术字”下拉按钮，在下拉列表中选择一种艺术字样式，在 Word 页面上出现“请在此放置您的文字”文本框，输入要插入的文字。

步骤 2：选中插入的艺术字，在“绘图工具/格式”功能区的“艺术字样式”组中单击“文本效果”下拉按钮，在下拉列表中选择“转换”中的“左领章”效果。

（4）步骤 1：单击“插入”功能区“文本”组中的“文本框”下拉按钮，在下拉列表中选择“绘制文本框”选项，当鼠标指针变成“十”字形后在标题“薰衣草”右侧的位置单击，然后在文本框中按要求输入文字。

步骤 2：选中文本框中的文字，将“字体”设置为“华文行楷”，“字号”设置为“四号”。

（5）步骤 1：选中文本框并右击，在弹出的快捷菜单中选择“设置形状格式”选项，在“填充”区域选择“纯色填充”单选项，选择“白色背景 1，深色 25%”，“透明度”设置为 65%，如图 4-39 所示。

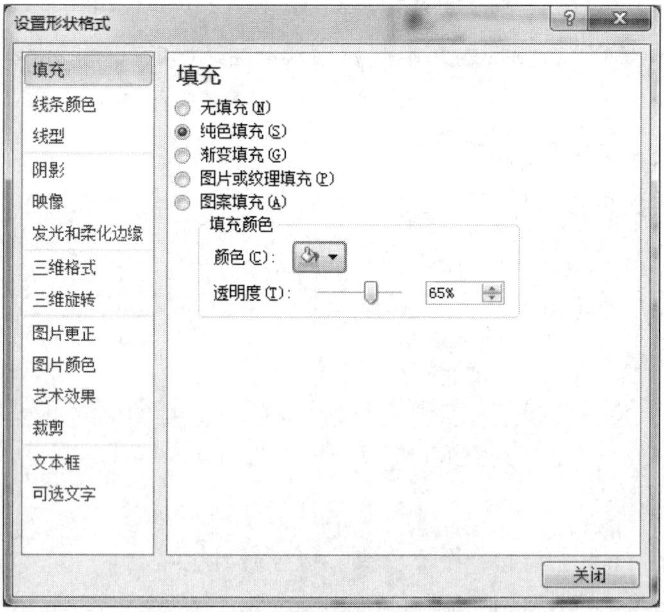

图 4-39 “设置形状格式”对话框

步骤 2：选择“线条颜色”选项卡，选择“渐变线”，然后从中选择“紫色，淡色 40%”，在“线型”区域中将宽度设置为“2 磅”，效果如图 4-40 所示。

修名宁复冀，余日苦无多。

已叹堂堂去，将如寂寂何！

编篱护香草，埋盎贮清波。

儿戏君无笑，相从且浩歌。

薰衣草花朵采摘后不易变色、变形，气味浓郁，留香时间长，是比较理想的切花材料；亦可风干后，做成香囊可置于衣柜、卫生间、汽车等，对衣物、居室有较好香薰和驱虫作用，或者将干花放入枕头中，有助于改善睡眠；薰衣草香味宜人，在食品业中以薰衣草为原料生产的产品也颇受人们的喜欢，如薰衣草果酱、薰衣草蜂蜜、薰衣草芳香醋等，它不仅能增进食欲，且还具有保健功能。

薰衣草无法忍受炎热和潮湿，若长期受涝根烂即死。室外栽种时注意不要让雨水直接淋在植株上。五月过后需移置阳光无法直射的场所，增加通风程度以降低环境温度，保持凉爽，才能安然的度过炎夏。注意阳光、水分、温度、耐心。

图 4-40　艺术字效果图

任务 3 图文混排

按如下要求将图文进行混排并保存在 Word 文档内：

（1）打开“艺术字.docx”文档，将“图片制作.docx”文档中的图片（非剪贴画）插入到“艺术字.docx”文档中的第一段，设置图片的环绕方式为“四周型”，图片的高为 6.4 厘米，宽为 5.8 厘米。

（2）将第一段设置为首字下沉 3 行，字体为“华文行楷”，距正文“0.5 厘米”。

（3）将第二段设置为“华文新魏”“小四”，段前段后间距设置为“1 行”，并加上 20%的底纹，应用于“段落”。

（4）设置文字水印，文字内容为“薰衣草”，颜色设置为“淡紫色”，字体设置为“华文彩云”。

操作方法与步骤如下：

（1）步骤 1：打开“图片制作.docx”文档，将图片（非剪贴画）另存至桌面。然后打开“艺术字.docx”文档，将光标定位到第一段末，单击“插入”功能区“插图”组中的“图片”按钮，在弹出的“插入图片”对话框中选择桌面上的图片，单击“插入”按钮。

步骤 2：右击图片，在弹出的快捷菜单中选择“大小和位置”选项，弹出如图 4-41 所示的“布局”对话框。

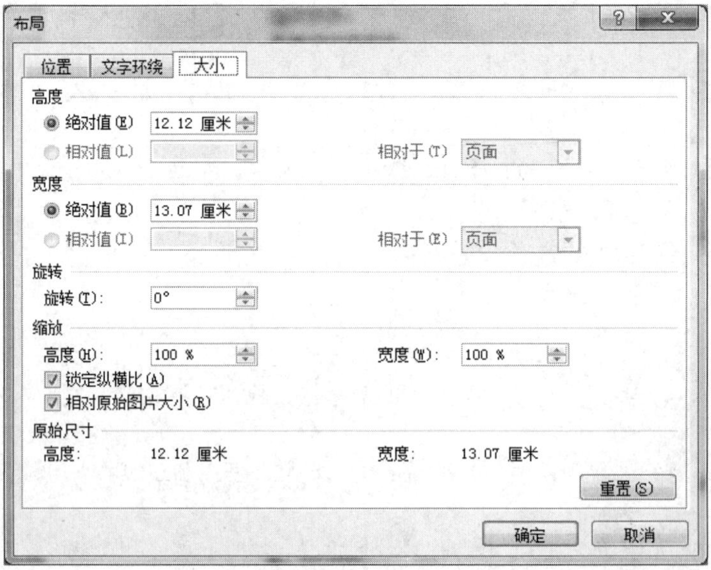

图 4-41 “布局”对话框

步骤 3：在“大小”选项卡中设置“高度”为“6.4 厘米”，“宽度”为“5.8 厘米”；在“文字环绕”选项卡中选择“四周型”环绕方式。

（2）步骤 1：选择第一段文字，单击“插入”功能区“文本”组中的“首字下沉”下拉按钮，在下拉列表中选择“首字下沉选项”命令。

步骤 2：弹出“首字下沉”对话框，在“位置”区域中选择“下沉”，“字体”选择“华文行楷”，距正文“0.5 厘米”，单击“确定”按钮。

（3）步骤 1：选中第二段文字，单击“开始”功能区“字体”组中的按钮，弹出“字体”对话框，设置“中文字体”为“华文新魏”，“字号”设置为“小四”，单击“确定”按钮。

步骤 2：选中第二段文字，单击“开始”功能区“段落”组中的按钮，弹出“段落”对话框，在“间距”区域中设置段前、段后均为“1 行”，单击“确定”按钮。

步骤 3：选中第二段文字，单击“页面布局”功能区“页面背景”组中的“页面边框”按钮，弹出“边框和底纹”对话框。打开“底纹”选项卡，在“样式”下拉列表框中选择 20% 底纹，“应用于”选择“段落”。

（4）步骤 1：单击“页面布局”功能区“页面背景”组中的“水印”下拉按钮，在下拉列表中选择“自定义水印”命令，弹出如图 4-42 所示的“水印”对话框。

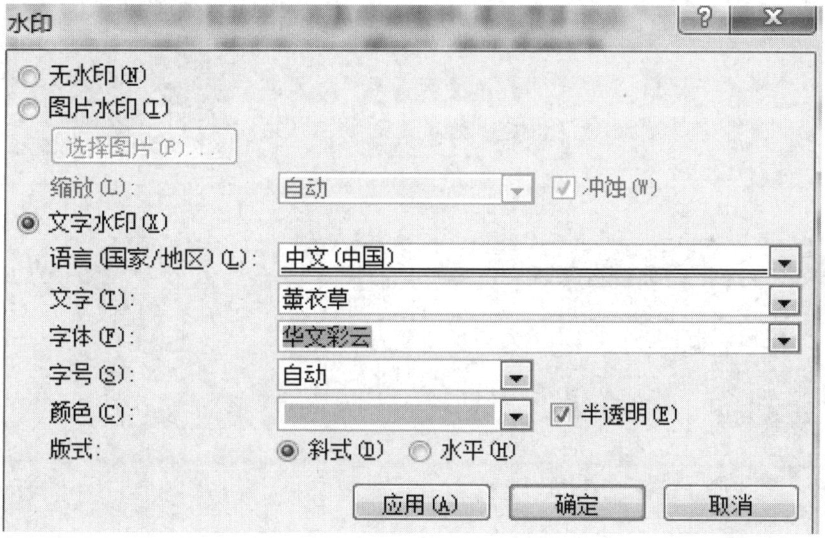

图 4-42　“水印”对话框

步骤 2：选中“文字水印”单选项，在“文字”文本框中输入“薰衣草”，在“字体”下拉列表框中选择“华文彩云”，在“颜色”下拉列表框中选择“淡紫色”，“版式”选择“斜式”，单击“应用”按钮，效果如图 4-43 所示。

薰衣草

修名宁复冀，余日苦无多。
已叹堂堂去，将如寂寂何！
编篱护香草，埋盎贮清波。
儿戏君无笑，相从且浩歌。
—《初夏幽居杂赋》

薰衣草花朵采摘后不易变色、变形，气味浓郁，留香时间长，是比较理想的切花材料；亦可风干后，做成香囊可置于衣柜、卫生间、汽车等，对衣物、居室有较好香薰和驱虫作用，或者将干花放入枕头中，有助于改善睡眠；薰衣草香味宜人，在食品业中以薰衣草为原料生产的产品也颇受人们的喜欢，如薰衣草果酱、薰衣草蜂蜜、薰衣草芳香醋等，它不仅能增进食欲，且还具有保健功能。

薰衣草无法忍受炎热和潮湿，若长期受涝根烂即死。室外栽种时注意不要让雨水直接淋在植株上。五月过后需移置阳光无法直射的场所，增加通风程度以降低环境温度，保持凉爽，才能安然的度过炎夏。注意阳光、水分、温度、耐心。

图 4-43　图文混排效果图

实验 4.4　目录、版式排版

实验目的

（1）掌握论文首页的设计，学会设置段落格式、文字样式和编号。

（2）掌握索引的使用，学会更新和生成目录。

（3）学会使用修订和批注。

（4）会利用 Word 进行综合排版。

（5）学会使用邮件合并批量处理邮件文档。

实验内容与操作步骤

任务 1　论文排版

按如下要求对论文进行编排并保存到 Word 文档内：

（1）启动 Word 2010 软件，新建一个 Word 文档，以“论文编排.docx”为文件名保存在 D:盘以学号姓名命名的文件夹中。

（2）打开“论文编排.docx”文档，在文本框中输入毕业院校名称“南昌大学”，字体设置为“宋体”，字号设置为“初号”，居中显示。

（3）在“南昌大学”下方输入如图 4-44 所示的内容，字体设置为“宋体”，字号设置为“小二”。

南昌大学

题　　目：电子商务面临的网路安全问题

作　　者：李晓曦

指导老师：刘旭

写作时间：2017 年 07 月 24 日

图 4-44　论文首页

（4）在毕业院校名称“南昌大学”后面另起一页，在该页中输入论文标题“电子商务面临的网络安全问题”，标题字体设置为小二、黑体，居中显示；换行输入论文“摘要：（换行）互联网的快速发展不但给电子商务提供了巨大的发展机遇，而且也带来了相应的网络安全问题。当前，电子商务中网络安全问题产生的主要原因有：黑客攻击、软件漏洞、网络缺陷和技术管理欠缺等，其中的关键问题是电子商务企业本身的安全管理问题。所以，需要对电子商务实施技术和管理的安全策略。”首行缩进 2 字符，宋体小四号，行距固定值“18 磅”，页边距采用 A4 默认形式，字符间距为默认值（缩放 100%，间距为“标准”）。

（5）在“摘要”下方输入图 4-45 所示的内容，首行缩进 2 字符，宋体小四号，行距固定值“18 磅”。

一 引言

随着互联网的快速发展，人们的生活方式有了非常大的改变，对应的经济社会也受到了巨大的影响。在商业贸易领域，因为网络的快速发展，产生了电子商务这样一种贸易方式。但是电子商务也是经历了一番坎坷的，因为网络的特殊性，在电子商务发展中产生了交易安全的问题，对电子商务的稳定发展带来了一定的冲击。Internet 网是一个互连通的自由空间，一些人常常会因为某些目的攻击电子商务网站，比如盗窃资金、商业打击、恶作剧等，导致有些企业的电子商务网站贸易交流受损、服务暂停，甚至出现资金被盗的现象。据有关数据的统计，美国每年因为网络安全问题在经济上造成的损失就达到近百亿美元，而国内的情况也不容乐观。因此，当我们在享受互联网给生活带来的这些好处的时候，网络的安全问题，早已变成电子商务的重大难题，给电子商务企业的发展带来了极大的阻碍。所以，计算机网络安全是电子商务发展过程中所面临的重大挑战和问题。电子商务企业必须从维护顾客利益和自身利益出发，做好安全防范和自身安全管理工作，才能得到持续快速的发展。

二 电子商务面临的网络安全问题

当前，电子商务安全问题受到多方面的影响，不但有技术管理的问题，而且也有网络缺陷的因素，具体地说，直接原因有以下几点：

2.1 网络“黑客”侵犯电子商务网站

2.2 电子商务软件有漏洞

2.3 电子商务网络自身存在安全问题

三 应对的措施

电子商务安全问题是在网络化、电子化技术发展的前提下出现的，所以很多传统的解决办法不能简单地应用过来。电子商务企业想要取得效益，就要从企业的健康发展出发，改善企业的安全管理，提高技术投入。具体的防范措施有：

安全技术管理需要加强

在电子安全方面扩大管理和技术投入

使用密码管理技术

电子商务企业自身的管理需要得到强化

四 总结

总的说来，电子商务企业的安全问题，表面上像是计算机网络的安全问题，但主要还是在于企业的制度建设、安全管理和重视程度等情况。企业不当的安全管理，不仅会发生企业账户资金被盗的问题，甚至有可能地客户的利益造成损害，让客户对电子商务企业不再信任。电子商务企业维护客户市场的关键是信誉度，所以，应当重视网络安全，克服网络技术自身的弊端，使企业能得到持续稳定的贸易发展。”

图 4-45 论文正文

（6）将“三 应对的措施”内容里面“具体的防范措施有：”下方的 4 个措施进行标号，类型设置为 1）、2）、3）、4）。

（7）插入“奥斯汀”型页眉和页脚并输入文档标题“电子商务面临的网络安全问题”。

（8）添加动态页码，页码格式设置为底端居中。

（9）新建 Word 文档，将其命名为“毕业合格通知单.docx”并保存在以学号姓名命名的文件夹下。根据“在校学业情况表”（如图 4-46 所示）中的数据，在“毕业合格通知单.docx”文档中制作如图 4-47 所示的通知单。

姓名	毕业答辩成绩	社会实践成绩	发表论文篇数	所修学分
张三	88	80	2	37
李四	86	85	3	35
王五	72	90	2	39
赵六	80	91	1	36

图 4-46　在校学业情况表

毕业合格通知单

张三同学：

你的在校学业情况为：

毕业答辩成绩：　88　　　　社会实践成绩：80

发表论文篇数：　 2　　　　所修学分：37

2017 年 8 月 12 日

图 4-47　邮件合并案例

操作方法与步骤如下：

（1）步骤 1：在 D:盘上新建一个文件夹，以学号姓名命名。

步骤 2：启动 Word 2010 软件，新建一个文件名为“论文编排.docx”的 Word 文档。

（2）步骤 1：在文档保存后，选择“文件”功能区中的“打开”命令，选中“论文编排.docx”并打开。

步骤 2：在文本框中输入毕业院校名称“南昌大学”，选中“南昌大学”，在“开始”功能区的“字体”组中选择“宋体”，“字号”设置为“初号”；在“段落”组中设置“居中”显示。

（3）将光标定位在“南昌大学”后面，按 Enter 键换行，按图 4-44 所示要求输入内容，并设置字体格式。

（4）步骤 1：将光标定位到第一页末尾，单击“插入”功能区“页”组中的“分页”按钮，将会生成下一页。

步骤 2：在该页中输入论文标题“电子商务面临的网络安全问题”，选中标题，在“字体”

组中将字体设置为“小二”“黑体”，在“段落”组中将标题“居中”显示。

步骤 3：将光标定位在行末，按 Enter 键换行，输入要求中的标题摘要。选中论文摘要，单击“开始”功能区“字体”组中的按钮，设置字体和字号，在“高级”选项卡中设置字符间距。

步骤 4：选中论文摘要，单击“开始”功能区“段落”组中的按钮，在“缩进与间距”中设置“行距”，在“特殊字符”中设置“首行缩进”，“设置值”设置为“2 字符”。

（5）步骤 1：将光标定位在段末，按 Enter 键换行，输入要求中的内容。选中内容，单击“开始”功能区“段落”组中的按钮，在“缩进与间距”中设置“行距”，在“特殊字符”中设置“首行缩进”，“设置值”设置为“2 字符”。

步骤 2：选中论文正文，单击“开始”功能区“字体”组中的按钮，设置字体和字号。

（6）选择 4 个措施，单击“开始”功能区“段落”组中的“编号”下拉按钮，在下拉列表中选择准备应用的编号样式。

（7）步骤 1：单击“插入”功能区“页眉和页脚”组中的“页眉”下拉按钮，在下拉列表中选择“奥斯汀”型页眉。在可编辑状态的页眉中输入标题“电子商务面临的网络安全问题”。

步骤 2：单击“插入”功能区“页眉和页脚”组中的“页脚”下拉按钮，在下拉列表中选择“奥斯汀”型页脚。在可编辑状态的页脚中输入标题“电子商务面临的网络安全问题”。

（8）步骤 1：单击“插入”功能区“页眉和页脚”组中的“页码”下拉按钮，在下拉列表中选择“页面底端”→“普通数字 2”选项。

步骤 2：返回到文档界面，页眉处显示为可编辑状态，单击“关闭页眉和页脚”按钮。

步骤 3：返回到文档界面，单击“插入”功能区“页眉和页脚”组中的“页码”下拉按钮，在下拉列表中选择“设置页码格式”选项，弹出如图 4-48 所示的“页码格式”对话框，按要求设置后单击“确定”按钮。

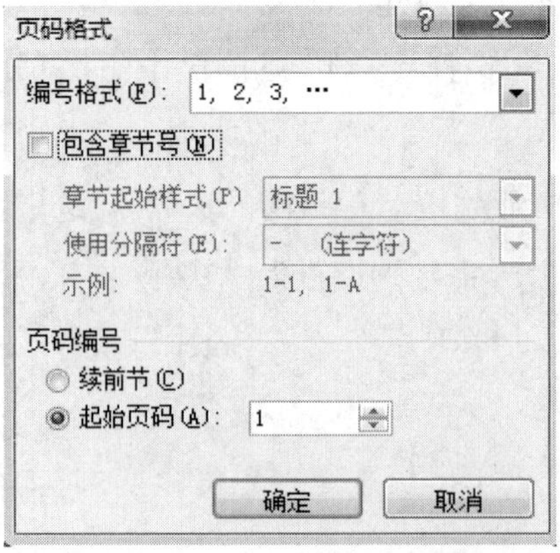

图 4-48 “页码格式”对话框

（9）步骤 1：新建 Word 文档“数据源.docx”，在文档中创建“在校学业情况表”并输入表中的数据。

步骤 2：新建 Word 文档“毕业合格通知单.docx”，在文档中输入图 4-47 所示的文字，设置页面方向为“横向”，选择页面的尺寸或自定义页面的大小。如图 4-49 所示为“页面设置”对话框。

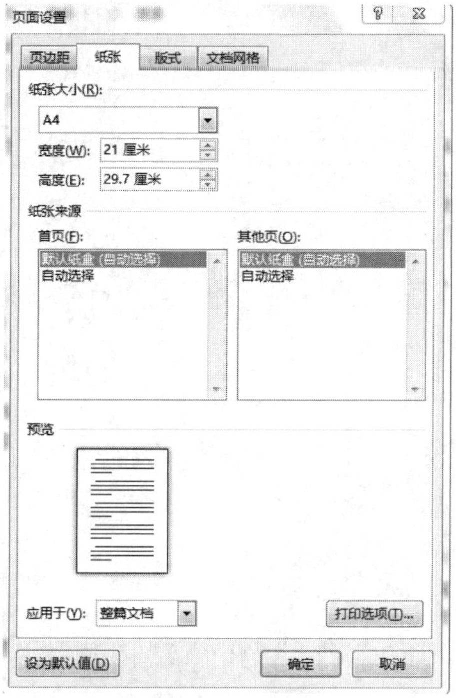

图 4-49　“页面设置”对话框

步骤 3：单击“邮件”功能区“开始邮件合并”组中的“开始邮件合并”下拉按钮，在下拉列表中选择“普通 Word 文档”选项。

步骤 4：单击“邮件”功能区“开始邮件合并”组中的“开始邮件合并”下拉按钮，在下拉列表中选择“邮件合并分步向导”选项，按照右边的提示单击“下一步”按钮，直到“撰写信函”这步会弹出如图 4-50 所示的“选取数据源”对话框。在其中设置数据源为刚才建立的 Word 文档“数据源.docx”，单击“打开”按钮，最后单击“确定”按钮。

步骤 5：将光标放在“同学”的前面，单击“邮件”功能区“编写和插入域”组中的“插入合并域”下拉按钮，在下拉列表中选择“姓名”选项；将光标放在“毕业答辩成绩”的后面，单击“邮件”功能区“编写和插入域”组中的“插入合并域”下拉按钮，在下拉列表中选择“毕业答辩成绩”选项；将光标放在“社会实践成绩”的后面，单击“邮件”功能区“编写和插入域”组中的“插入合并域”下拉按钮，在下拉列表中选择“社会实践成绩”选项；

将光标放在“发表论文篇数”的后面，单击“邮件”功能区“编写和插入域”组中的“插入合并域”下拉按钮，在下拉列表中选择“发表论文篇数”选项；将光标放在“所修学分”的后面，单击“邮件”功能区“编写和插入域”组中的“插入合并域”下拉按钮，在下拉列表中选择“所修学分”选项。

图 4-50 “选取数据源”对话框

步骤 6：继续单击“下一步”按钮，直到“完成合并”界面，选择“编辑单个文档”，在弹出如图 4-51 所示的“合并到新文档”对话框中选择“全部”单选项，最后单击“确定”按钮。

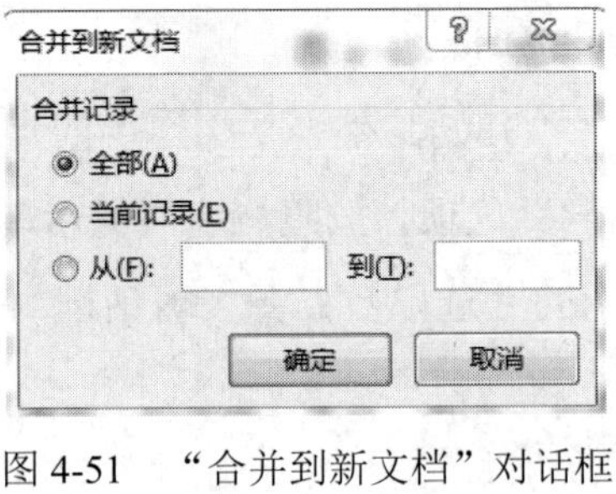

图 4-51 “合并到新文档”对话框

任务 2 建立索引和目录

按如下要求为文档建立索引和目录并保存在 Word 文档内：

（1）将标题“电子商务面临的网络安全问题”的大纲级别设置为“1 级”。将“引言”中的“一　引言”“二　电子商务面对的网络安全问题”“三 应对的措施”“四 总结”设置为“标题 1”；将“2.1 网络‘黑客’侵犯电子商务网站”“2.2 电子商务软件有漏洞”“2.3 电子商务网络自身存在安全问题”设置为“标题 2”。

（2）在摘要中另起一页，在该页中生成目录。

（3）在引言中的最后一段段末输入第五项内容：

> **五　结束语**
>
> 总之，电子商务的发展已将全球的商务企业都推进到一场真的商业革命大潮中，潮起潮落，安全问题是关键。电子商务的发展前景十分诱人，但商业信息的安全依然值得我们去注意。因此，为进一步促进电子商务体系的完善和行业的健康快速发展，必须在实际运用中解决电子商务中出现的各类问题，使电子商务系统相对更安全。

并设置格式及字体与上文一致。

（4）更新目录，将新添加的第五项“结束语”生成到目录中。

操作方法与步骤如下：

（1）步骤 1：打开以学号姓名命名的文件夹，打开“论文编排.docx”文档。

步骤 2：选中标题“电子商务面临的网络安全问题”，单击“开始”功能区“段落”组中的按钮，在弹出的“段落”对话框中选择“缩进和间距”选项卡，将“大纲级别”调整为“1 级”，单击“确定”按钮。

步骤 3：将文本“一　引言”选中，单击“开始”功能区“样式”组中的“标题 1”按钮，其余的依此类推。

步骤 4：将文本“2.1 网络‘黑客’侵犯电子商务网站”选中，单击“开始”功能区“样式”组中的“标题 2”按钮，其余的依此类推。

（2）步骤 1：将光标定位到摘要页的段末，单击“插入”功能区“页”组中的“分页”按钮，这样就在摘要后新建了一页。

步骤 2：将光标定位在新建的那页中，单击“引用”功能区“目录”组中的“目录”下拉按钮，在下拉列表中选择准备生成的目录选项。返回到文档界面，可以看到自动生成的目录，如图 4-52 所示。

（3）将第五项内容输入到引言中，选中引言中的其他内容，单击“开始”功能区“剪贴板”组中的“格式刷”按钮，鼠标显示格式刷的形状，用格式刷刷新添加的第五项的所有内容，即可和其他文本的格式和字体保持一致。

（4）步骤 1：单击“目录”区域中的任意位置“目录”区域转换成可编辑状态，单击“更新目录”按钮，弹出如图 4-53 所示的“更新目录”对话框。

目录

图 4-52　自动生成的目录

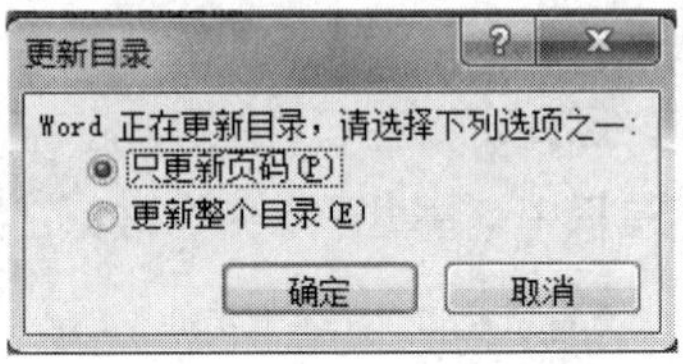

图 4-53　“更新目录”对话框

步骤 2：选中“更新整个目录”单选项，单击“确定”按钮返回到文档页面，可以看到已经更新的目录信息，如图 4-54 所示。

目录

图 4-54　已更新的目录信息

任务 3　文档内脚注、尾注及辅助功能的应用

按如下要求操作并保存至 Word 文档内：

（1）对文档摘要页中添加脚注，在文档最后添加尾注，内容输入“电子商务面临的网络安全问题”，观察两者的区别。

（2）分别利用“阅读版式视图”“Web 版式视图”“大纲视图”和“草稿视图”查看文档。

（3）快速定位文档至“网络具有共享性、开放性等特点”的位置。

（4）统计文档的字数。

操作方法与步骤如下：

（1）步骤 1：打开以学号姓名命名的文件夹，打开“论文编排.docx”文档。

步骤 2：将光标定位在摘要页，单击“引用”功能区“脚注”组中的“插入脚注”按钮，如图 4-55 所示。

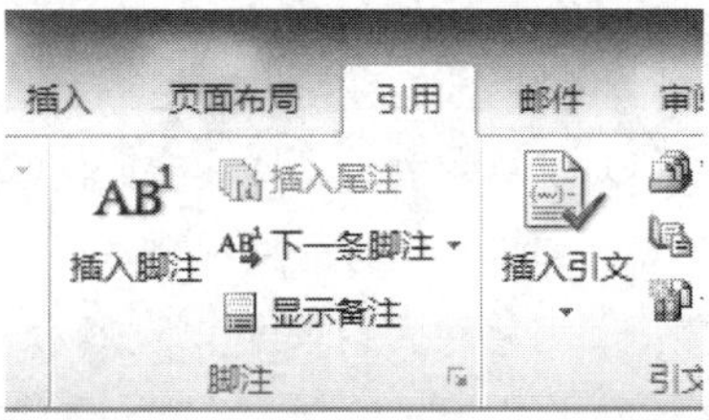

图 4-55　“插入脚注”按钮

步骤 3：输入脚注内容“电子商务面临的网络安全问题”。

步骤 4：将光标定位到文档的最后，单击“引用”功能区“脚注”组中的“插入尾注”按钮，输入尾注内容“电子商务面临的网络安全问题”。

（2）单击“视图”功能区“文档视图”组中的“阅读版式视图”按钮，此时文档将以全屏阅读版式视图显示两个页面。其他版式视图同上面的操作方法。

（3）步骤 1：单击“视图”功能区“显示”组中的“导航窗格”按钮，弹出如图 4-56 所示的“导航”任务窗格。

步骤 2：选择“浏览当前搜索的结果”选项卡，在“搜索”文本框中输入要搜索的文本内容“网络具有共享性、开放性等特点”，即可完成快速定位文档的操作。

（4）单击“审阅”功能区“校对”组中的“字数统计”按钮，弹出如图 4-57 所示的“字数统计”对话框，显示页数、字数、字符数、段落数、行数、非中文单词、中文字符和朝鲜语单词等信息。

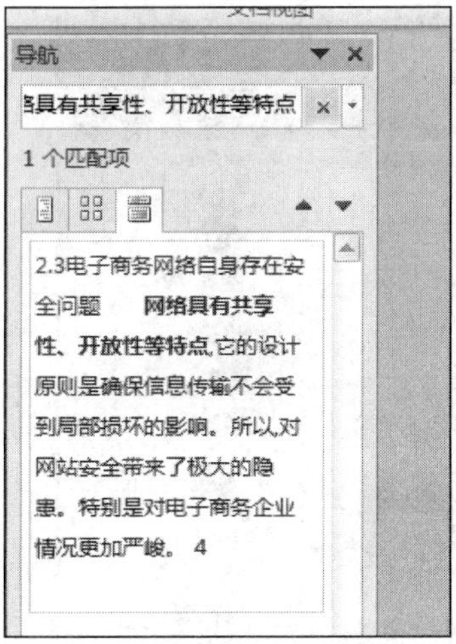

图 4-56　“导航”任务窗格

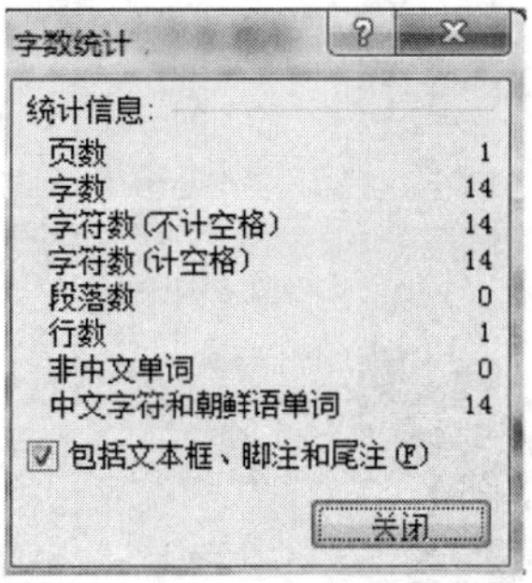

图 4-57　“字数统计”对话框

思考与综合练习

1．在 Word 文档中录入图 4-58 所示的内容并按以下要求进行操作：

> 数据仓库的数据主要供企业决策分析之用，所涉及的数据操作主要是数据查询，一旦某个数据进入数据仓库以后，一般情况下将被长期保留，也就是数据仓库中一般有大量的查询操作，但修改和删除操作很少，通常只需要定期的加载、刷新。数据仓库中的数据通常包含历史信息，系统记录了企业从过去某一时点(如开始应用数据仓库的时点)到当前的各个阶段的信息，通过这些信息，可以对企业的发展历程和未来趋势做出定量分析和预测。↵

图 4-58　文本内容

（1）将文字部分复制 3 份放在文档末尾。

（2）将第一段的格式改为“悬挂缩进”，磅值为“0.75 厘米”，行间距为“固定值”，磅值为“12 磅”。

（3）将第二段的格式改为“首字下沉”，文字设为楷体、红色、三号，下沉行数“3 行”，距正文“0.5 厘米”。

（4）插入页眉，内容输入“数据仓库的概念”；插入页码，页码格式设置为底端居中。

（5）将第三段设置为等宽的两栏，栏间距为 3 字符，并添加分隔线。

（6）设置文档的页边距：上下页边距各“2.5 厘米”，左右页边距各为“3.5 厘米”。

（7）在第一段中插入如图 4-59 所示的图片，设置图片的环绕方式为“四周型”，图片设置合适的大小。

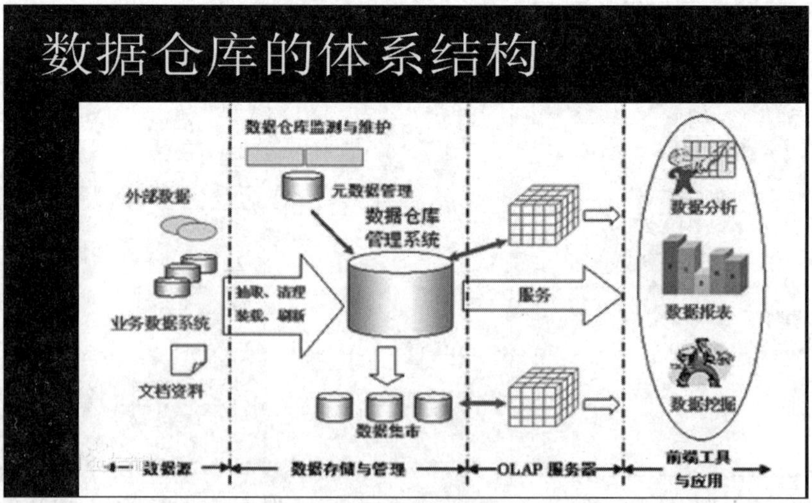

图 4-59　插入的图片

（8）将文档保存在 D:盘以学号姓名命名的文件夹（若无此文件夹请新建）中。

（9）在文档最后插入公式 $f(x)=\alpha_o+\sum_{n=1}^{\infty}\left(a_n\cos\frac{n\pi x}{L}+b_n\sin\frac{n\pi x}{L}\right)$，在文档最后插入动态日期。

2．在 Word 文档中录入图 4-60 所示的内容并按以下要求进行操作：

企业的数据处理大致分为两类：一类是操作型处理，也称为联机事务处理，它是针对具体业务在数据库联机的日常操作，通常对少数记录进行查询、修改。另一类是分析型处理，一般针对某些主题的历史数据进行分析，支持管理决策。 两者具有不同的特征，主要体现在以下几个方面： 处理性能 数据集成 数据时限 数据综合 这里的主题，是指用户使用数据仓库进行决策时所关心的重点方面，如：收入、客户、销售渠道等；所谓面向主题，是指数据仓库内的信息是按主题进行组织的，而不是像业务支撑系统那样是按照业务功能进行组织的。 集成，是指数据仓库中的信息不是从各个业务系统中简单抽取出来的，而是经过一系列加工、整理和汇总的过程，因此数据仓库中的信息是关于整个企业的一致的全局信息。

图 4-60　文本内容

（1）将“以下几个方面：”的“处理性能、数据集成、数据时限、数据综合”设置编号，以“1）、2）、3）…”编号。

（2）将正文第一段设置为黑体、小三号，加三维边框，蓝色底纹。

（3）将正文第三段内容设置为楷体、四号、蓝色、倾斜、加下划线，并且字符间距加宽到 2 磅。

（4）将正文第四段首行缩进 3 字符，行距设为 1.5 倍行距，字符设置为楷体、四号。

（5）借助格式刷设置正文第一段至第三段的字体格式为加粗、倾斜、蓝色，并对这 3 个段落设置分栏效果。

（6）将正文第四段的段前间距设置为 1.5 行，段落左右各缩进 2 字符，给该段加上黑色阴影边框，宽度为“3 磅”，并添加灰色-5%底纹。

（7）查找文档中所有的“数据”并将其替换成“数量”。

（8）对整个文档添加水印效果，水印内容设置为“数据仓库”。

（9）对第一段添加批注，批注内容为“企业数据处理的类别”。删除最后一段的最后一句话。在对文档进行修改操作时，在文档中留下修订的标记，其中对添加修订的颜色设置为红色，对删除修订的颜色设置为蓝色。

3．设计如图 4-61 所示的表格并按以下要求操作：

班级	姓名	语文	英语	数学	历史	地理
五年级（1）班	王仁	80	87	89	85	92
五年级（3）班	刘强	79	88	76	76	80
五年级（1）班	徐云	78	90	92	79	76
五年级（4）班	张克明	90	88	87	80	87
五年级（2）班	刘旭东	70	87	77	98	84
五年级（2）班	王桂兰	87	97	83	78	91
五年级（4）班	陈圆圆	98	91	85	69	81

图 4-61　表格

（1）按班级进行升序排列。

（2）在最后一列右侧插入一列，在该列的第一个单元格中输入“总分”，在最后一行下方插入一行，在该行的第一个单元格中输入“平均分”。

（3）在表格之前插入文字内容“五年级各班 2017－2018 学年第一学期期末考试成绩”并居中显示。

（4）删除第五行。

第 5 章　Excel 2010 电子表格制作

知识要览

本章主要内容包括：

- Excel 电子表格的基本操作。
- Excel 基本公式和函数的使用。
- Excel 中的数据处理与分析。
- Excel 中的图表处理与多表操作。

实验 5.1　Excel 2010 的基本操作

实验目的

（1）掌握 Excel 2010 的启动和退出方式，认识 Excel 2010 的操作界面。

（2）掌握工作簿文件的新建、打开与保存。

（3）掌握各种数据的输入方法。

（4）掌握工作表的重命名、插入、删除等操作。

（5）掌握工作表单元格格式化的操作。

实验内容与操作步骤

任务 1　各种数据的输入和工作簿文件的建立

启动 Excel 2010 软件，打开 Excel 2010 程序窗口。在工作表 Sheet1 中输入图 5-1 所示的一份成绩单。以 test01.xlsx 为文件名，将该 Excel 工作簿文件保存在 D:盘以学号姓名命名的文件夹中。

操作方法及步骤如下：

（1）在 D:盘上新建一个文件夹，以学生的学号姓名命名。

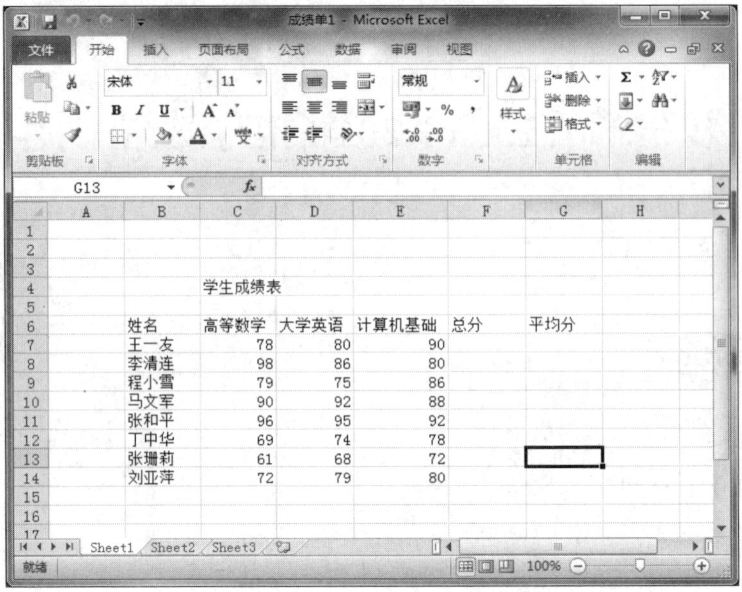

图 5-1　工作表中数据的输入

（2）单击任务栏中的“开始”按钮，选择“所有程序”→Microsoft Office→Microsoft Excel 2010 命令（也可直接双击桌面上的快捷方式）启动 Excel 软件。

（3）在 Sheet1 工作表中，输入图 5-1 所示的数据。在 Excel 2010 中，数值型的数据自动右对齐，文本型的数据自动左对齐。若要输入数字串，则先输入一个英文的撇号，再输入数字串。若要输入数值型的分数，则先输入一个数字 0，接着输入一个空格，再输入分数。

（4）输入完成后，单击“文件”功能区中的“保存”按钮（或直接单击按钮），将弹出“另存为”对话框，选择要保存的位置，在“文件名”文本框中输入文件名 test01.xlsx，单击“保存”按钮，完成工作簿文件的创建。

任务 2　工作表的基本编辑和单元格的格式化

将图 5-1 中的单元格区域 B4:G4 进行合并，并将标题“学生成绩表”居中。将数据区域的字号设置为 16，并将数据区域的对齐方式设置为水平、垂直两个方向都居中。将成绩表中成绩大于 90 的单科成绩的颜色显示为浅红色填充。将工作表 Sheet1 重命名为“成绩单”。将表格加边框。操作完成后的效果如图 5-2 所示。

操作方法及步骤如下：

（1）选中单元格区域 B4:G4，在“对齐方式”功能区中单击“合并后居中”按钮，即可完成合并后居中的操作。

（2）选中单元格区域 B4:G14，在“字体”功能区中选中字号为 16，再选中单元格区域 B6:G14，在“对齐方式”功能区中单击右下角的按钮，弹出“设置单元格格式”对话框，如图 5-3 所示。在“对齐”选项卡的“文本对齐方式”区域中将水平对齐、垂直对齐均设置为“居中”。

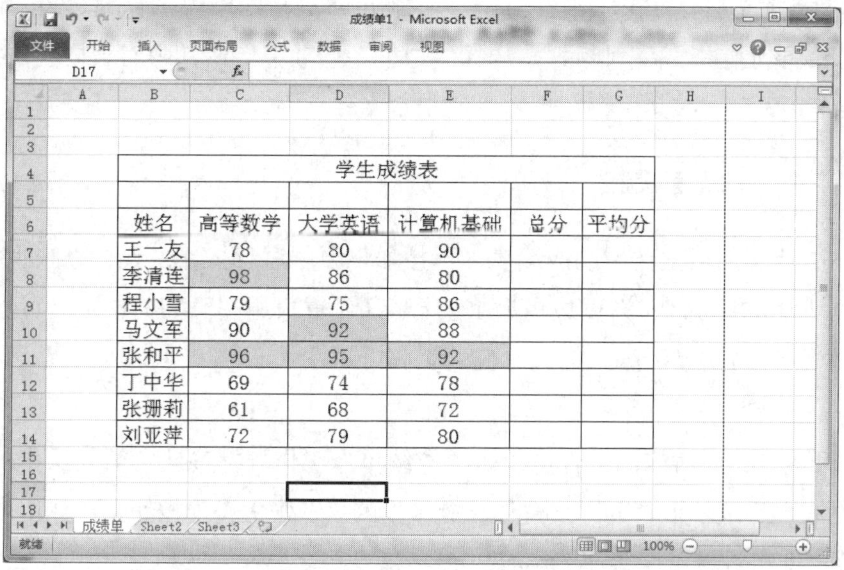

图 5-2　格式化后的成绩表

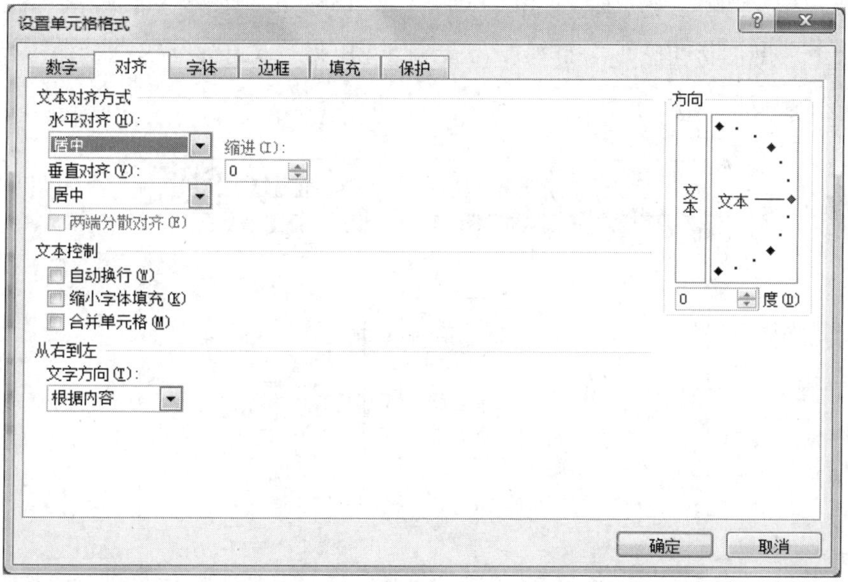

图 5-3　“设置单元格格式”对话框

（3）选中数值型数据区域，即单元格区域 C7:E14，单击“开始”选项卡“样式”功能区中的“条件格式”按钮，在弹出的下拉列表中选择“突出显示单元格规则”→“大于”选项，在弹出的对话框中完成颜色设置。

（4）右击 Sheet1 标签，在弹出的快捷菜单中选择“重命名”选项，在反相显示部分输入“成绩单”，即可完成将工作表 Sheet1 重命名的操作。

（5）选中单元格区域 B4:G14 并右击，在弹出的快捷菜单中选择“设置单元格格式”选项，弹出“设置单元格格式”对话框，选择“边框”选项卡，在其中对表格区域加边框线。

（6）操作完成后，将其保存在指定盘的指定文件夹中。

任务 3　工作表的页面设置

针对图 5-2 所示的格式化后的成绩表，再按如下要求进行操作：设置纸张大小为 A4；设置上下页边距为 2.0 厘米，左右页边距为 1.9 厘米；设置页眉和页脚，自定义页眉为“计算机应用基础”，居中，自定义页脚，插入对应的页码，居左。

操作方法及步骤如下：

（1）打开图 5-2 所对应的文件，单击“成绩单”工作表标签选定需要操作的工作表。然后单击“页面布局”选项卡“页面设置”功能区中的“纸张大小”按钮，在弹出的下拉列表中选择 A4 选项，即可设置纸张大小为 A4。

（2）单击“页面布局”选项卡“页面设置”功能区中的“页边距”按钮，在弹出的下拉列表中选择“自定义边距”选项，弹出“页面设置”对话框，如图 5-4 所示。单击“页边距”选项卡，通过上下微调按钮将上下页边距设置为 2.0 厘米，通过左右微调按钮将左右页边距设置为 1.9 厘米。

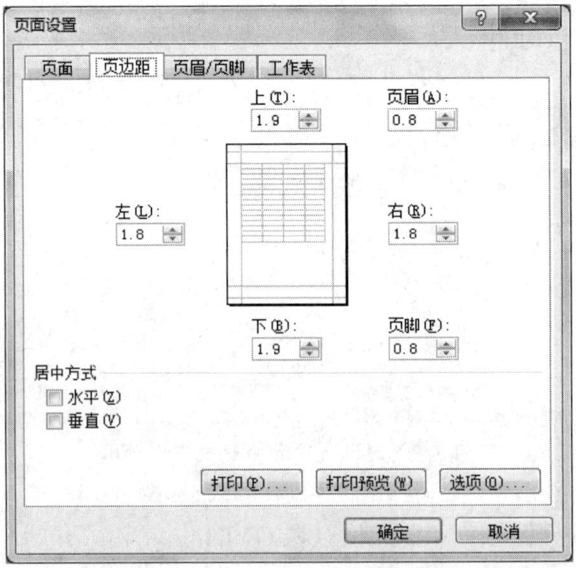

图 5-4　“页面设置”对话框

（3）单击“页眉/页脚”选项卡，再单击“自定义页眉”按钮，弹出如图 5-5 所示的“页眉”对话框。在“中”文本框中输入“计算机应用基础”，单击“确定”按钮完成自定义页眉的操作。

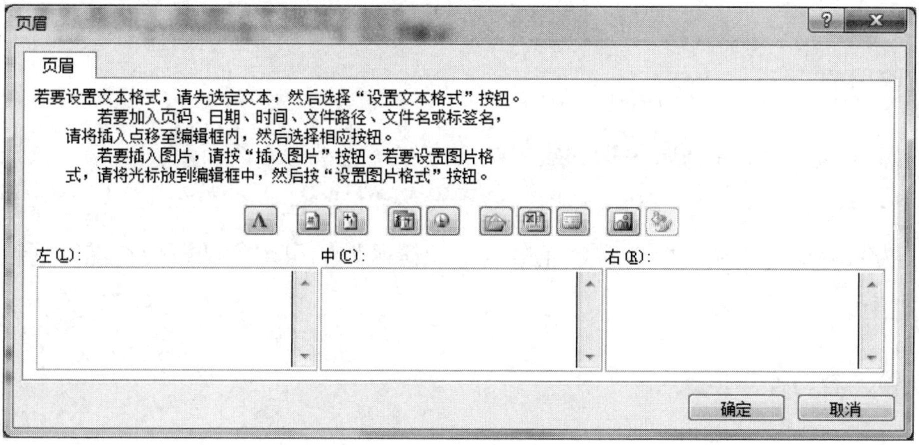

图 5-5　“页眉”对话框

（4）单击“页眉/页脚”选项卡，再单击“自定义页脚”按钮，弹出如图 5-6 所示的“页脚”对话框。单击“左”文本框，再单击“插入页码”按钮，则在该“页脚”对话框中，名为“左”的文本框的内容将变为“&[页码]”，最后单击“确定”按钮，即可完成自定义页脚的操作。

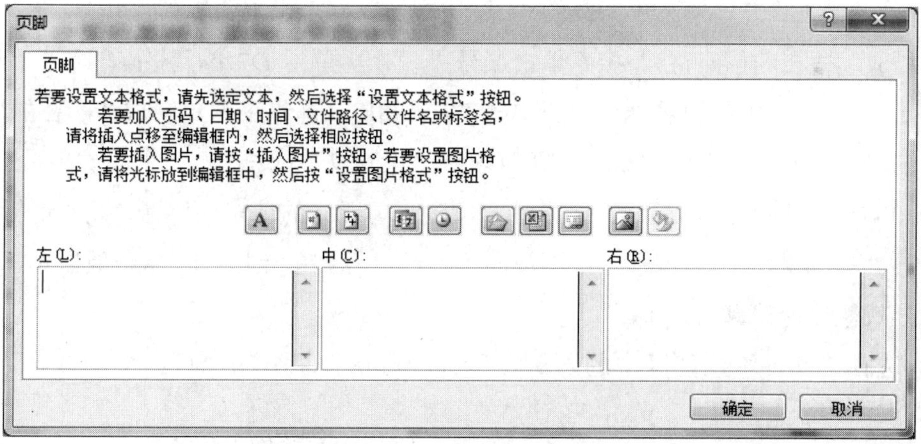

图 5-6　“页脚”对话框

（5）上面两个操作完成后会返回“页面设置”对话框，单击“确定”按钮使得设置生效。单击“文件”选项卡中的“打印”选项即可观察到页面设置的效果。单击“文件”选项卡中的“保存”选项可对页面设置的结果进行保存。

实验 5.2　公式和函数的使用

实验目的

（1）熟练掌握在单元格中手工创建公式的方法。

（2）熟练掌握在单元格中利用常用函数插入公式的方法。

（3）熟练掌握公式和函数中对单元格或单元格区域的引用方法，使得能够通过填充公式来完成同类型的计算任务。

实验内容与操作步骤

任务 1　手工创建公式

打开保存在 D:盘以学号姓名命名的文件夹中的工作簿文件 test01.xlsx。通过手工创建公式计算出“王一友”同学的总分。通过拖动填充柄快速完成其他同学的总分的计算。

操作方法及步骤如下：

（1）打开已保存的工作簿文件 test01.xlsx。

（2）单击“王一友”的总分所在的单元格 F7，输入等号“=”，然后单击 C7 单元格（即第一门单科成绩所在的单元格），接着单击加号“+”，再单击 D7 单元格（即第二门单科成绩所在的单元格），之后单击加号“+”，再单击 E7 单元格（即第三门单科成绩所在的单元格），最后单击编辑栏中的“输入”按钮✓，即可求得“王一友”的总分。

（3）单击单元格 F7，然后将鼠标指针定位到该单元格的填充柄位置，此时鼠标指针变成黑色的加号“+”形状，按住鼠标左键不放向下拖动鼠标到单元格 F14 后释放鼠标，这样其他同学的总分就快速地计算出来了。

（4）选择“文件”功能区中的“保存”选项可保存总分的计算结果。该结果如图 5-7 所示。

需要说明的是，在 Word 2010 的表格里，尽管也可以算总分，但要各算各的总分，没有 Excel 2010 中这样算总分来得方便快捷。另外，放置了公式的单元格，在公式建成后，看到的是公式计算结果，而在编辑栏中才能看到公式本身。可以看到，普通数据，不论是数值型的还是文本型的，在选定了它所在的单元格以后，在单元格和编辑栏中看到的都是相同的内容。

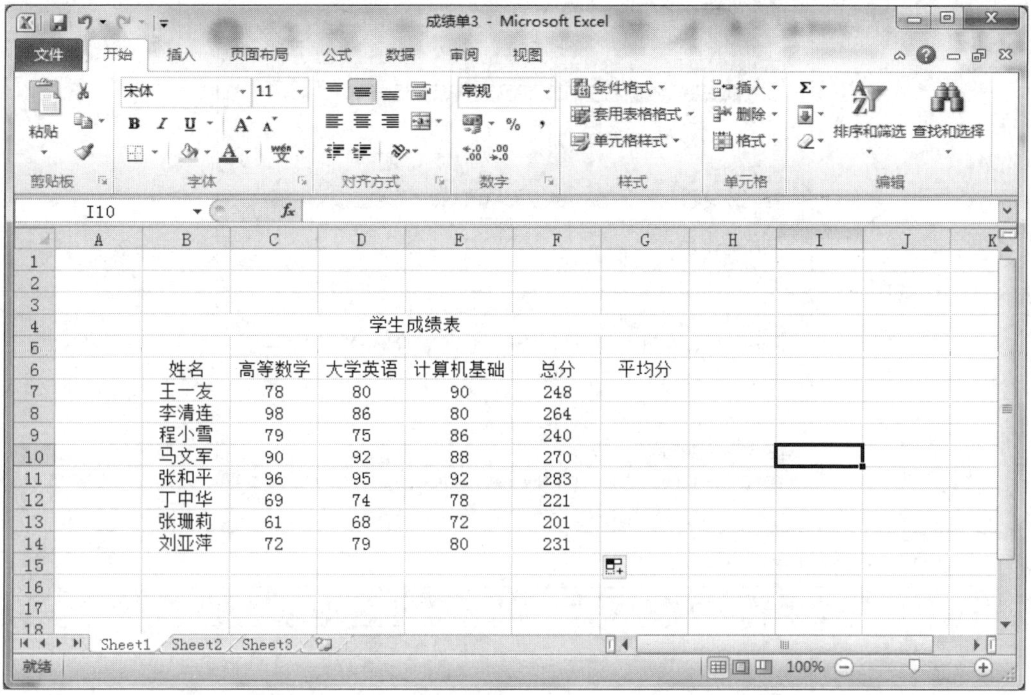

图 5-7　各学生的总分计算结果

任务 2　利用函数插入公式

打开保存的 Excel 工作簿文件，利用函数分别计算表格中每位学生的“平均分”，保留一位小数。修改某学生的单科成绩，观察其总分和平均分是否相应地发生了改变。在“平均分”的右侧添加一个栏目“名次”，利用函数将各个学生按总分的降序进行排名，即总分最高的为第一名。

操作方法及步骤如下：

（1）单击“文件”功能区中的“打开”命令，在弹出的“打开”对话框中选择文件位置为 D:盘以学号姓名命名的文件夹，选择工作簿文件 test01.xlsx，单击“打开”按钮。

（2）单击“王一友”的平均分所在的单元格 G7，然后单击“插入函数”按钮 *fx*，弹出如图 5-8 所示的“插入函数”对话框。

在其中选择常用函数中的 AVERAGE 函数，即求平均值的函数，单击“确定”按钮，弹出“函数参数”对话框，如图 5-9 所示。

单击 Number1 右侧的彩色折叠按钮，则“函数参数”对话框会变成折叠状，如图 5-10 所示。此时将鼠标指针在 C7:E7 单元格区域拖动，则图 5-10 中 Number1 文本框中的内容会变成 C7:E7，亦即要对 C7:E7 单元格区域的分数计算平均分。再单击彩色折叠按钮回到图 5-9 所示的“函数参数”对话框，单击“确定”按钮即可求得“王一友”的平均分。

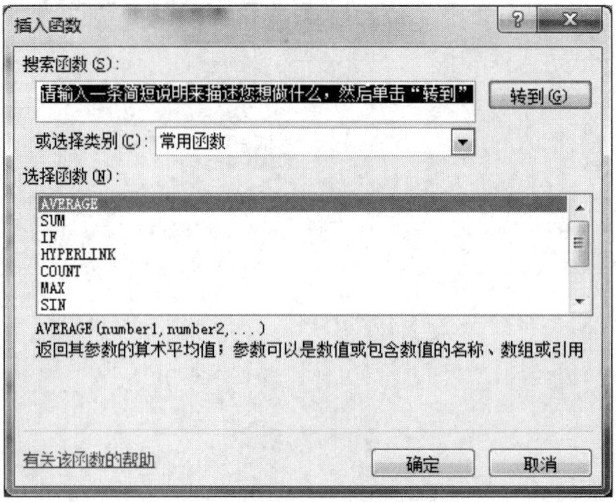

图 5-8 “插入函数”对话框

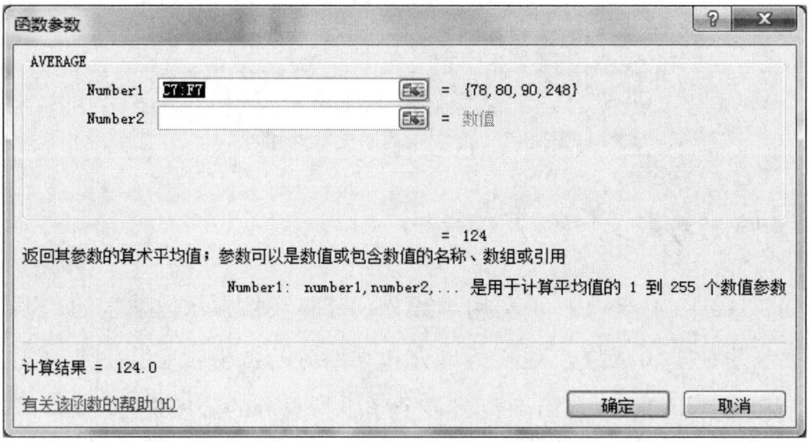

图 5-9 “函数参数”对话框

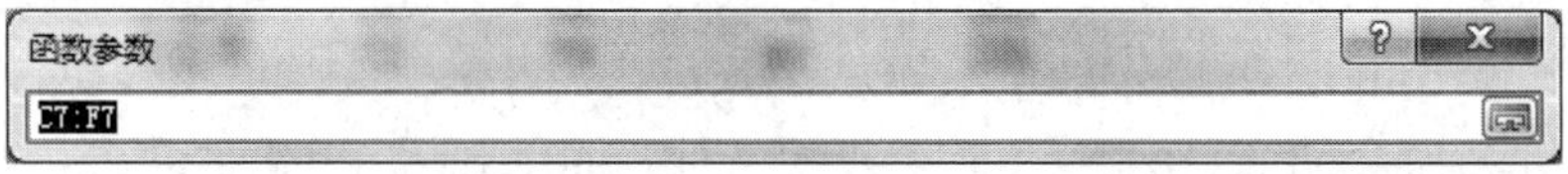

图 5-10 折叠状的“函数参数”对话框

（3）单击单元格 G7，然后将鼠标指针定位到该单元格的填充柄位置，此时鼠标指针变成黑色的加号“+”形状，按住鼠标左键不放向下拖动到单元格 G14 后释放，这样其他同学的平均分就快速地计算出来了。

（4）观察一下平均分这列的小数位数情况。若不是一位小数，可通过“开始”选项卡“数字”功能区中的“增加小数位数”和“减少小数位数”两个按钮来调整。“平均分”字段保留一位小数后的结果如图 5-11 所示。操作完成后可对文件进行保存。

图 5-11　各学生的平均分计算结果

（5）修改某学生的单科成绩，你会看到，其总分和平均分也相应地发生了改变。也就是说，不管是手工创建公式还是利用函数插入公式，通过公式算出来的总分或平均分始终是当前成绩的总分或平均分。

（6）在“平均分”的右侧，即 H6 单元格，输入要添加的栏目名称“名次”。单击 H7 单元格，按照步骤（2）同样的方法打开如图 5-5 所示的“插入函数”对话框。为了按总分的降序将学生的成绩排名，现在要选择“全部”函数中的 RANK 函数，单击“确定”按钮，弹出 RANK 函数的“函数参数”对话框，如图 5-12 所示。

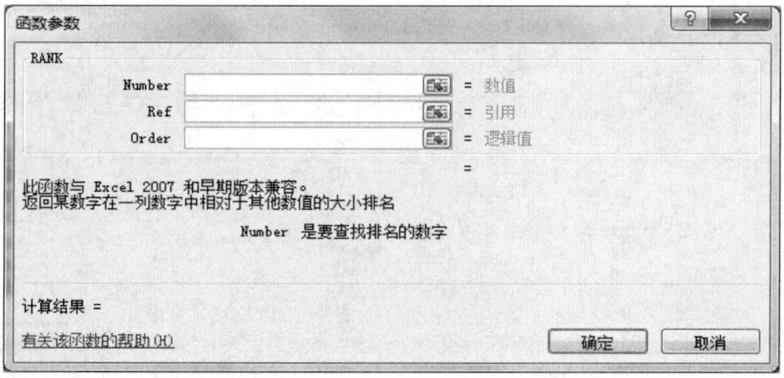

图 5-12　RANK 函数的参数对话框

按照步骤（2）同样的方法在 Number 文本框中选定“王一友”总分所在的单元格 F7，它的意思是要问单元格 F7 中的总分在所有学生的总分集合中属于第几名。在 Ref 文本框中选定所有学生的总分所在区域 F7:F14，且将其调整成单元格区域的绝对引用形式$F$7:$F$14。在

Order 文本框中可直接输入 0 表示按总分降序排名。3 个参数的内容选定后对话框变成如图 5-13 所示。

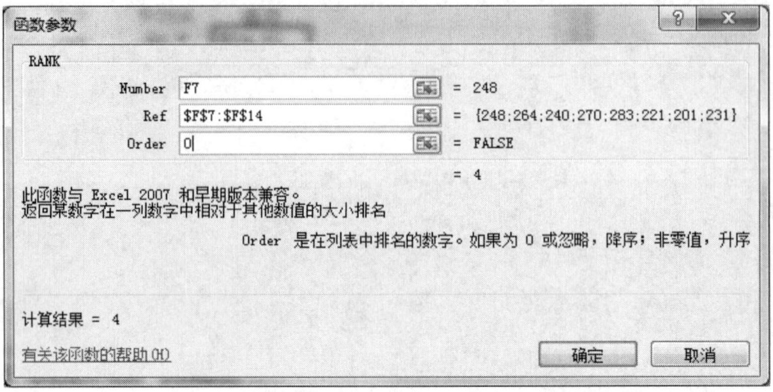

图 5-13　参数设定后的 RANK 函数参数对话框

这里需要说明的是，之所以要将 Ref 文本框中所有学生的总分所在区域 F7:F14 调整成单元格区域的绝对引用形式$F$7:$F$14，是因为不管哪个学生的总分排名都是针对这个固定单元格区域的总分集合而言的。Ref 文本框中若用 F7:F14 这种相对引用形式，将得不到正确的结果。

在图 5-13 所示的对话框中，单击“确定”按钮后即可得到“王一友”的排名。然后拖动 H7 单元格的填充柄至 H14 单元格后释放鼠标，即可得到各个学生按总分降序排名的名次，结果如图 5-14 所示。

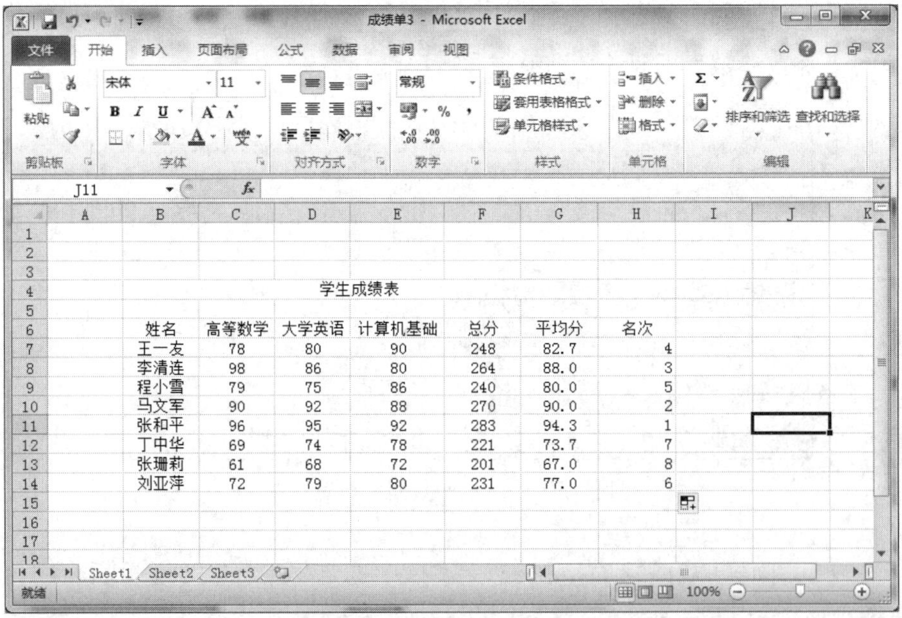

图 5-14　学生的总分排名结果

这些操作完成后，可对该工作簿文件进行保存。

实验 5.3 数据分析与管理

实验目的

（1）掌握数据的排序方法（包括单字段排序和多字段排序）。

（2）掌握对数据进行自动筛选和高级筛选的方法。

（3）掌握对数据进行分类汇总的操作方法。

实验内容与操作步骤

任务 1 数据的排序操作

打开图 5-11 所示的 Excel 2010 工作簿文件。将所有学生的数据按“总分”的降序进行排序。将所有学生的数据按“总分”的降序、“姓名”的升序进行排序。其中“姓名”这一列中的文本以拼音字母为顺序排列。

操作方法及步骤如下：

（1）启动 Excel 2010 软件，打开图 5-11 所示的 Excel 2010 工作簿文件。为了在下面的排序操作中比较容易看出操作的效果，现将表中“李清连”的“计算机基础”的成绩修改为 86，这样，“李清连”和“马文军”两个学生的总分相同，都是 270 分。

（2）单击“总分”列中任何一个学生的总分，再单击“数据”选项卡“排序和筛选”功能区中的“降序”按钮，即可完成单字段排序。

（3）通过拖动鼠标选择要（多字段）排序的单元格区域 B6:G14，再单击“数据”选项卡“排序和筛选”功能区中的“排序”按钮，弹出“排序”对话框，如图 5-15 所示。在该对话框中，主要关键字选择“总分”，次序选择为“降序”。单击该对话框中的“添加条件”按钮，该对话框将添加“次要关键字”行，如图 5-16 所示。次要关键字选择“姓名”，次序选择“升序”。由于“姓名”这一列中的文本要求以拼音字母为顺序排列，因此再单击该对话框中的“选项”按钮，弹出“排序选项”对话框，如图 5-17 所示。在“方法”区域中选定“字母排序”单选项，单击“确定”按钮回到“排序”对话框中，单击“确定”按钮即可完成多字段排序操作，结果如图 5-18 所示。从该图中看出，在按“总分”降序排列的基础上又按“姓名”的拼音字母升序排列了。

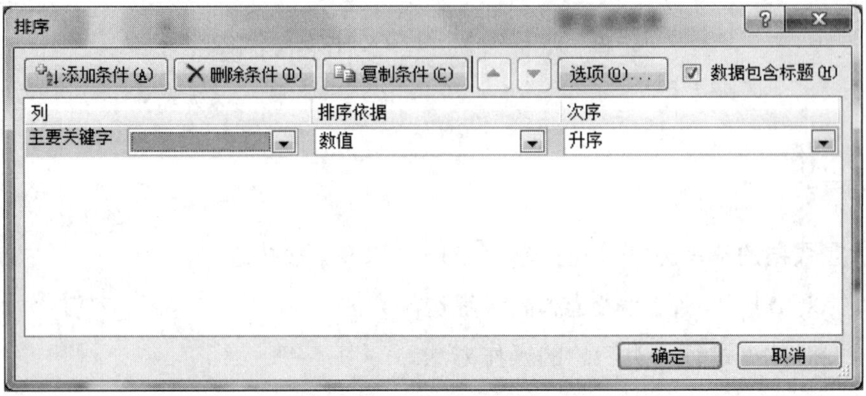

图 5-15　“排序”对话框

图 5-16　添加次要关键字后的“排序”对话框

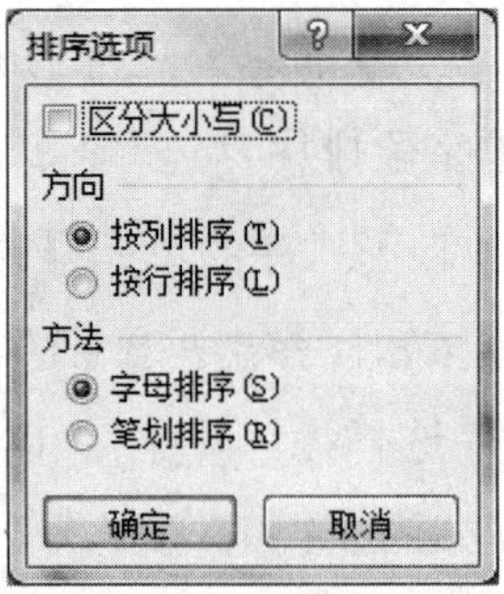

图 5-17　“排序选项”对话框

图 5-18　多字段排序结果

任务 2　数据的筛选操作

打开图 5-11 所示的 Excel 2010 工作簿文件。筛选出“计算机基础”成绩≥85 分的所有记录。筛选出“计算机基础”成绩≥85 分且“大学英语”成绩≥80 分的所有学生记录。

操作方法及步骤如下：

（1）启动 Excel 2010 软件，打开图 5-11 所示的 Excel 2010 工作簿文件。

（2）拖动鼠标选择列标题，即 B6:G6 区域。

（3）单击“数据”选项卡“排序和筛选”功能区中的“筛选”按钮，此时在工作表中的每个字段旁边出现一个下拉按钮，如图 5-19 所示。

图 5-19　字段旁边出现下拉按扭

（4）单击“计算机基础”字段旁边的下拉按钮，在弹出的下拉列表中选择“数字筛选”→“大于或等于”选项，弹出“自定义自动筛选方式”对话框，如图 5-20 所示。在“计算机基础”选项区右侧的组合框中输入 85，单击“确定”按钮，即可筛选出“计算机基础”成绩≥85 分的所有学生记录。

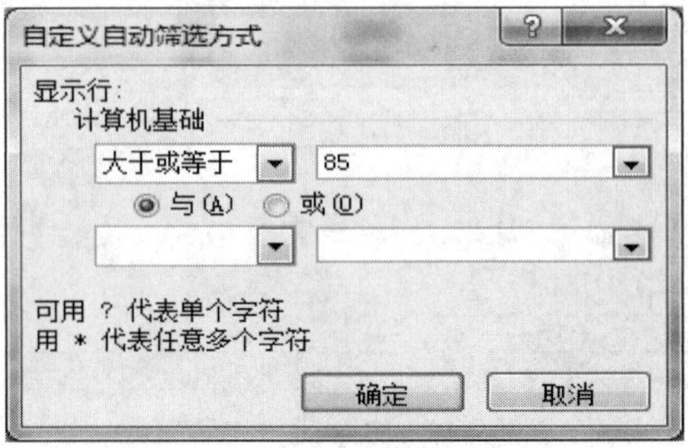

图 5-20　“自定义自动筛选方式”对话框

此操作即为自动筛选。若要退出自动筛选，则再次单击“数据”选项卡“排序和筛选”功能区中的“筛选”按钮。

（5）再次打开图 5-11 所示的 Excel 2010 工作簿文件，在 E18:F18 单元格区域中分别输入“大学英语”和“计算机基础”，然后在 E19:F19 单元格区域中依次输入相应的条件，如图 5-21 所示。

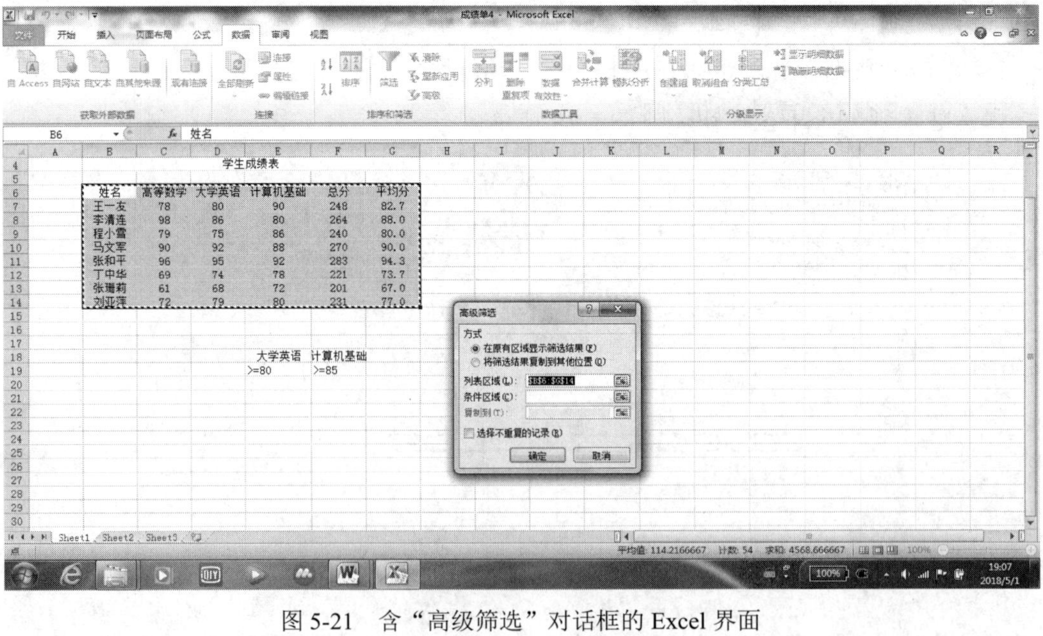

图 5-21　含“高级筛选”对话框的 Excel 界面

（6）选中数据清单所在的区域（参见图 5-21 中的虚线框中部分）。单击“数据”选项卡

“排序和筛选”功能区中的“高级”按钮，弹出“高级筛选”对话框。在“方式”选项区中选中“在原有区域显示筛选结果”单选项，在“列表区域”文本框中输入$B$6:$G$14，或者单击其右侧的彩色折叠按钮，用鼠标在工作表中选择 B6:G14 单元格区域，再在“条件区域”文本框中输入$E$18:$F$19，或者单击其右侧的彩色折叠按钮，用鼠标在工作表中选择 E18:F19 单元格区域。

（7）单击“确定”按钮完成操作。经高级筛选后的效果如图 5-22 所示。

图 5-22　经高级筛选后的效果

任务 3　数据的分类汇总操作

在图 5-11 所示的成绩表中添加“性别”列，并将各列数据居中对齐，变成如图 5-23 所示的学生成绩表。分别统计男、女学生的“高等数学”总分。分别统计男、女学生的人数。

操作方法及步骤如下：

（1）选择“高等数学”所在的列并右击，在弹出的快捷菜单中选择“插入”选项，则在“高等数学”这列的左侧插入了一个空白的新列。按图 5-23 所示，输入“性别”列的数据。拖动鼠标选择数据区域 B6:H14，再单击“开始”选项卡“对齐方式”功能区中的“居中”按钮，实现数据的居中对齐。

（2）单击“性别”列中任意一个学生的性别，再单击“数据”选项卡“排序和筛选”功能区中的“升序”按钮（或“降序”按钮），即可完成按“性别”字段（或称为列）进行单字段排序的操作，操作结果如图 5-24 所示。这里需要说明的是，分类汇总要求在汇总之前先按类别排序。

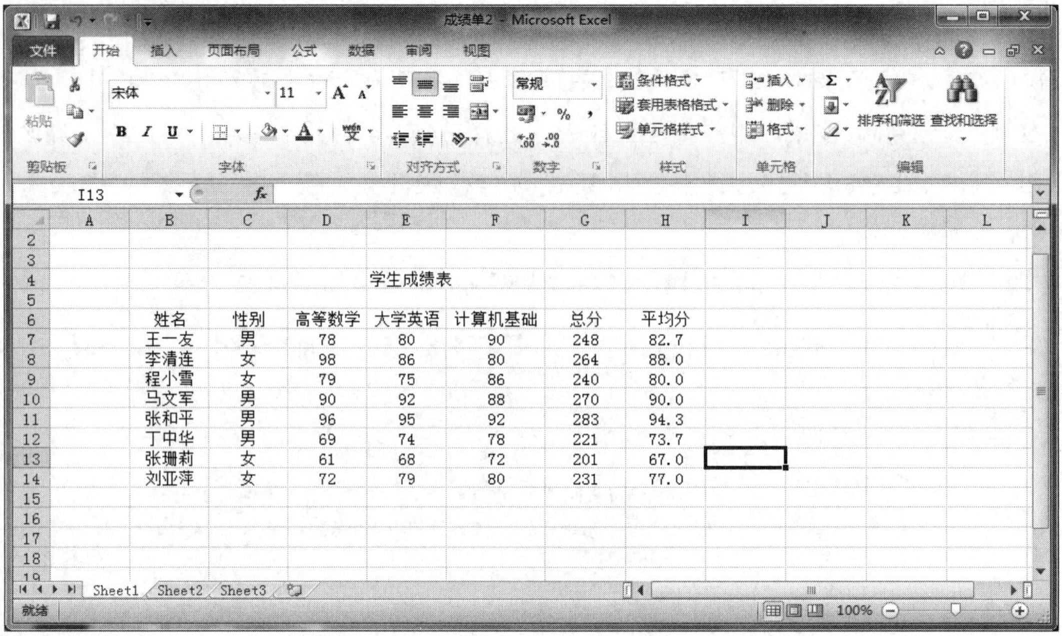

图 5-23　添加了“性别”列的学生成绩表

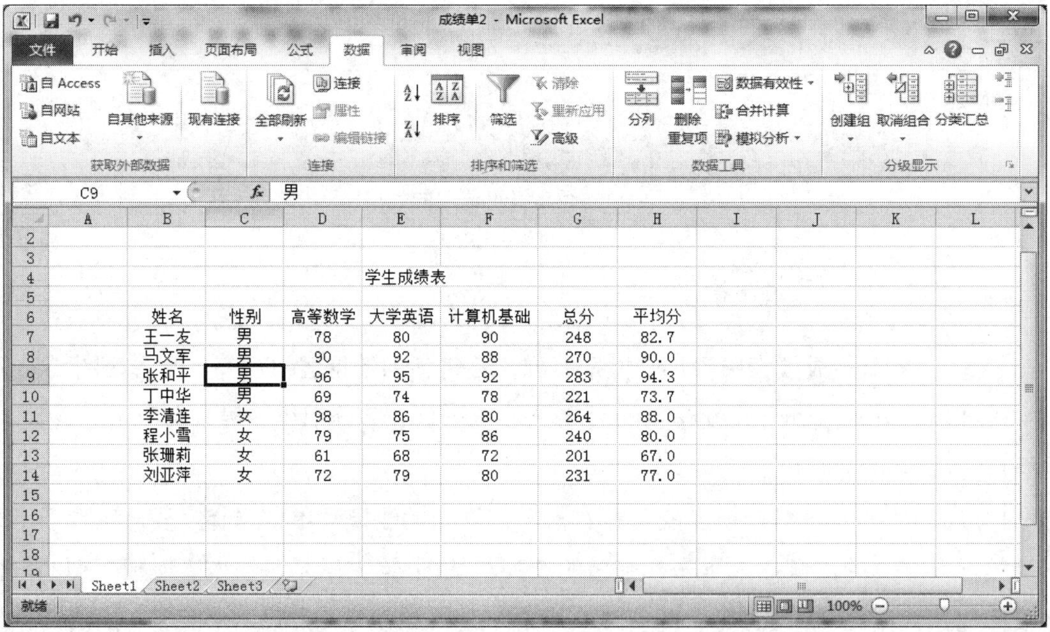

图 5-24　按“性别”字段进行升序排序后的学生成绩表

（3）拖动鼠标选择参与分类汇总的数据区域 B6:H14，然后单击“数据”选项卡“分级显示”功能区中的“分类汇总”按钮，弹出“分类汇总”对话框，如图 5-25 所示。

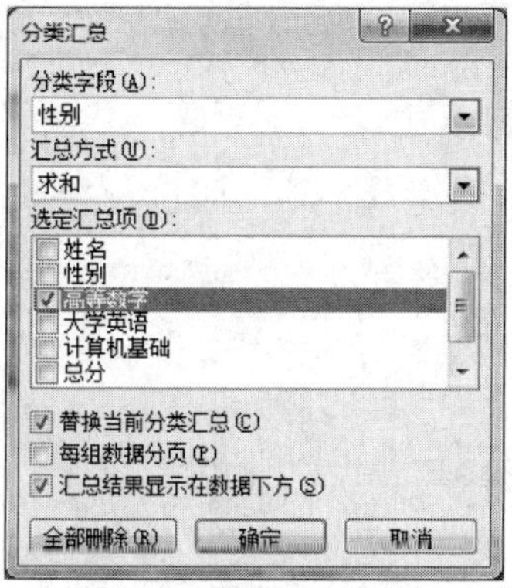

图 5-25 “分类汇总”对话框

（4）在“分类字段”下拉列表框中选择“性别”选项（此处选择的分类字段应与步骤（2）进行排序的字段相同），在“汇总方式”下拉列表框中选择“求和”选项，在“选定汇总项”列表框中选中“高等数学”复选项，然后单击“确定”按钮即可完成分别统计男、女学生的“高等数学”总分的分类汇总操作。操作结果如图 5-26 所示。

图 5-26 男、女学生“高等数学”总分的分类汇总结果

（5）以图 5-24 所示为基础（对于图 5-26 界面，可单击标题栏左侧的“撤销”按钮回到图 5-24 界面），参照上面分别统计男、女学生的“高等数学”总分的操作步骤，在“分类汇总”对话框中，在“汇总方式”下拉列表框中选择“计数”选项，在“选定汇总项”列表框中选中“性别”复选项，然后单击“确定”按钮即可完成分别统计男、女学生人数的操作。操作结果如图 5-27 所示。

图 5-27 男、女学生人数的分类统计结果

从图 5-26 和图 5-27 可以看出，在对数据清单进行分类汇总后，行标题的左侧出现了分级显示符号，可用于显示或隐藏某些明细数据。

实验 5.4 图表的使用

实验目的

（1）掌握图表的创建方法。

（2）掌握图表的编辑、修饰方法。

实验内容与操作步骤

任务 1 创建图表

启动 Excel 2010 软件，打开图 5-11 所示的 Excel 2010 工作簿文件。对工作表 Sheet1 中的数据区域 B6:E10 创建二维簇状柱形图图表。图表上方的标题为“部分学生的成绩表”，创建的图表嵌入在工作表 Sheet1 中。创建的图表效果如图 5-28 所示。

操作方法及步骤如下：

（1）启动 Excel 2010 软件，打开图 5-11 所示的 Excel 2010 工作簿文件，单击工作表 Sheet1

的标签选择工作表 Sheet1，通过拖动鼠标选择数据区域 B6:E10。

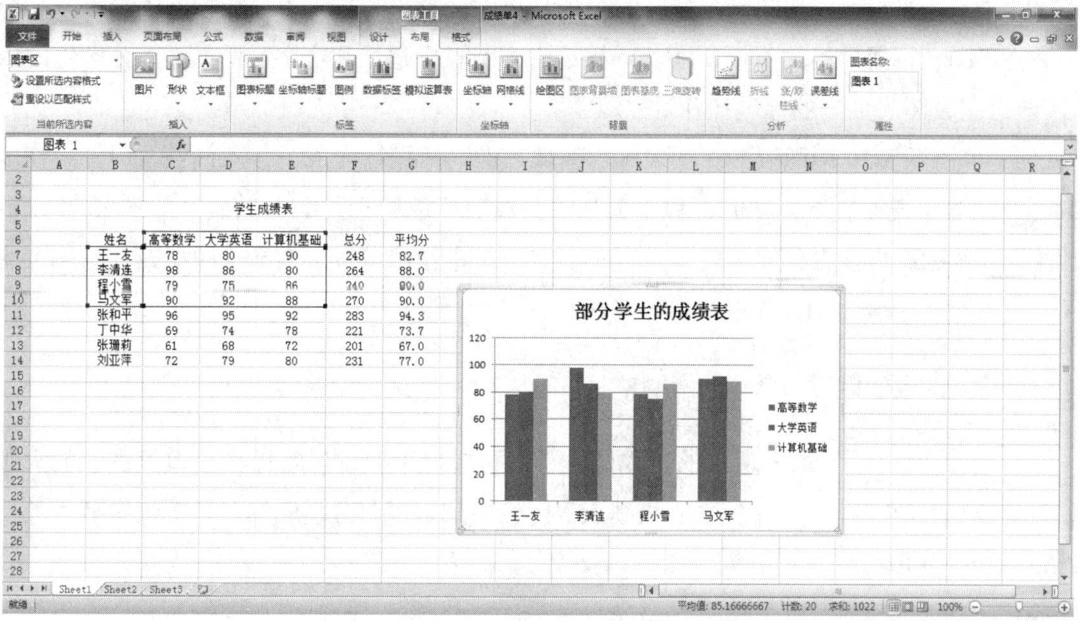

图 5-28　创建的图表效果

（2）单击“插入”选项卡“图表”功能区中的“柱形图”按钮，在弹出的下拉列表中选择“二维柱形图”→“簇状柱形图”选项，则会在当前工作表中嵌入一个图表，如图 5-29 所示。即创建了一个二维簇状柱形图图表并嵌入在了工作表 Sheet1 中。

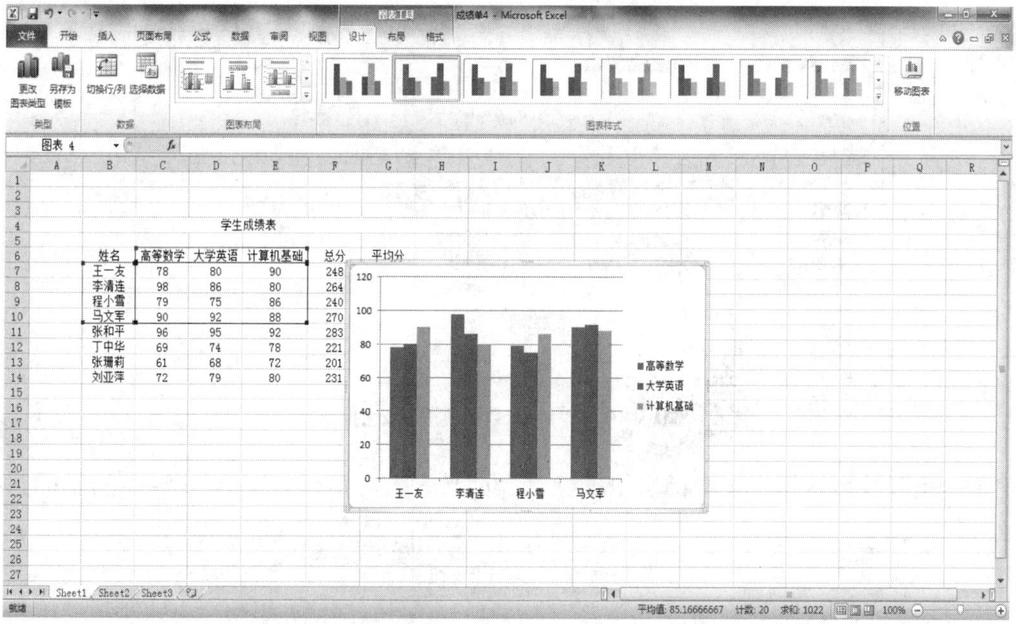

图 5-29　创建的嵌入图表

（3）单击图 5-29 中图表的“图表区”区域，接着单击“图表工具/布局”选项卡“标签”功能区中的“图表标题”按钮，在弹出的下拉列表中选择“图表上方”选项，图表上方会出现一个名为“图表标题”的文本框，拖动鼠标选中“图表标题”几个字，输入“部分学生的成绩表”，即可完成图表上方的标题操作。

（4）单击图 5-29 中图表的“图表区”区域，当鼠标指针变成十字双向箭头时，按住鼠标左键不放拖动图表往右下角方向，移动适当的距离后释放鼠标，即可创建如图 5-28 要求的图表效果。操作完成后保存创建的工作簿文件。在操作过程中可以观察到，如果改变与图表有关的单元格数据，Excel 2010 就会自动更新图表。

任务 2 图表的编辑与修饰

针对已保存的如图 5-28 所示的工作簿文件，再按以下要求进行操作：调整图表的大小；向图表中添加数据；在“部分学生的成绩表”图表中加入“总分”成绩；在图表中插入数据标志；将图表区的填充图案设置为“深蓝，文字 2，淡色 60%”。

操作方法及步骤如下：

（1）单击图表区，将鼠标指针移动到图表的边控制点上，这时鼠标指针变成双向箭头形状。再按住鼠标左键并拖动，调整图表至合适大小后释放鼠标，即可完成调整图表大小的操作。

（2）单击图表区，然后单击“图表工具/设计”选项卡“数据”功能区中的“选择数据”按钮，弹出“选择数据源”对话框，如图 5-30 所示。

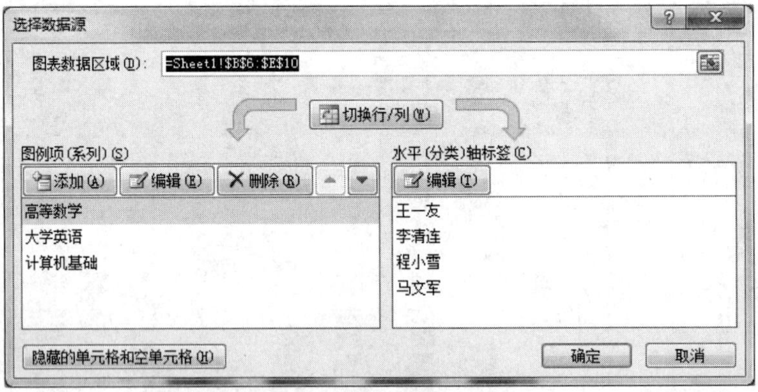

图 5-30 “选择数据源”对话框

单击“图表数据区域”文本框右侧的彩色折叠按钮，对话框会变成图 5-31 所示的折叠状。

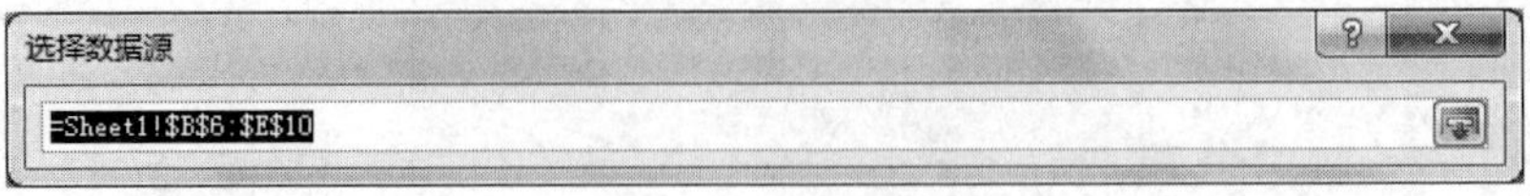

图 5-31 折叠状的“选择数据源”对话框

此时，拖动鼠标选择单元格区域 B6:F10，则图 5-31 中的反相显示部分将变为=Sheet1!$B$6:$F$10，即加入了“总分”列。再单击彩色折叠按钮将回到“选择数据源”对话框，单击“确定”按钮将得到添加了“总分”成绩的新图表，结果如图 5-32 所示。

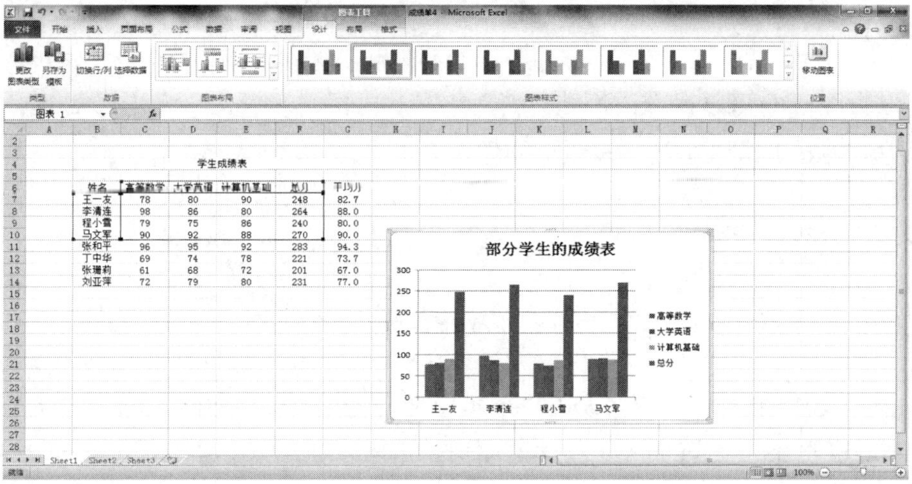

图 5-32　添加了“总分”成绩的新图表

（3）单击图 5-32 中的“图表区”区域，再单击“图表工具/布局”选项卡“标签”功能区中的“数据标签”按钮，在弹出的下拉列表中选择“数据标签外”选项，即可完成在图表中插入数据标志的操作。

（4）单击“图表区”区域，再单击“图表工具/格式”选项卡“形状样式”功能区中的“形状填充”按钮，在弹出的下拉列表中选择“深蓝，文字 2，淡色 60%”选项，即可完成“改变图表区的填充图案”的操作。操作结果如图 5-33 所示。

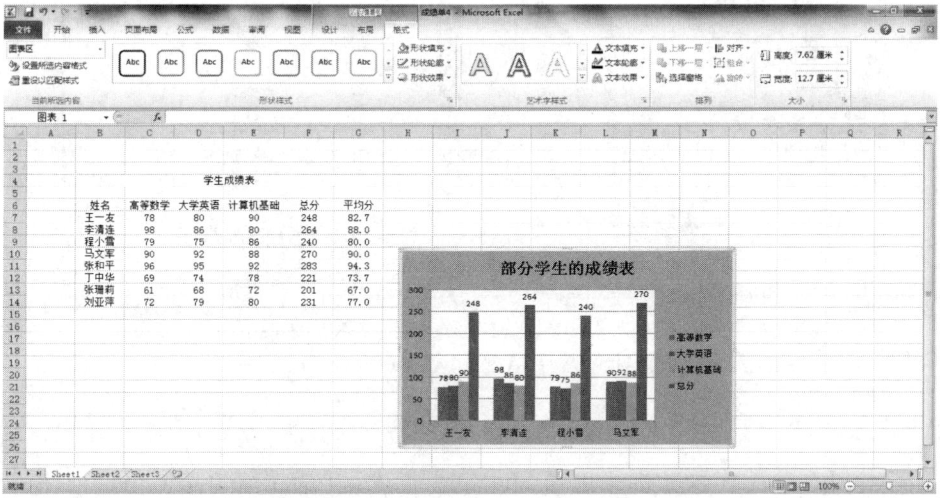

图 5-33　改变图表区的填充图案

实验 5.5　Excel 的多工作表操作

实验目的

（1）掌握 VLOOKUP 函数的用法。

（2）掌握 Excel 2010 中的多表联合操作。

实验内容与操作步骤

任务　从另一个工作表中纵向查找给定学生所在的班级

启动 Excel 2010 软件，创建一个 Excel 2010 工作簿文件。其 Sheet1 工作表是一个学生情况表，如图 5-34 所示。其 Sheet2 工作表有两列，左边一列给出了几个学生的姓名，右边“所在班级”列的内容目前空白，它是要查找填入的，如图 5-35 所示。利用 VLOOKUP 函数，从 Sheet1 工作表中纵向查找 Sheet2 工作表中给定的姓名。这些给定姓名对应的班级查到后填入 Sheet2 工作表中的“所在班级”列。

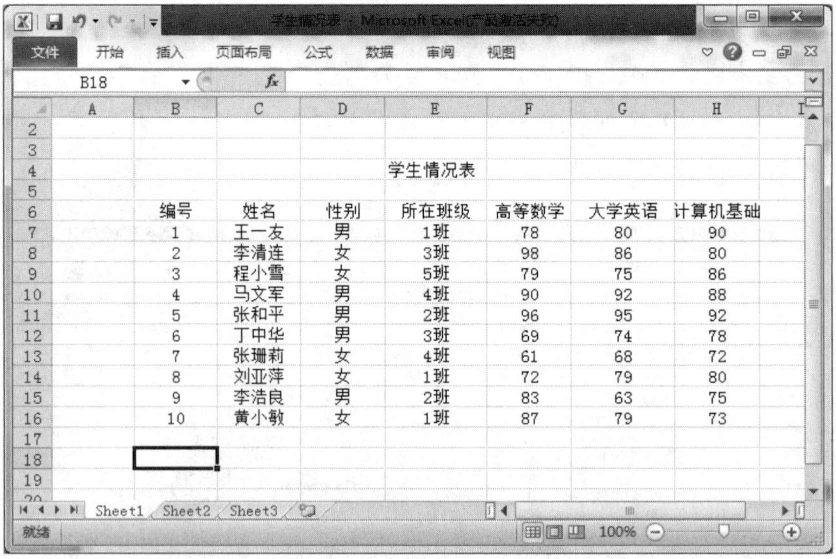

			学生情况表			
编号	姓名	性别	所在班级	高等数学	大学英语	计算机基础
1	王一友	男	1班	78	80	90
2	李清连	女	3班	98	86	80
3	程小雪	女	5班	79	75	86
4	马文军	男	4班	90	92	88
5	张和平	男	2班	96	95	92
6	丁中华	男	3班	69	74	78
7	张珊莉	女	4班	61	68	72
8	刘亚萍	女	1班	72	79	80
9	李浩良	男	2班	83	63	75
10	黄小敏	女	1班	87	79	73

图 5-34　学生情况表（Sheet1 工作表）

操作方法及步骤如下：

（1）单击 Sheet2 工作表的标签选择 Sheet2 工作表，再单击 C5 单元格，亦即单击第一个给定姓名“王一友”的待求班级单元格，如图 5-35 所示。

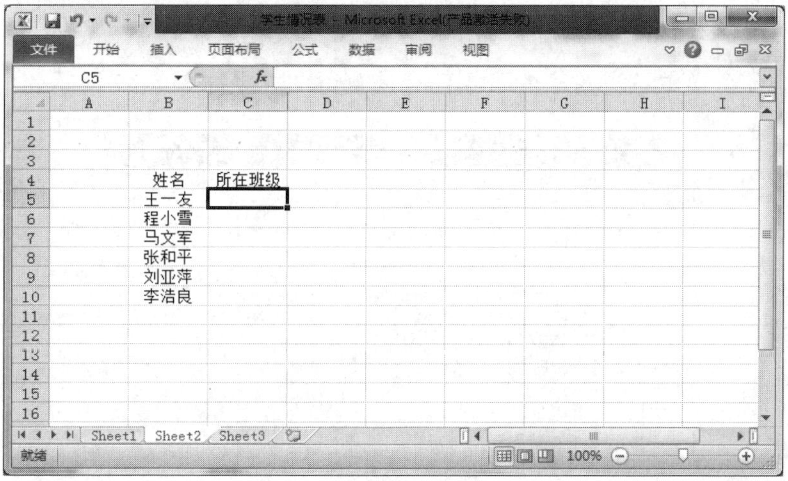

图 5-35 待填的“所在班级”列（Sheet2 工作表）

（2）单击编辑栏左侧的“插入函数”按钮，弹出“插入函数”对话框。

（3）在其中选择“全部”函数类别，再从中选择 VLOOKUP 函数，单击“确定”按钮，弹出 VLOOKUP 函数的“函数参数”对话框，如图 5-36 所示。

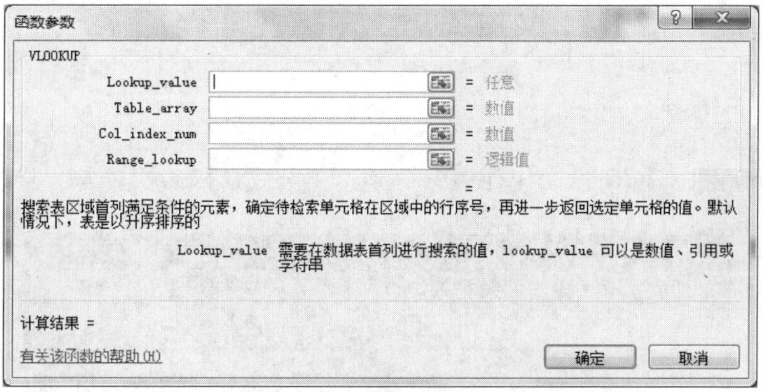

图 5-36 VLOOKUP 函数的“函数参数”对话框

（4）通过单击第一个参数 Lookup_value 右侧的彩色折叠按钮将该参数选择为 B5，即姓名“王一友”所在的单元格。通过单击第二个参数 Table_array 右侧的彩色折叠按钮，将该参数选择为 Sheet1!$C$6:$E$16，即从 Sheet1 工作表中选择包含“姓名”列和“所在班级”列的区域。这里要注意的是，“姓名”这一列必须是选定的纵向查找区域的第 1 列，并且该查找区域要用绝对引用形式，也就是说，不论查哪个学生的所在班级都是查找该区域。在第 3 个参数 Col_index_num 的文本框中直接输入数字 3，表示要查找的“所在班级”这一列处于选定的纵向查找区域的第 3 列。在第 4 个参数 Range_loopup 的文本框中直接输入数字 0 或逻辑假值 FALSE，表示要精确匹配查找。

（5）这 4 个参数选择或输入好后单击“确定”按钮，即可得到姓名“王一友”所对应的班级“1 班”。然后拖动 C5 单元格的填充柄，至 C10 单元格后释放鼠标，即可查找得到 Sheet2 工作表中给定的几个学生各自对应的班级信息，查得的结果如图 5-37 所示。

图 5-37 利用 VLOOKUP 函数查得的结果

思考与综合练习

1．创建一个如图 5-38 所示的工作表，分别运用公式、函数来计算“销售金额”总和。

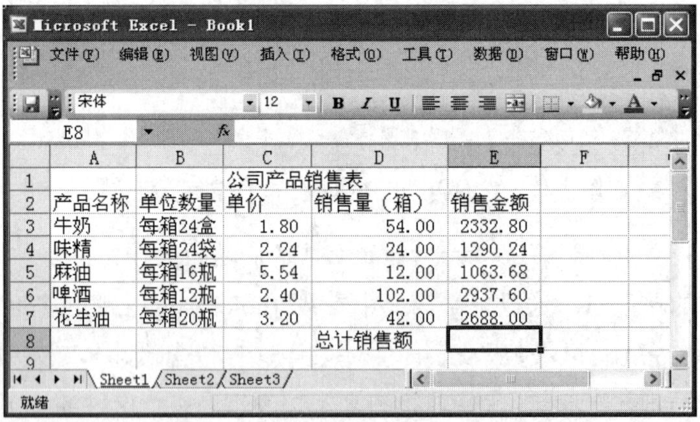

图 5-38 某公司的产品销售数据表

2．创建一个如图 5-39 所示的工作表，运用函数来计算各单科成绩的“最高分”和“平均分”。其中，各单科的“平均分”保留一位小数。

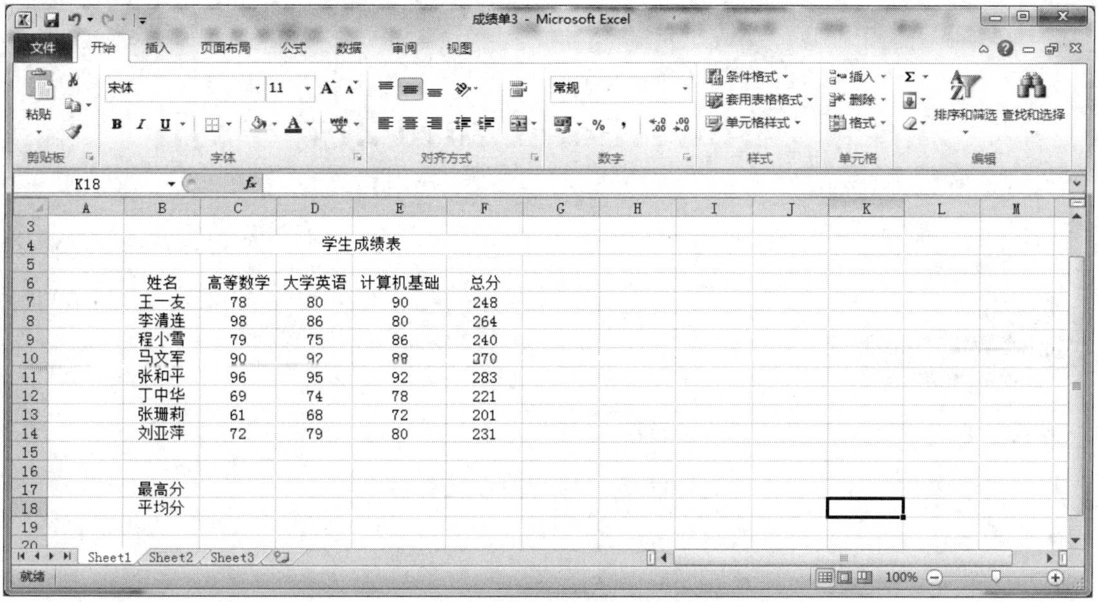

图 5-39　要建立的学生成绩表

第 6 章　PowerPoint 2010 幻灯片制作

知识要览

本章主要内容包括：

- 演示文稿制作的工作环境和演示文稿的制作过程。
- 单张幻灯片的设计方法。
- 多张幻灯片的切换操作和放映方式。
- 制作幻灯片动画效果和超链接的方法。
- 幻灯片母版的设计和模板的使用方法。
- 演示文稿打包和打印的方法。

实验 6.1　单张幻灯片的制作

实验目的

（1）熟悉单张幻灯片的制作过程。

（2）熟练掌握幻灯片背景、版式的设计。

（3）熟练掌握幻灯片中文本、声音、图像和视频等对象的引用。

（4）熟练掌握幻灯片中动画的设计。

（5）掌握幻灯片中的页面设置。

实验内容与操作步骤

任务 1　单张幻灯片制作的一般步骤

制作单张幻灯片的操作方法及步骤如下：

（1）新建 PPT 文件。

启动 PowerPoint 2010 后，系统自动以“空白演示文稿模板”创建了一个演示文稿文件（由于早期版本的文件扩展名为 PPT，因而也称 PPT 文件），PowerPoint 2010 窗口如图 6-1 所示。也可以在 PowerPoint 2010 窗口中选择“文件”→“新建”命令，选择某一模板，默认为“空白演示文稿”模板，然后单击“创建”按钮。

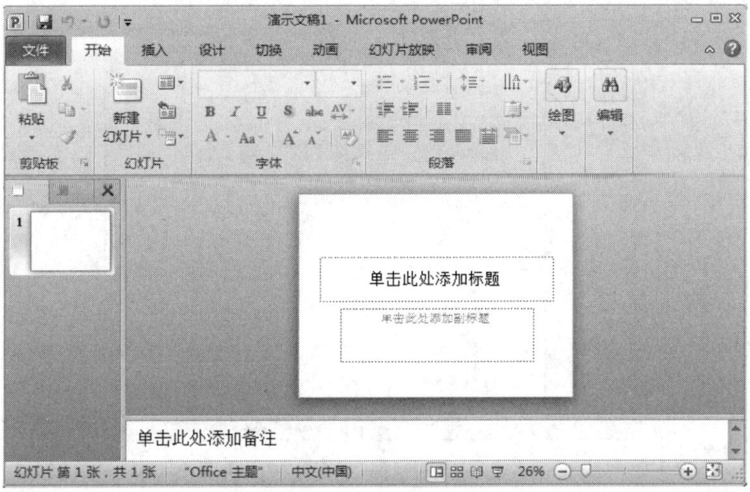

图 6-1　PowerPoint 2010 窗口

PowerPoin2010 窗口类似 Windows 的其他应用程序窗口。窗口最上端一行分两部分，左边是快速访问工具栏，可以选择放在下面；右边是标题栏，显示的是当前演示文稿文件的名称，如果是新建的演示文稿文件，系统默认文件名为“演示文稿 1”，扩展名为 pptx。

窗口的第二行为菜单或选项卡，横向菜单中只有“文件”是菜单，其他各项如开始、插入、设计等均为选项卡，当前的选项卡为“开始”，每个选项卡的功能可由选择该选项卡后所展示的快捷工具按钮来实现。

窗口的第三行分两部分，左边是幻灯片视图与大纲视图的选择，右边是幻灯片设计制作的主要工作区。

窗口的最后一行包含如下几个区域：

- 状态：显示当前编辑的幻灯片是第几张，共几张幻灯片。
- Office 主题：给出的是当前使用的主题名称。
- 视图：包括普通视图、幻灯片浏览视图、阅读视图和幻灯片放映视图 4 种，与选择“视图”选项卡中的视图按钮工具类似。
- 显示比例：可以设置当前幻灯片的显示比例大小。

（2）选择背景。

在当前幻灯片的空白处右击，在弹出的快捷菜单中选择“设置背景格式”选项，弹出如图 6-2 所示的“设置背景格式”对话框。背景设置可分为 4 个部分：填充、图片更正、图片颜色和艺术效果，而后面 3 种主要是针对纹理或图片背景设置的，下面重点介绍填充方式。

图 6-2 “设置背景格式”对话框

1）纯色填充。在“填充颜色”区域的“颜色”下拉列表框中可以通过颜色板选择主题颜色（如图 6-3 所示），也可以通过“其他颜色”选项打开如图 6-4 所示的对话框。

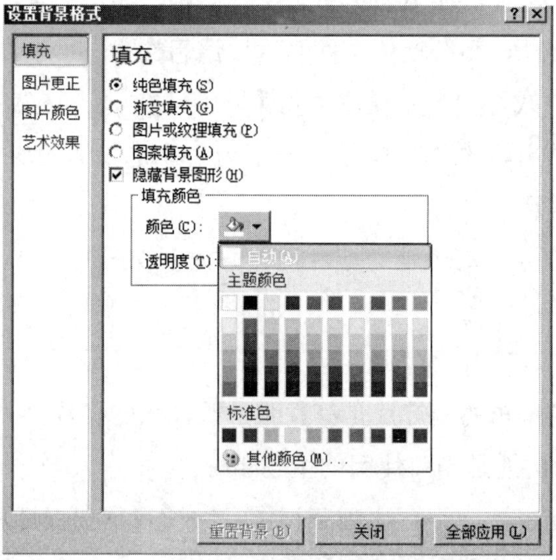

图 6-3 纯色填充

其中有“标准”和“自定义”两种方式，标准方式依然属于直接选择，而自定义方式则可进行更细致的选择，具体可以通过 RGB（红绿蓝）和 HSL（色调、饱和度、亮度）两种颜色模式进行背景颜色的设置。

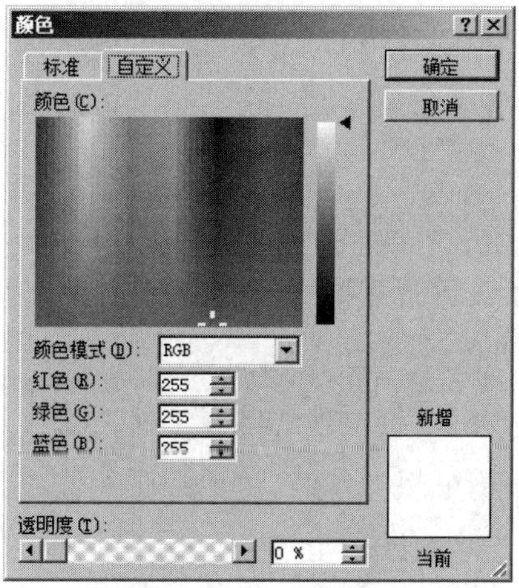

图 6-4　颜色设置

2）渐变填充。渐变是指颜色从一种颜色慢慢过渡到另一种颜色，具体的设置有预设颜色、类型、方向、角度、渐变光圈、亮度和透明度等，并且大部分操作都可以直接感觉，这里简单介绍一下渐变光圈的操作。

- 设置静止点的颜色。在“设置背景格式”对话框中选择“渐变填充”单选项，将切换到图 6-5 所示的界面。在其中可以看到渐变光圈中有如向下铅笔状的滑块，称为静止点，其实也是某种颜色的设置点。选中某个静止点，单击“颜色”下拉列表框进入该静止点颜色的设置界面。

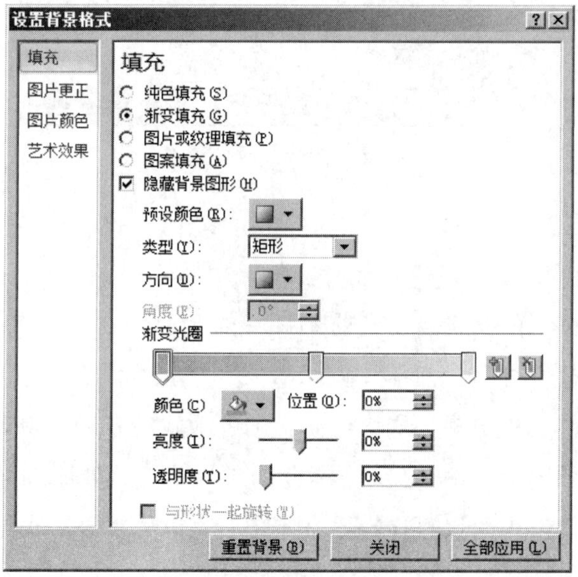

图 6-5　渐变填充

- 添加或删除静止点。在渐变光圈的右边有两个按钮，带加号的为“添加”按钮，带叉号的为“删除”按钮，可以通过它们添加或删除渐变光圈中的静止点；也可以直接在渐变光圈的空白处单击鼠标来添加，在某个具体的静止点上按 Delete 键直接删除该静止点。

- 移动渐变静止点。直接左右拖拽静止点滑块即可。

3）图片或纹理填充。在“设置背景格式”对话框中选择“图片或纹理填充”单选项，将切换到图 6-6 的界面，在其中可以进行如下操作：

- 单击“纹理”下拉列表框进行纹理的选择。
- 通过“文件”按钮、“剪贴板”按钮、“剪贴画”按钮可以选择相应的图形或图像。
- “隐藏背景图形”是指隐藏或保留母版中定义的背景。

图 6-6　图片或纹理填充

4）图案填充（自己尝试一下）。

（3）版式设计。

1）利用系统提供的现有版式。在当前幻灯片的空白处右击并在弹出的快捷菜单中选择“版式”选项或者单击“开始”选项卡中的“版式”按钮，均会显示出各类已有的 Office 主题版式，如图 6-7 所示。这些主题版式均已显示出各版式的布局。例如，选择“标题和内容”版式，当前幻灯片将显示出上下两个文本框：上方的“单击此处添加标题”文本框可以直接输入标题文字，下方的文本框内可以直接输入文本内容，也可以添加表格、统计图等，使得幻灯片的制作变得更加轻松。

2）选择“空白”版式，然后进行个人设计。每张幻灯片就像是一张小黑板报，版面内容安排可以自由设计。由于幻灯片中的所有对象如文字、声音、图形图像、视频等均可通过插入或复制粘贴获得，同时各对象之间相互独立，因此完全可以根据个人的审美兴趣事先设计出比较个性化的版面布局。

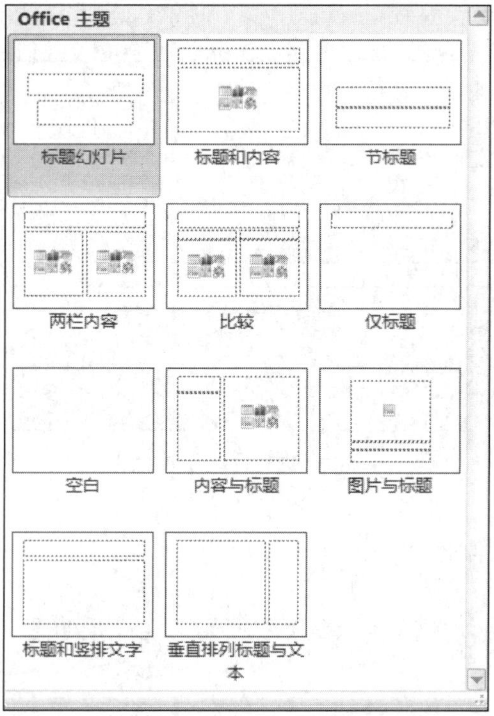

图 6-7　11 种版式布局

（4）各类对象的插入编辑。

背景和版式设计完毕后，便可将各类对象插入到当前幻灯片中。所有的对象均可通过“插入”选项卡中的快捷按钮依次插入或粘贴到当前的幻灯片中，同时还可以通过“插入”组中的“对象”按钮来嵌入其他的对象，而幻灯片中的各对象彼此相互独立，如果是图形还可以组合。

（5）保存和另存。

单击快速访问工具栏中的“磁盘”按钮或选择“文件”菜单中的“保存”选项，当前的演示文稿文件即将保存。

如果是新建的 PowerPoint 2010 文件，系统默认的文件名为“演示文稿 1”，扩展名为 PPTX，选择“保存”命令后将弹出如图 6-8 所示的“另存为”对话框（直接选择 PowerPoint 2010 窗口中的“文件”→“另存为”命令，也将弹出这个对话框），在其中输入新的名字，然后单击“保存”按钮。

说明：“另存”不只是另取一个名字把当前文件作一备份，同时“另存”通过选择“保存类型”将当前文件保存为放映文件、早期不同版本的 PPT 文件、模板文件等，可以把当前演示文稿文件转换成其他类型的文件。

图 6-8 “另存为”对话框

任务 2 单张幻灯片的制作

单张幻灯片的制作比较简单，具体操作步骤如下（样张如图 6-9 所示）：

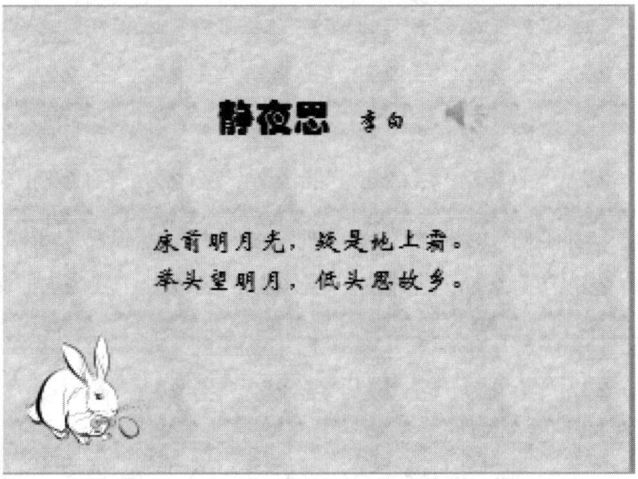

图 6-9 单张幻灯片制作样张

（1）选择“信纸”纹理作背景。在当前幻灯片的空白处右击并选择“设置背景格式”选项，弹出“设置背景格式”对话框，选择“填充”选项卡，在其中选择“图片或纹理填充”单选项，在“纹理”下拉列表框中选择“信纸”纹理。

（2）设计版式。在当前幻灯片的空白处右击并选择“版式”选项或者单击“开始”选项卡中的“版式”按钮，将显示出各类已有的 Office 主题版式，选择“标题和内容”版式。

（3）在“标题”文本框中输入“静夜思　李白”，设置相应的字体、字号和对齐方式；在“内容”文本框中输入“床前明月光，……”，设置相应的字体、字号和对齐方式。

（4）单击“插入”选项卡“图像”组中的“剪贴画”按钮，窗口右侧出现“剪贴画”任务窗格（如图 6-10 所示），在其中单击“搜索”按钮，选择“兔子”剪贴画并复制粘贴到幻灯片的右下角，调整位置和大小。

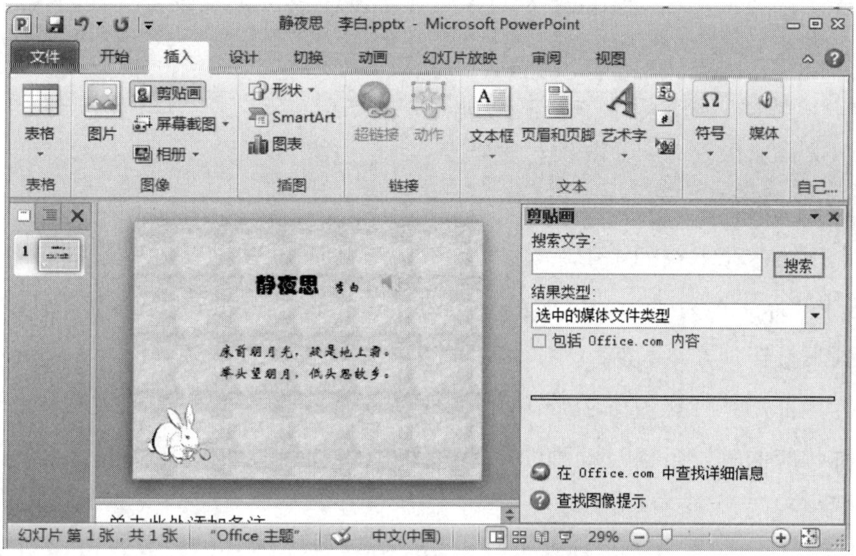

图 6-10　“剪贴画”任务窗格

（5）单击“插入”选项卡中的“媒体”下拉按钮，选择“音频”→“文件中的音频”选项，在弹出的对话框（如图 6-11 所示）中选择一个声音文件，然后单击“插入”按钮，调整其在幻灯片中的位置。

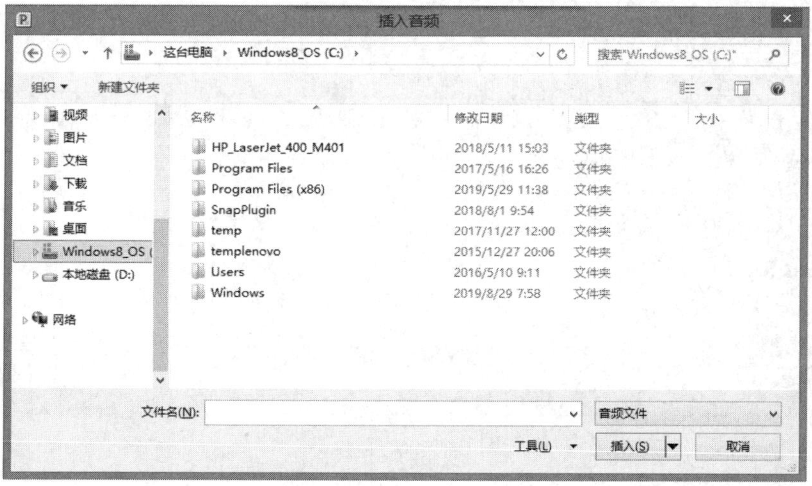

图 6-11　“插入音频”对话框

（6）单击“幻灯片放映”选项卡中的“从当前幻灯片开始”按钮或按 F5 键进行放映。

（7）保存为“PPT 学习.pptx”，设计完毕。

任务 3　为“PPT 学习.pptx”文件设计动画

幻灯片内容设置好后，可以通过“动画”选项卡为幻灯片中的每一个对象设计动画。动画的设计过程为：选择幻灯片中的某个对象→添加动画→选择动画样式和效果选项→设计时序。动画设计的具体操作方法及步骤如下：

（1）选择“兔子”剪贴画，单击“动画”选项卡“高级动画”组中的“添加动画”按钮，在下拉列表中选择“进入”→“弹跳”选项。

（2）选中“静夜思　李白”所对应的文本框，单击“动画”选项卡“高级动画”组中的“添加动画”按钮，在下拉列表中选择“进入”→“翻转式由远及近”选项。

（3）选中“床上明月光……”所对应的文本框，单击“动画”选项卡“高级动画”组中的“添加动画”按钮，在下拉列表中选择“进入”→“浮入”选项。

这样就为当前幻灯片设置了 3 个动画。此外，在“动画”选项卡的“计时”组中，“开始”可以设置动画响应的触发条件及动画的持续时间和延迟时间，如鼠标单击；“对动画重新排序”可以调整动画出现的顺序。

单击“动画”选项卡“高级动画”组中的“动画窗格”按钮，会弹出如图 6-12 所示的“动画窗格”任务窗格，其中列出了动画序列，可以直接拖拽或按 Delete 键来移动或删除设计好的动画。

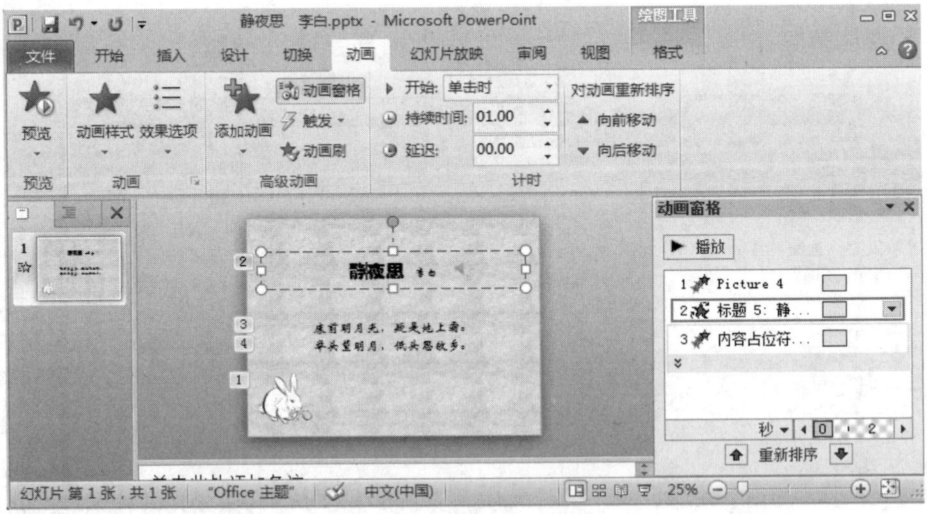

图 6-12　动画设计

（4）保存，动画设计完毕。

任务 4　对“PPT 学习.pptx”文件进行页面设计

操作方法及步骤如下：

（1）单击“设计”选项卡中的“页面设置”按钮，弹出如图 6-13 所示的“页面设置”对话框。在“幻灯片大小”下拉列表框中可以设计幻灯片的大小，比如选择“全屏显示（16:9）”。如果计算机已连接投影仪，则选择“全屏显示（4:3）”。

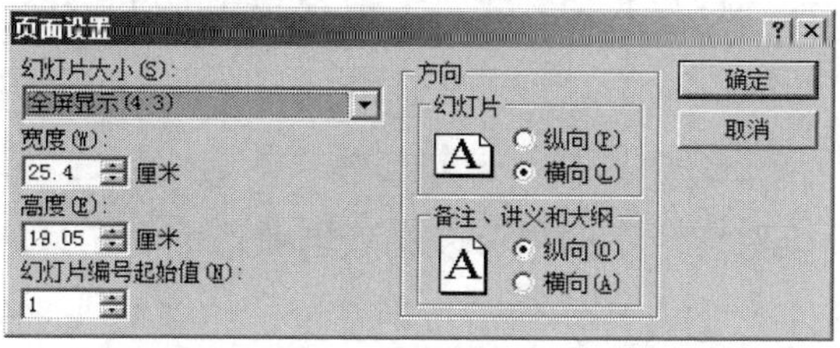

图 6-13　“页面设置”对话框

（2）在“插入”选项卡中单击“页眉和页脚”按钮，弹出如图 6-14 所示的“页眉和页脚”对话框，选中“幻灯片编号”复选项，然后单击“应用”按钮，当前幻灯片右下角将显示幻灯片编号。如果选中“页脚”复选项，还可以在当前幻灯片下方设置页脚内容。

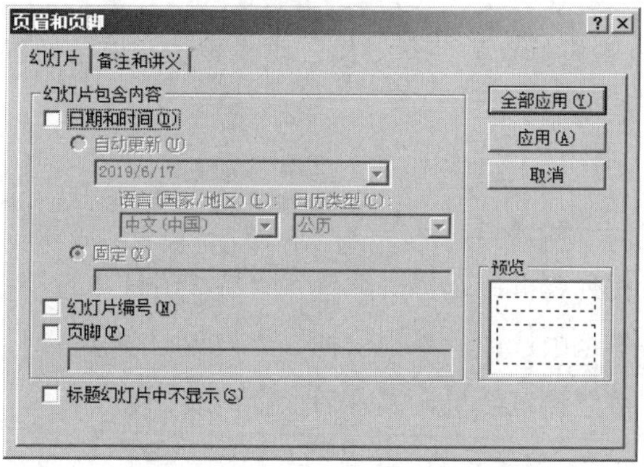

图 6-14　“页眉和页脚”对话框

（3）保存，设计完毕。

实验 6.2　多张幻灯片的制作

实验目的

（1）熟练掌握幻灯片的插入、复制、删除、移动操作。

（2）熟练掌握幻灯片的切换方式和自定义放映方式的设计。

实验内容与操作步骤

任务 1　为“PPT 学习.pptx”文件添加多张幻灯片

为 PPT 文件添加多张幻灯片包括幻灯片的插入、复制、删除、移动操作。在幻灯片设计工作区的左边显示有大纲和幻灯片两种方式，每种方式都可以直接进行幻灯片的插入、复制、删除、移动操作。

在幻灯片视图中选择某张幻灯片，右击并选择“新建幻灯片”或“复制幻灯片”选项可以增加幻灯片，选择“删除幻灯片”选项可以删除当前选中的幻灯片。

在幻灯片视图中选择某张幻灯片，然后按回车键，将新建一张幻灯片，版式与当前幻灯片相同；如果按 Delete 键，则删除当前幻灯片；直接拖拽幻灯片，可以调整幻灯片的位置。

在大纲视图中选择某张幻灯片，仅右键快捷菜单的选项略有不同，大家可以尝试。

依次设计每张幻灯片，最后进行保存，设计完毕。

任务 2　为“PPT 学习.pptx”文件设计切换方式

幻灯片的切换也可以带来特别的视觉效果，操作方法及步骤如下：

（1）选择“切换”选项卡。

（2）在“切换到此幻灯片”组中选择“擦除”方案。

（3）在“效果选项”中选择“自左侧”。

（4）在“声音”下拉列表框中选择“风铃”，“持续时间”选择 1 秒。

（5）在“换片方式”组中选中“单击鼠标”，“设置自动换片时间”设置为 5 秒。

（6）单击“预览”按钮预览效果，满意后保存，设计完毕。

任务 3　为“PPT 学习.pptx”文件设置自定义放映方式

当 PPT 设计完毕后，还可以根据具体情况设置不同的放映方式。设置自定义放映方式的操作方法及步骤如下：

（1）选择“幻灯片放映”选项卡，该选项卡分 3 个组。在“开始放映幻灯片”组中单击“自定义幻灯片放映”按钮。

（2）在下拉列表中选择“自定义放映”选项，弹出如图 6-15 所示的“自定义放映”对话框，目前自定义放映列表中没有任何的自定义方案。

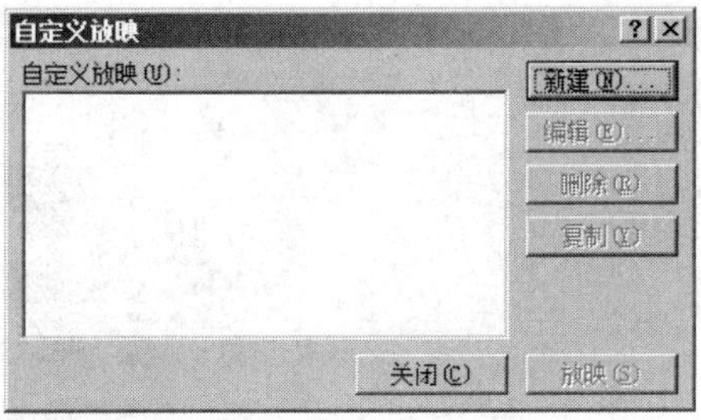

图 6-15　“自定义放映”对话框

（3）单击“新建”按钮，弹出如图 6-16 所示的“定义自定义放映”对话框，在“幻灯片放映名称”文本框中输入“课间播放”，从左侧的列表框中选择幻灯片添加到右侧的列表框中，单击“确定”按钮回到“自定义放映”对话框中，此时发现“自定义放映”列表框中多了一项“课间播放”，单击“关闭”按钮完成了一个播放方案的设置。

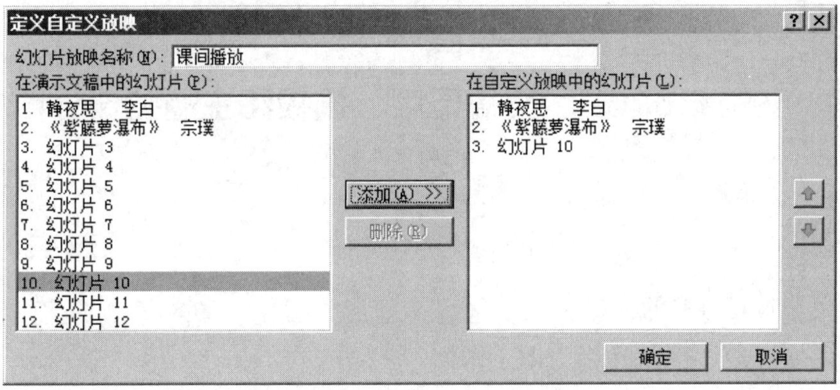

图 6-16　“定义自定义放映”对话框

（4）再单击“自定义幻灯片放映”按钮，下拉列表中就多了“课间播放”选项，可以选择这一放映方式。

（5）在“设置”组中单击“设置幻灯片放映”按钮，弹出如图 6-17 所示的“设置放映方式”对话框。在“自定义放映”下拉列表框中选择“课间播放”，在“放映选项”区域中选择“放映时不加动画”复选项。

（6）在“多监视器”组中，可以选择放映时的屏幕显示分辨率，如果有两个显示器，还可以选择“显示演示者视图”复选项，最后单击“确定”按钮。

（7）单击“从头开始”按钮或按 F5 键，开始以“课间播放”这一自定义放映方式进行播放。

（8）保存，设计完毕。

说明：若在“设置放映方式”对话框中选择了“放映时不加动画”复选项，则幻灯片放映时将不显示任何动画，因此它相当于设置了一键取消所有动画的功能。

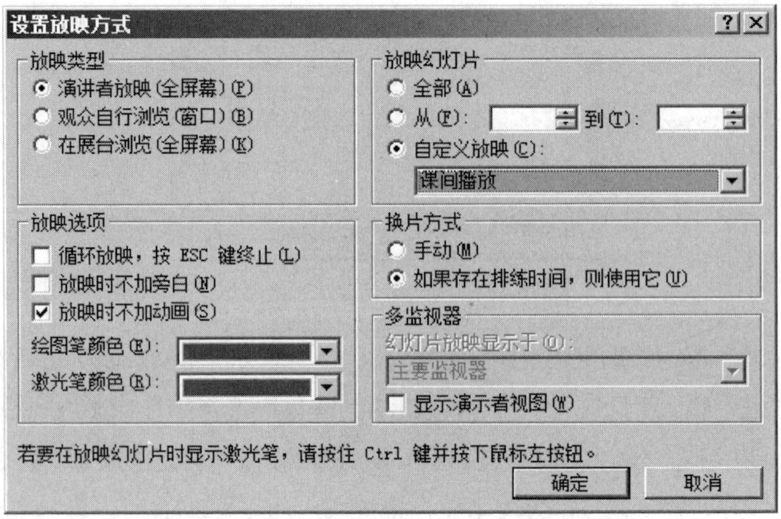

图 6-17 “设置放映方式”对话框

实验 6.3 演示文稿母版、模板和主题的设计

实验目的

（1）熟练掌握超链接的使用。

（2）熟练掌握幻灯片母版、模板的使用。

（3）熟练掌握幻灯片母版的设计过程。

（4）熟练掌握在母版中启用超连接和动作设置的方法。

实验内容与操作步骤

任务 1 为“PPT 学习.pptx”文件添加一张目录幻灯片并插入超链接

操作方法及步骤如下：

（1）插入一张幻灯片，启用版式“标题与内容”，在“标题”文本框中输入“目　录”，设置好字体和字号；在“添加文本内容”文本框中输入 3 行文字：古诗欣赏、散文欣赏、小说欣赏。

（2）选择“古诗欣赏”这行文字，在“插入”选项卡中单击“超链接”按钮，弹出如图 6-18 所示的对话框，在“链接到”列表框中选择“本文档中的位置”，在“请选择文档中的位置”列表框中选择“1.静夜思　李白”这张幻灯片，此外还可以设置“屏幕提示”，最后单击“确定”按钮。

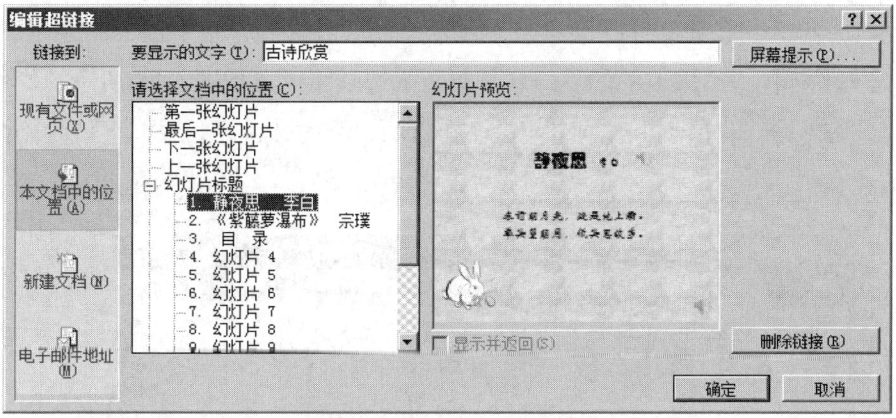

图 6-18　“编辑超链接”对话框

这样就给当前幻灯片中的“古诗欣赏”文字增加了一个超链接，显示蓝色并多了下划线，放映时单击此处文字，画面将跳转至“1. 静夜思　李白”这张幻灯片。

（3）依次对第二行文字“散文欣赏”和第三行文字“小说欣赏”插入超链接，设置完成后幻灯片显示如图 6-19 所示。

图 6-19　目录样张

（4）保存，设计完毕。

任务 2　为“PPT 学习.pptx”文件设置母版

母版是 PPT 设计中最常用的功能，其操作方法及步骤如下：

（1）选择“视图”选项卡，可以看到 3 种母版：幻灯片母版、讲义母版和备注母版。讲义母版用于打印设计，备注母版作备注用，一般幻灯片播放时并不显示备注内容。幻灯片母版用于设计所有幻灯片公有的部分，一旦在母版里设置了，所有幻灯片都将具有这一设置，所以熟练掌握幻灯片母版的设计制作将会给整个演示文稿的设计制作带来极大的方便。

（2）选择“视图”选项卡中的“幻灯片母版”选项将进入如图 6-20 所示的幻灯片母版设计界面，上方有“幻灯片母版”选项卡，这仅在母版设计时才出现，中间区域为幻灯片母版设计区。

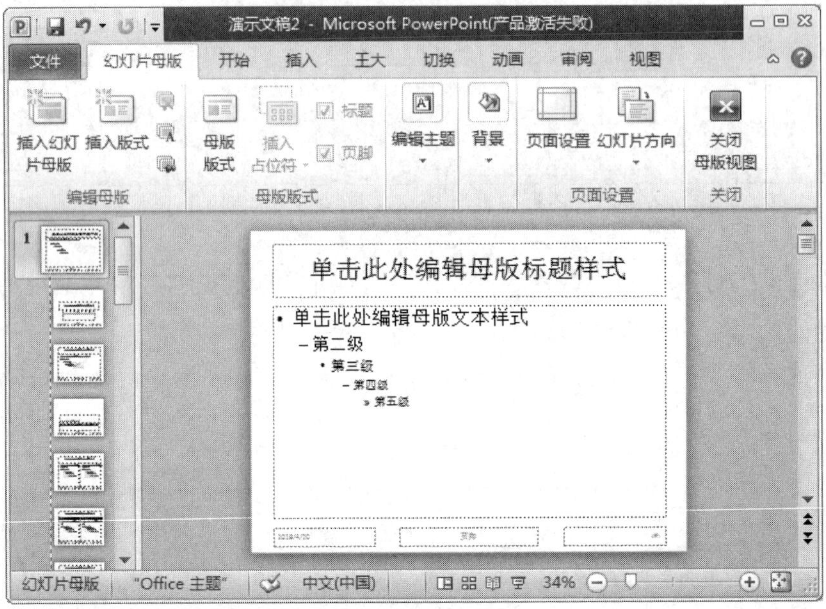

图 6-20　幻灯片母版设计

母版设计区分为两块：左边是各类版式对应的幻灯片母版缩微图，类似于目录；右边是相应的幻灯片母版设计。

幻灯片母版的设计制作过程类似于单张幻灯片，由于这里设计的所有幻灯片中都将出现，所以一般幻灯片母版中只就所有幻灯片的公有部分，如各类版式的格式行规范、页脚、超链接等进行设计。

系统默认的幻灯片母版共 12 张，其中第一张母版不妨称之为主母版，属于大家公有，作用于所有母版和幻灯片，它上面的设置在另外 11 张母版上均会出现。另外 11 张母版分别对应一个具体的版式而设计，作用也仅限启用了相应版式的幻灯片，所以不妨称之为版式母版。

一般只就已有的默认的 12 种幻灯片版式进行设计就已够用，但也可以类似于幻灯片的操作一样来增加或删除母版，一张幻灯片只需启用相应的版式就将引用相应幻灯片母版的设置。

母版的设计给整个演示文稿的设计带来了极大的方便，而在母版中设计动作或超链接则可以使得演示文稿在放映时更加随心所欲地跳转浏览。现在通过依次完成下面的操作步骤来感受一下母版中超链接及动作的设置。

（3）选择第一张主母版，设置背景为“信纸”纹理。

（4）在母版的右下角插入剪贴画“佛教，神陀……”，调整好大小。

（5）把母版下方的日期、页脚和幻灯片序号 3 个文本框删除。

（6）在母版中（刚才删除的 3 个文本框位置）插入一个文本框，输入“首张”，设置好字体和字号，在“编辑主题”组中选择适当的“颜色”和“效果”；复制“首张”对应的文本框，依次粘贴 5 次，排列整齐，并分别把文字改为“下一张”“上一张”“末张”“目录”和“结束”。

（7）选择“首张”对应的文本框，在“插入”选项卡中单击“动作”按钮，弹出如图 6-21 所示的“动作设置”对话框，在其中选择“超链接到”单选项，在下拉列表框中选择“第一张幻灯片”，然后单击“确定”按钮。

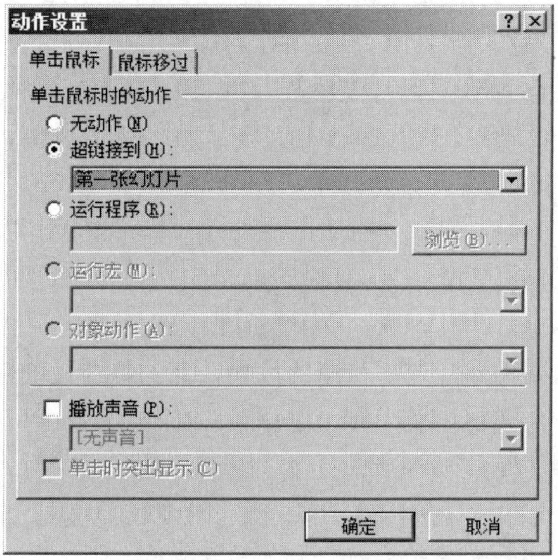

图 6-21　“动作设置”对话框

（8）类似于“首张”的动作设置，依次对“下一张”“上一张”“末张”“目录”和“结束”等文本框通过“插入”选项卡中的“动作”按钮设置超链接到下一张、上一张、最后一张、目录和结束放映。至此，母版设计完毕，如图 6-22 所示。

（9）切换到“普通视图”，会发现各张幻灯片都已具有母版中的设置。按 F5 键进行放映，欣赏一下自己的作品，最后保存，母版设计完毕。

说明：“动作”和“超链接”功能类似，都可以做超链接，但它们之间还是有一些差异：动作设置触发条件可以为鼠标单击和移动，而超链接只能是鼠标单击；对于文字作超接会显示出下划线，而“动作”设置的文字没有下划线，当然如果选择文字对应的文本框，超链接也一样没有下划线。

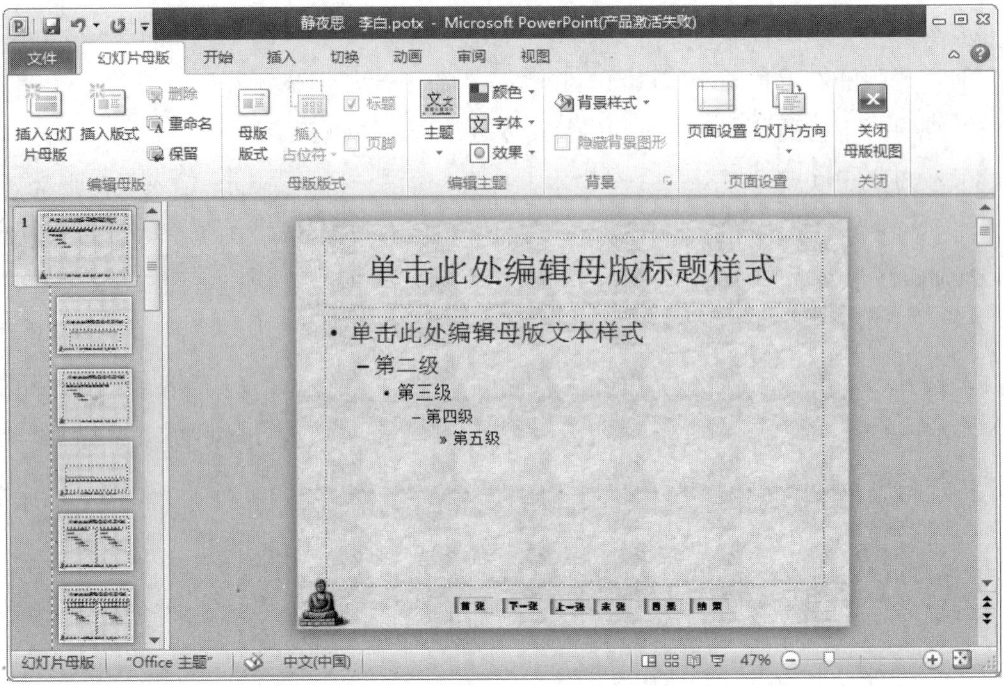

图 6-22 母版设计

任务 3 将“PPT 学习.pptx”文件保存为模板并引用

幻灯片母版可以让多张幻灯片保持相同的风格，而幻灯片模板则可以让多个 PPT 文件具有相似的风格。自定义模板的操作方法及步骤如下：

（1）打开已有的文件“PPT 学习.pptx”。

（2）选择“文件”选项卡的“另存为”命令，在“另存为”对话框中选择保存类型“PowerPoint 模板（*.potx）”，单击“保存”按钮，模板文件建立完毕，系统自动将其保存在“我的模板”中。

（3）关闭文件“PPT 学习.pptx”，单击“文件”选项卡中的“新建”命令，如图 6-23 所示。

（4）单击“我的模板”图标，在弹出的对话框中选择刚刚保存的模板，单击“确定”按钮，再单击“创建”按钮。

（5）进入新建的文件后，你会发现它与文件“PPT 学习.pptx”的内容一模一样。

说明：如图所示新建文件界面中有“样本模板”和“主题”模板，可以根据个人的喜好来选用，还可以临时选择“根据现有内容新建”使得新建的文件与某文件一致。

图 6-23　新建文件

实验 6.4　PowerPoint 2010 打包与打印

实验目的

（1）熟悉 PowerPoint 2010 打包至 CD 或文件夹的过程。

（2）熟悉创建视频文件、创建讲义和打印演示文稿的过程。

实验内容与操作步骤

任务 1　将“PPT 学习.pptx”文件打包成 CD

演示文稿文件制作完成后，可以进行打包操作，但打包后的文件并不能直接运行。如果打包到 CD，自动运行还需要安装 PowerPoint Viewer 2010；如果创建视频文件，则需要有相应的播放器才可以播放。

选择“文件”选项卡中的“保存并发送”命令，进入如图 6-24 所示的界面，这里重点关注“文件类型”下方的“创建视频”“将演示文稿打包成 CD”和“创建讲义”。

将“PPT 学习.pptx”文件打包成 CD，操作方法及步骤如下：

（1）在“保存并发送”界面中选择“将演示文稿打包成 CD”，界面右侧将出现“打包成

CD”快捷图标按钮，单击它弹出如图 6-25 所示的对话框。

图 6-24 保存并发送

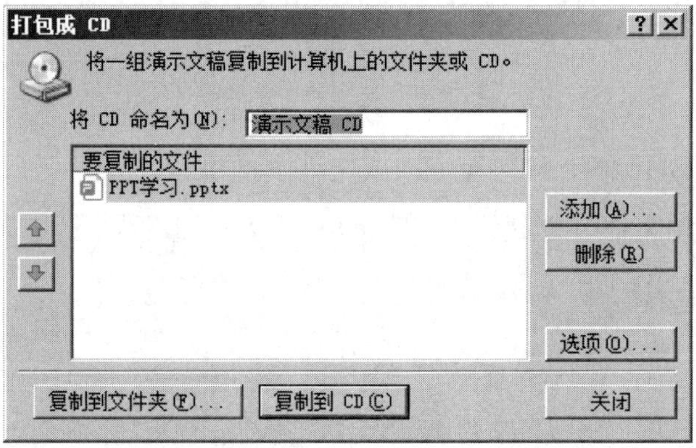

图 6-25 “打包成 CD”对话框

（2）在列表框中选择要打包的演示文稿文件“PPT 学习.pptx”。

（3）在“将 CD 命名为”右侧的文本框中输入新的名称。

（4）单击“选项”按钮会弹出设置密码的对话框，在其中设置打开和修改演示文稿的密码。

（5）单击“复制到文件夹”按钮或“复制到 CD”按钮。若单击“复制到文件夹”按钮，将弹出如图 6-26 所示的对话框，单击“确定”按钮，在弹出的新对话框中单击“是”按钮，系统开始打包，显示如图 6-27 所示的“演示文稿 CD”文件夹窗口，在其中可以看到打包后的文件。如果文件夹中的内容是复制到 CD，光盘插入驱动器就将自动播放。至此，打包结束。若单击“复制到 CD”按钮，操作类似，只是最后一步会弹出光驱托盘，要求放进 CD，最终将文件打包到 CD 中。

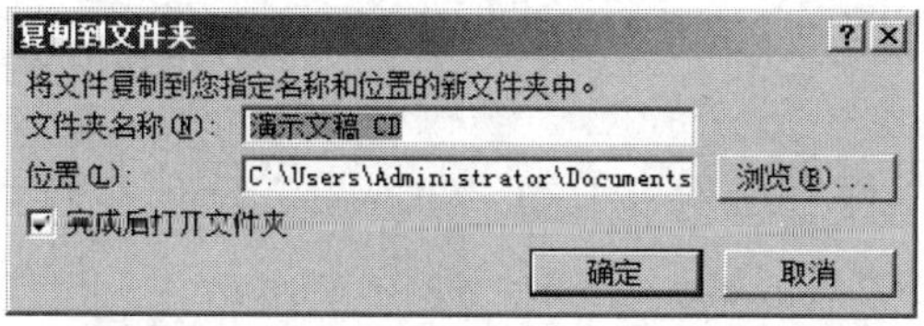

图 6-26　“复制到文件夹”对话框

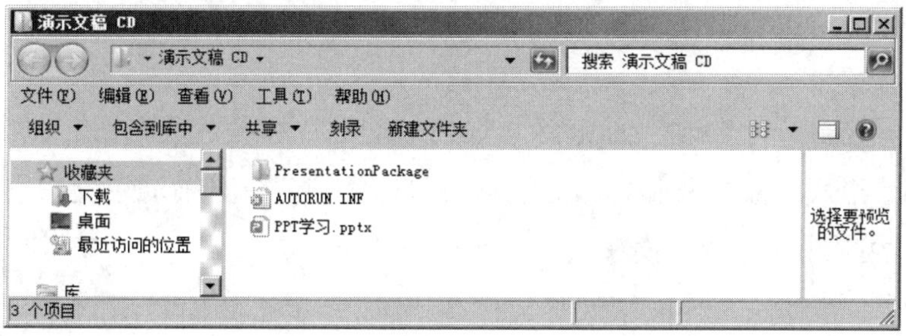

图 6-27　“演示文稿 CD”文件夹窗口

任务 2　为“PPT 学习.pptx”文件创建视频文件

操作方法及步骤如下：

（1）在“保存并发送”界面中选择“创建视频”，将出现如图 6-28 所示的界面。

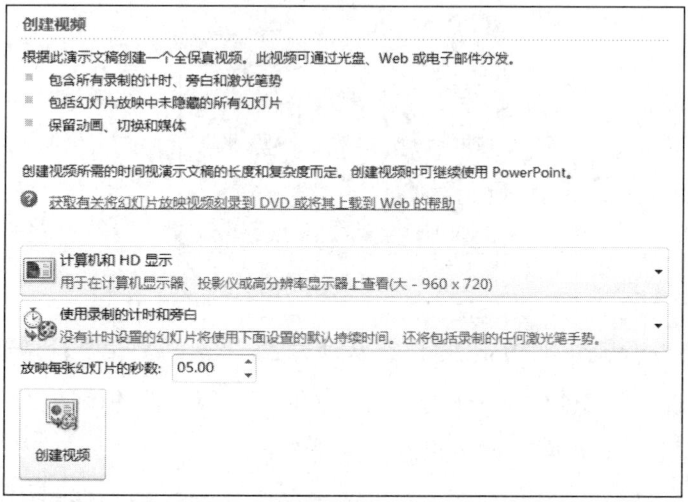

图 6-28　创建视频

（2）在“计算机和 HD 显示”下拉列表框中设置屏幕和投影仪的分辨率。

（3）在“使用录制的计时和旁白”下拉列表框中选择录制的计时和旁白。

（4）设置每张幻灯片放映的秒数。

（5）单击“创建视频”快捷图标按钮，弹出“另存为”对话框，此时的文件类型为“Windows Media 视频（*.wmv）”，文件名为“PPT 学习.wmv”。该视频文件一般的播放器都可以打开。

此外，还可以通过“文件”选项卡中的“另存为”选项打开“另存为”对话框，在“文件类型”下拉列表框中选择“Windows Media 视频（*.wmv）”，一样可以生成视频文件，只是少了些细节；选择“PowerPoint 放映（*.ppsx）”，可以生成放映文件。

任务 3　为“PPT 学习.pptx”文件创建讲义

创建讲义就是创建一个包含当前演示文稿中的幻灯片和备注的 Word 文档，然后使用 Word 来设置讲义布局、格式和添加其他内容，也可以打印该讲义。当前演示文稿发生更改时，可以自动更新讲义中的幻灯片。具体操作方法及步骤如下：

（1）在“保存并发送”界面中选择“创建讲义”，单击界面右侧的“创建讲义”快捷图标按钮，弹出如图 6-29 所示的对话框。

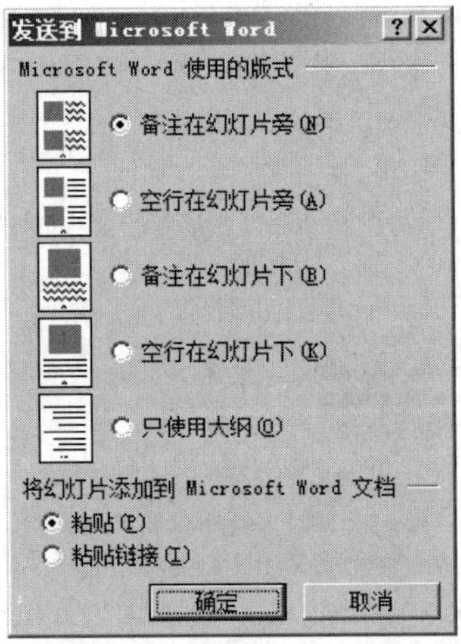

图 6-29　讲义使用的版式

（2）在其中可以看到创建 Word 文档有两种方式：“粘贴”和“粘贴链接”。

- 利用“粘贴”方式创建 Word 文档，当前演示文稿文件的内容将全部复制到新创建的 Word 文档中，但此后两者之间没有任何关系。
- 选择“粘贴链接”方式创建，则当前演示文稿文件只是链接到新创建的 Word 文档中，在相应 Word 文档中展示的内容其实本身就是当前演示文稿文件中的内容，同为一体，所以当前演示文稿文件的内容发现变化时，Word 文档中的内容自然也会跟着发生变化。

（3）单击“确定”按钮，系统会自动启动 Word 并将当前演示文稿的内容创建到 Word 文档中。

（4）在 Word 中设置、修饰、修改新创建的讲义，最后进行“保存”或“打印”操作。

任务 4　打印文件“PPT 学习.pptx”

操作方法及步骤如下：

（1）选择“文件”选项卡中的“打印”选项，进入如图 6-30 所示的“打印”界面。

图 6-30　“打印”界面

（2）单击“整页幻灯片”时将展开如图 6-31 所示的“打印版式”界面。

（3）选择“6 张水平放置的幻灯片”。

（4）选择“幻灯片加框”选项。

（5）单击“打印”按钮，系统开始打印“PPT 学习.pptx”文件。

说明：如图 6-30 所示的界面中还有“打印机属性”“打印份数”等选项，与 Word 等一般文档中的打印设置一样，这里不再赘述。

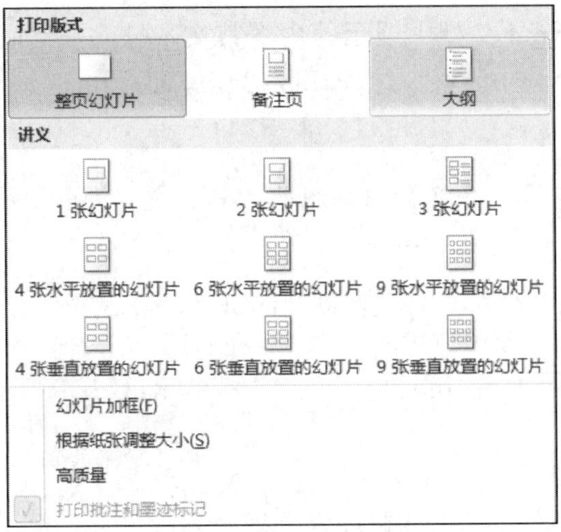

图 6-31　打印版式

实验 6.5　几个幻灯片制作实例

实验目的

（1）熟悉相册的制作方法。

（2）强化切换方式等动画可以带来的视觉效果。

（3）掌握主题的引用。

（4）熟悉 Word 文档的导入功能。

（5）了解自由版式的设计。

（6）掌握背景音乐的设计。

实验内容与操作步骤

任务 1　相册的制作

操作方法及步骤如下：

（1）在桌面上建立一个名为“相册”的文件夹，复制多个图片文件至该文件夹中。

（2）新建一个 PPT 文件，单击“插入”选项卡“图像”组中的“相册”下拉按钮，在下拉列表中选择“新建相册”选项，弹出如图 6-32 所示的“相册”对话框。

（3）单击“文件/磁盘”按钮，在弹出的对话框中打开桌面上的“相册”文件夹并选择其中的所有相片文件，然后单击“插入”按钮回到“相册”对话框。

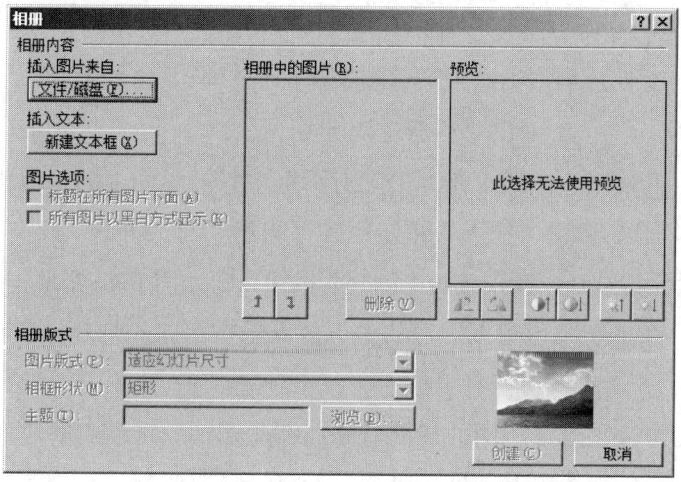

图 6-32 “相册”对话框

（4）选择“图片版式”为 4 张图片，“相框形状”为柔化边缘矩形，“主题”通过“浏览”按钮设置为 Aspect.thmx。

（5）单击“创建”按钮，当前 PPT 增加了几张幻灯片，相册效果图如图 6-33 所示。

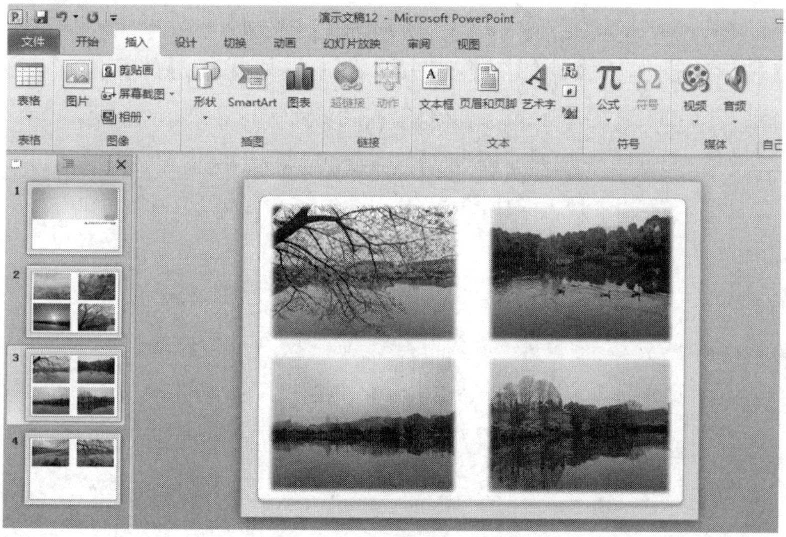

图 6-33 相册效果图

（6）在“相册”按钮的下拉列表中选择“编辑相册”选项再次进入“相册”对话框，修改如上的选项，直到满意为止。

（7）保存为“相册.pptx”，相册设计完毕。

任务 2 切换的设计

幻灯片的动画设计非常丰富，而切换的方式一样可以使得幻灯片放映的效果非常新颖。

下面给出一立体切换的操作方法及步骤，如下：

（1）新建 PPT 文件，单击“插入”选项卡“图像”组中的“相册”下拉按钮，在下拉列表中选择“新建相册”选项，弹出“相册”对话框。

（2）单击“文件/磁盘”按钮，在弹出的对话框中打开桌面上的“相册”文件夹并选择其中的所有相片文件，然后单击“插入”按钮回到“相册”对话框。

（3）其他选项保持默认，直接单击“创建”按钮，则当前 PPT 文件中已多了很多幻灯片，每张幻灯片中贴了一张图片（也可以通过其他方式保证有多张幻灯片，并且每张幻灯片均贴有一张图片）。

（4）对每张幻灯片均设计相同的切换方式：在“切换”选项卡的“切换到此幻灯片”中选择“立方体”，在“效果选项”下拉列表框中选择“自左侧”。

（5）按 F5 键放映，便可看到立体切换的效果。

（6）保存，设计完毕。

任务3　主题的引用

主题是模板，它的引用有两种方式：一种是新建 PPT 文件时选用“主题”模板，另一种是在“设计”选项卡中操作。设计如图 6-34 所示的主题引用幻灯片，操作方法及步骤如下：

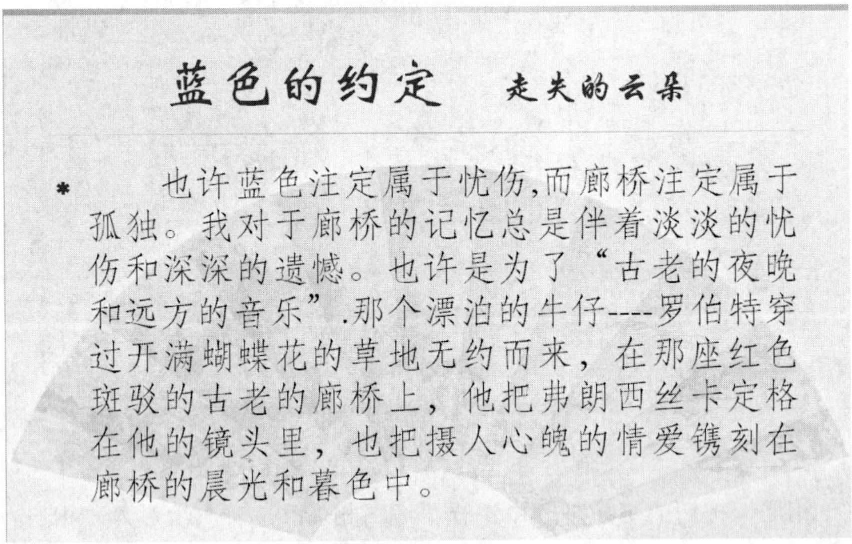

图 6-34　主题引用

（1）新建 PPT 文件，在当前幻灯片中设计版式“标题和内容”。

（2）在“标题”文本框中输入“蓝色的约定……”，在“内容”文本框中输入“也许蓝色……”，分别设计好字体、字号和对齐方式。

（3）选择“设计”选项卡，在主题中选择“香风扑面”，得到如图所示的幻灯片。

（4）保存，设计完毕。

说明：①在此操作中，可以尝试其他的主题；②每选择一个主题，查看一下母版的变化；③在新建时查看“主题”模板。

任务 4　Word 文档的导入

经常会为 Word 文档建立 PPT，单张复制效率极低，为此系统提供了极为简单的导入功能，操作方法及步骤如下：

（1）建立一个 Word 文档。

（2）将文档中的所有标题设置为“标题 1”样式，将所有正文段落设置为“标题 2”样式。结果如图 6-35 所示。

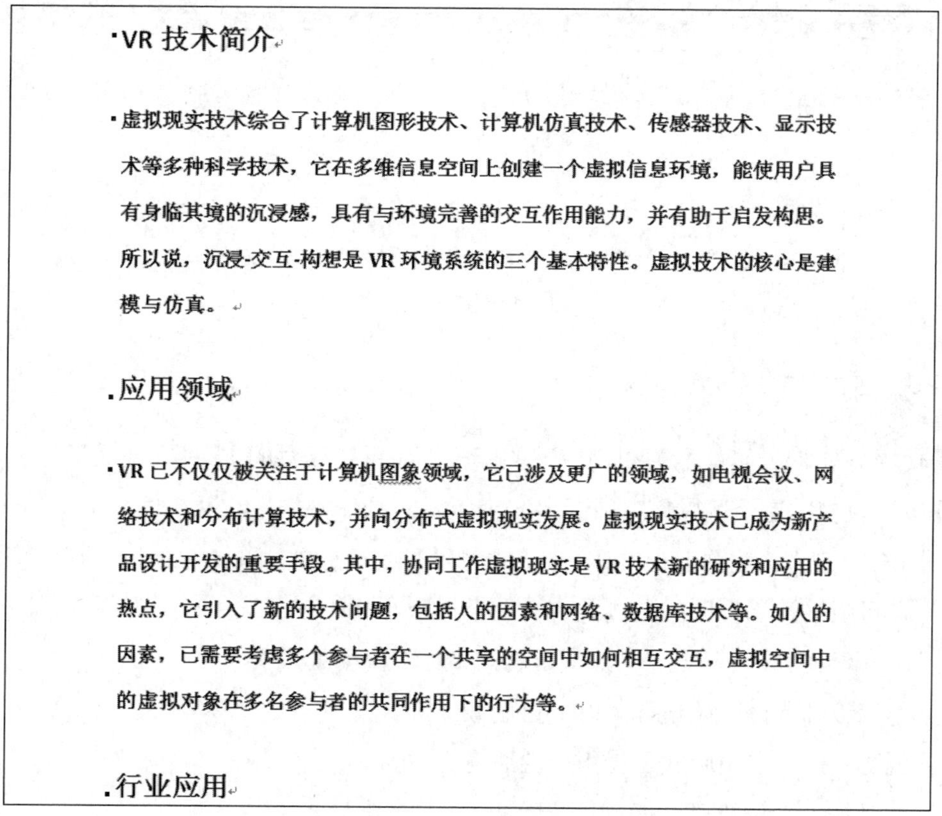

·VR 技术简介

·虚拟现实技术综合了计算机图形技术、计算机仿真技术、传感器技术、显示技术等多种科学技术，它在多维信息空间上创建一个虚拟信息环境，能使用户具有身临其境的沉浸感，具有与环境完善的交互作用能力，并有助于启发构思。所以说，沉浸-交互-构想是 VR 环境系统的三个基本特性。虚拟技术的核心是建模与仿真。

.应用领域

·VR 已不仅仅被关注于计算机图象领域，它已涉及更广的领域，如电视会议、网络技术和分布计算技术，并向分布式虚拟现实发展。虚拟现实技术已成为新产品设计开发的重要手段。其中，协同工作虚拟现实是 VR 技术新的研究和应用的热点，它引入了新的技术问题，包括人的因素和网络、数据库技术等。如人的因素，已需要考虑多个参与者在一个共享的空间中如何相互交互，虚拟空间中的虚拟对象在多名参与者的共同作用下的行为等。

.行业应用

图 6-35　Word 样张

（3）保存后关闭。

（4）打开 PowerPoint，选择“文件”选项卡中的“打开”命令，弹出“打开”对话框，选择“文件类型”为“所有大纲”，找出刚保存的 Word 文件，单击“确定”按钮，便可得到如图 6-36 所示的文档导入的幻灯片内容。

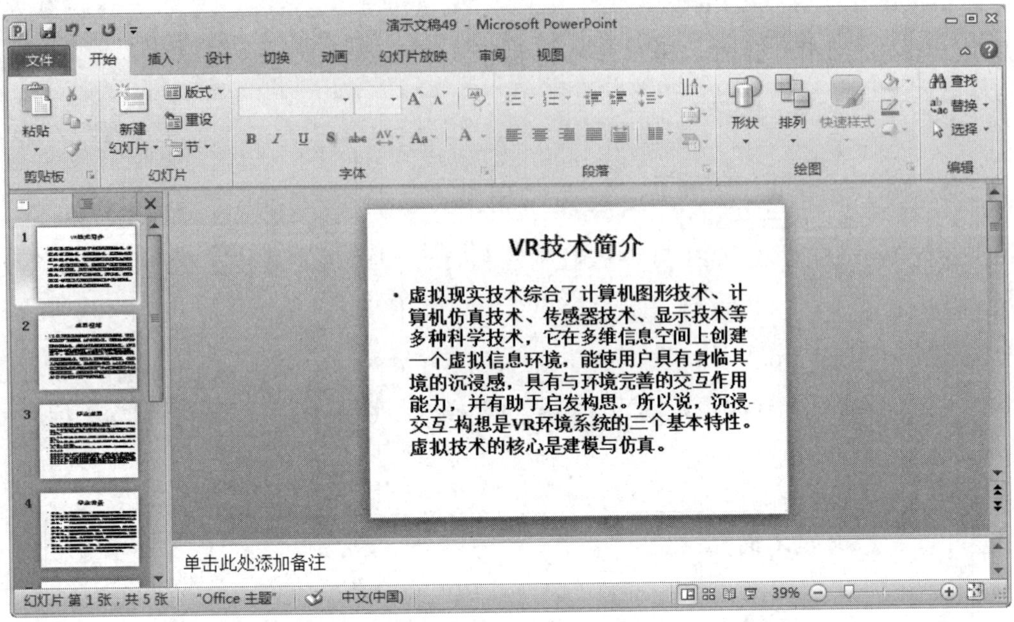

图 6-36　Word 文档导入

（5）保存，设计完毕。

说明：①Word 文档必须要采用标题样式，否则不会导入；②导入也可以通过 Word 中的“发送到 Microsoft PowerPoint”快捷按钮来实现。

任务 5　自由版式的设计

经常使用 PPT 时，可能需要引用特殊的版式，而系统提供的 11 种版式又不符合需要，如果该版式应用较多，完全可以修改或新建一个版式。具体操作方法及步骤如下：

（1）单击“视图”选项卡中的“幻灯片母版”按钮，进入如图 6-20 所示的母版设计界面。

（2）在母版设计工作区的左侧共有 12 个母版，从中任意选中一个母版并按回车键，将在最后新增一个新的母版，通过右键重命名为“PPT 自由版式”。

（3）返回设计界面开始设计“PPT 自由版式”。

（4）删除“PPT 自由版式”母版中的所有占位符。

（5）通过插入占位符可以任意设计版式。

（6）为了醒目，给“PPT 自由版式”设计一蓝色背景。

（7）返回至幻灯片普通视图，在“开始”选项卡的“版式”下拉列表中多了“PPT 自由版式”版式。

至此，自由版式设计完毕。

说明： 占位符的作用，一是固定对象的位置，二是固定对象所占的空间大小。版面设计的固定完全依赖占位符。PPT 中有多种占位符，图 6-20 中直接显示的是“标题”和“页脚”，在“插入占位符”下拉列表中还显示有多种其他占位符。

任务 6　给 PPT 文件作背景音乐

为了在幻灯片放映时能欣赏到音乐，可以在设计中增加背景音乐。具体操作方法及步骤如下：

（1）在第一张幻灯片中，单击“插入”选项卡“媒体”按钮下拉列表中的“音频”→“文件中的音频”选项，在弹出的对话框中选择一个声音文件。

（2）第一张幻灯片中多了一个音频对象“喇叭”，用鼠标选中它，这时当前窗口上方出现了“音频工具”选项卡，包括“格式”和“播放”两项。

（3）选择“播放”选项卡，如图 6-37 所示。

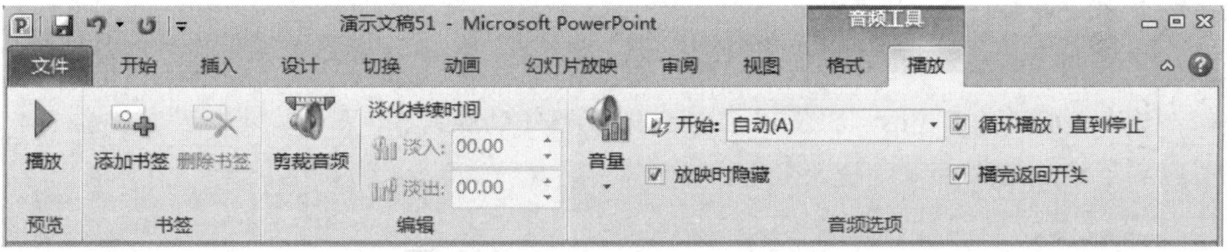

图 6-37　“播放”选项卡

（4）在“音频选项”组中，设置“开始”为“自动”，同时选中“循环播放，直到停止”“播完返回开头”和“放映时隐藏”3 个复选项。

（5）按 F5 键放映试听，然后保存，设计完毕。

思考与综合练习

设计“个人简介”PPT 文件，具体要求如下：

（1）幻灯片 8 张以上，所有幻灯片的背景相同。

（2）所有幻灯片中引用的版式必须达到 4 种以上。

（3）必须包含文字、声音、图像、剪贴画、图表、SmartArt 图形等对象。

（4）每张幻灯片均必须设置动画并选用恰当的切换方式。

（5）第一张幻灯片的内容必须包含学号、姓名、性别、班级等文字并附有相片。

（6）从第二张幻灯片开始，可以根据个人的喜好自由设计相应的内容。

第 7 章　计算机网络

知识要览

本章主要内容包括:

- 掌握 Windows 7 操作系统网络配置的一般方法，包括网络连接方式、IP 地址、网关地址、DNS 域名地址的基本配置，通过命令测试网络连接情况，并能组建局域网共享资源。
- 掌握用 Internet Explorer 浏览 Web 页以及查询、检索信息的一般方法，访问网络资源。
- 掌握 Outlook Express 的使用，熟悉电子邮件的收发。

实验 7.1　局域网组网

实验目的

（1）掌握 TCP/IP 的设置方法。

（2）掌握常用网络命令。

（3）学习如何组建一个小型局域网，熟悉“网上邻居”的设置，掌握资源共享的方法。

实验内容与操作步骤

任务 1　TCP/IP 的设置方法

操作方法及步骤如下：

（1）右击桌面上的“网络”图标并选择“属性”选项，如图 7-1 所示。

（2）在“网络和共享中心”窗口中单击“更改适配器设置”选项，如图 7-2 所示。

（3）在“本地连接”图标上右击并选择“属性”选项，如图 7-3 所示。

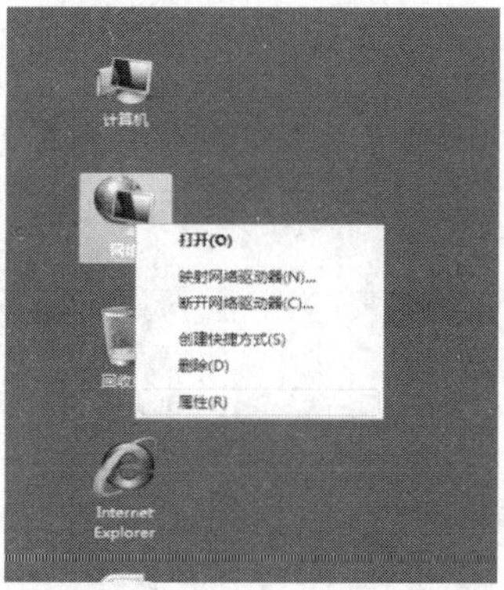

图 7-1　“网络”图标的右键快捷菜单

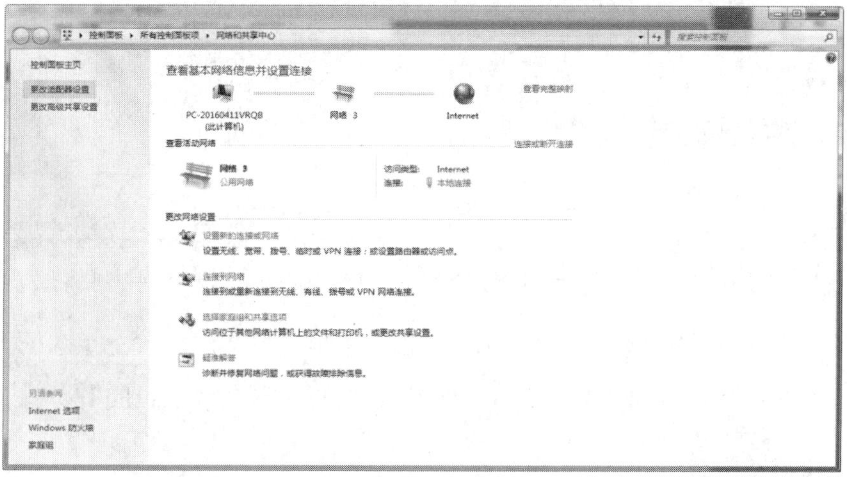

图 7-2　“网络和共享中心”窗口

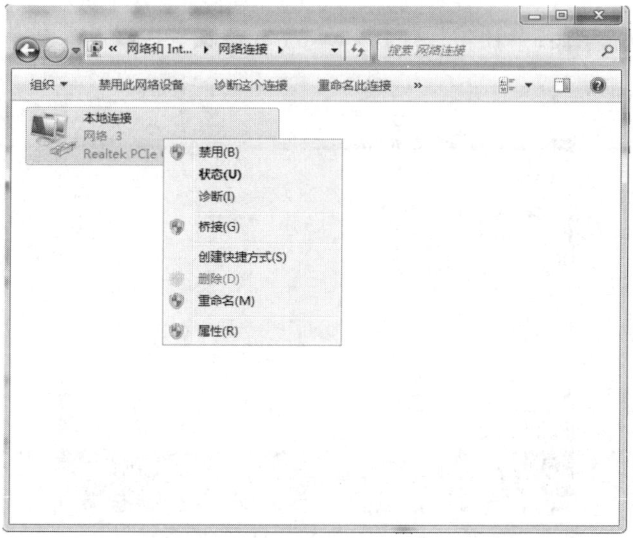

图 7-3　“本地连接”的右键快捷菜单

（4）弹出“本地连接 属性”对话框，在“网络”选项卡的“此连接使用下列项目”列表框中选择“Internet 协议 4（TCP/IPv4）”复选项，单击“属性”按钮，弹出“Internet 协议版本 4（TCP/IPv4）属性”对话框，如图 7-4 所示。

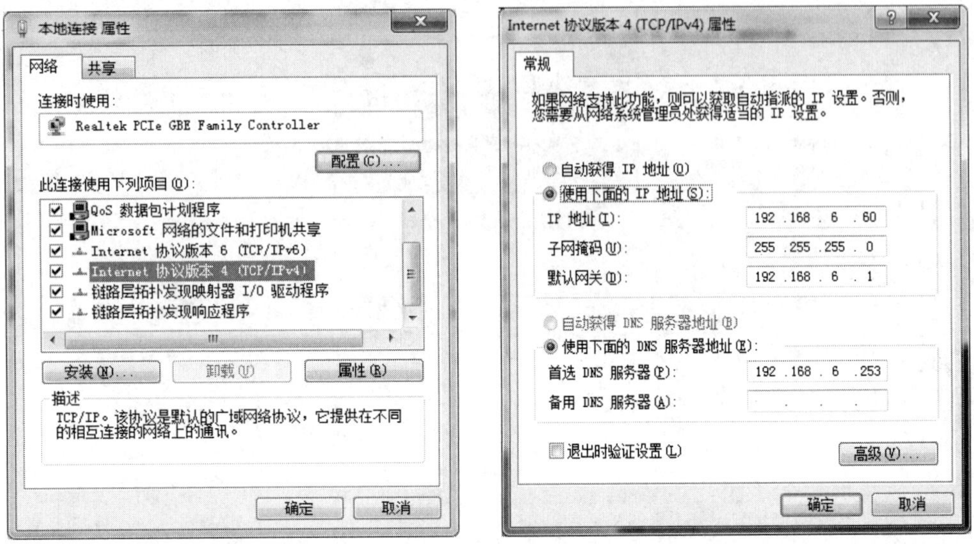

图 7-4 “本地连接 属性”对话框和“Internet 协议版本 4（TCP/IPv4）属性”对话框

（5）在其中设置 IP 地址为 192.168.6.60，子网掩码为 255.255.255.0，默认网关为 192.168.6.1，DNS 服务器 IP 地址为 192.168.6.253。同样设置其他主机的 IP。

任务 2 网络常用命令

操作方法及步骤如下：

（1）单击桌面左下角的“开始”按钮，然后在“搜索程序和文件”文本框中输入 cmd，如图 7-5 所示。

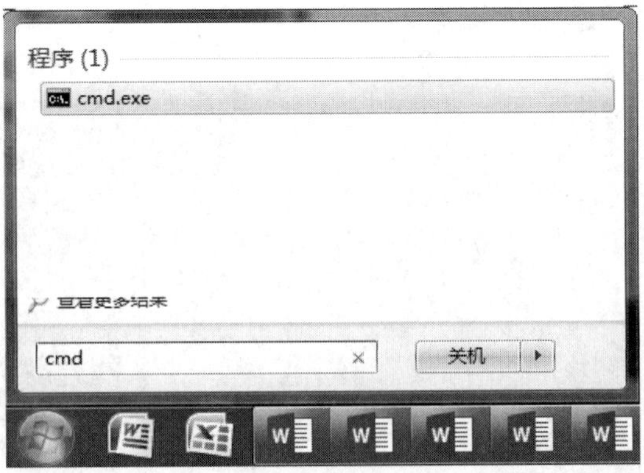

图 7-5 “开始”按钮上拉菜单

（2）按回车键，打开 Windows 命令行窗口，如图 7-6 所示。

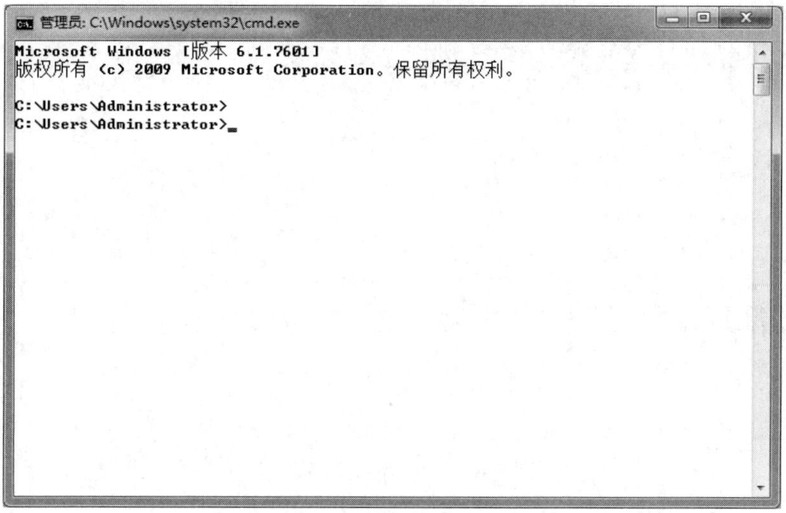

图 7-6　Windows 命令行窗口

（3）通过 ipconfig 命令查看任务 1 中配置的 IP 地址是否已生效，如图 7-7 所示。如果想知道更多的信息，可以用 ipconfig /all 命令。如果想了解 ipconfig 更多的功能，可以通过 ipconfig /?命令来查看。

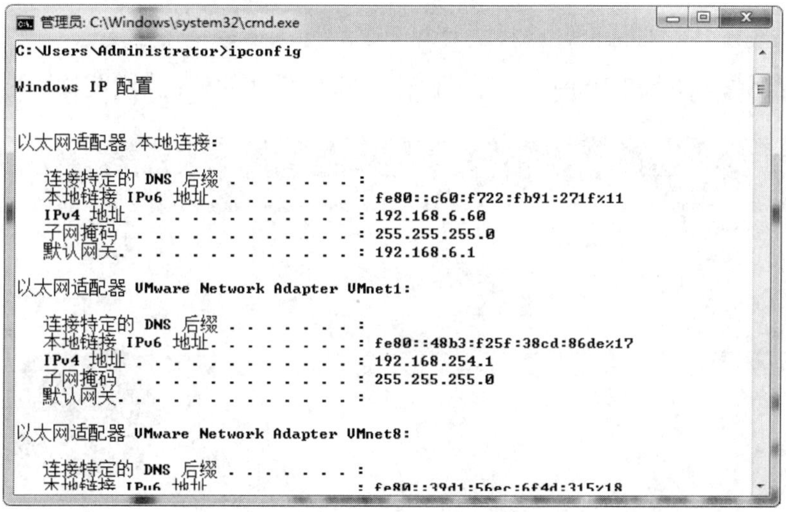

图 7-7　查看本机 IP 地址信息

（4）查看 IP 地址设置正确以后，再输入 ping 192.168.6.66，测试配置的机器之间是否网络连通，如图 7-8 所示，图的上部表示本机与 192.168.6.66 主机之间网络是连通的，图的下部表示本机与 192.168.6.90 主机之间没有连通。想知道更多 ping 命令的参数，可以输入 ping /?查看。

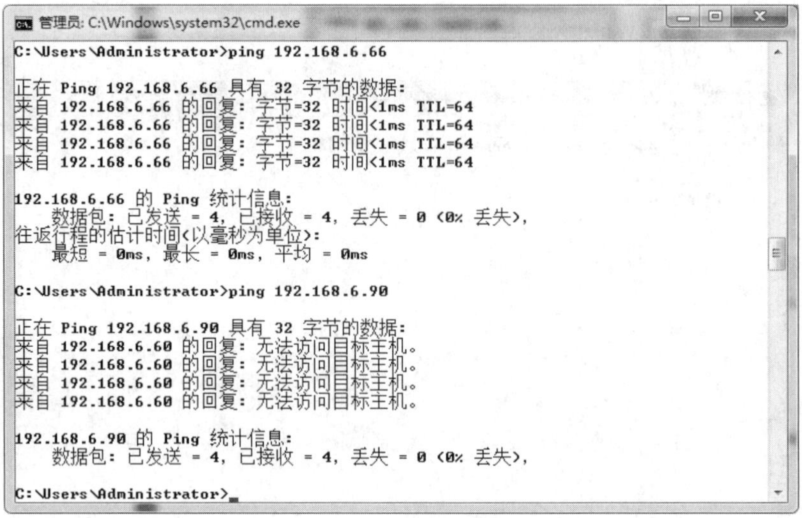

图 7-8　查看 ping 命令结果

任务 3　设置资源共享

操作方法及步骤如下:

(1)在任务 2 网络可连通的基础上，在本主机上设置工作组。右击桌面上的“计算机”图标，选择“属性”命令，打开“计算机基本信息”窗口，如图 7-9 所示。单击“高级系统设置”选项，弹出“系统属性”对话框，选择“计算机名”选项卡，单击“更改”按钮，弹出“计算机名/域更改”对话框，如图 7-10 所示，为每台计算机设置相同的工作组名称和不同的计算机名。

图 7-9　“计算机基本信息”窗口

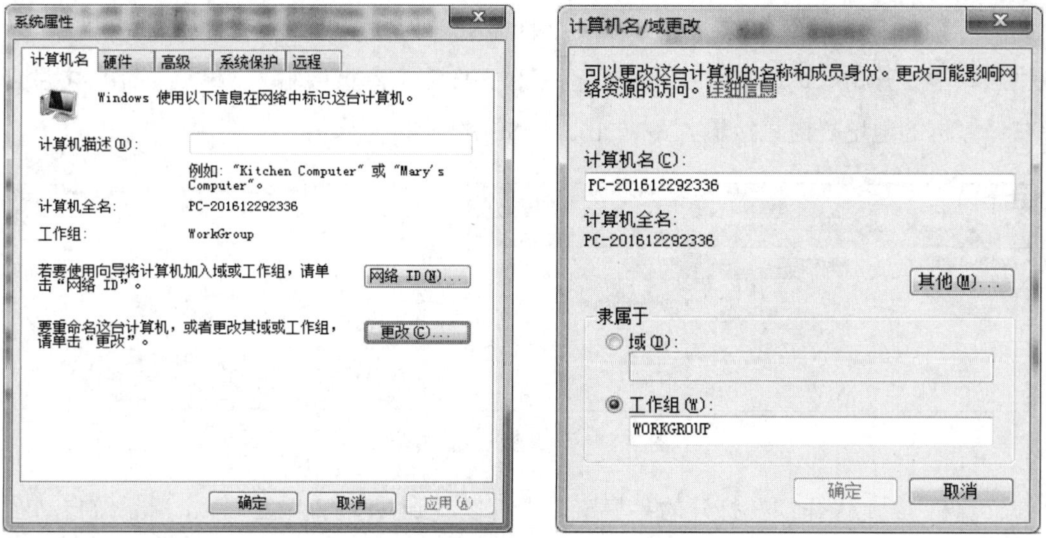

图 7-10 设置工作组和计算机名

（2）创建和访问共享文件夹。

1）在计算机 A 的“资源管理器”窗口中选择要共享的文件夹 D:\ABC。

2）右击文件夹 ABC，从弹出的快捷菜单中选择“共享”选项。

3）在弹出的“共享”对话框中选中“在网络上共享这个文件夹”，单击“确定”按钮，这样在 ABC 文件夹上就出现了一个手形图标，表示该文件夹为共享文件夹，如图 7-11 所示。

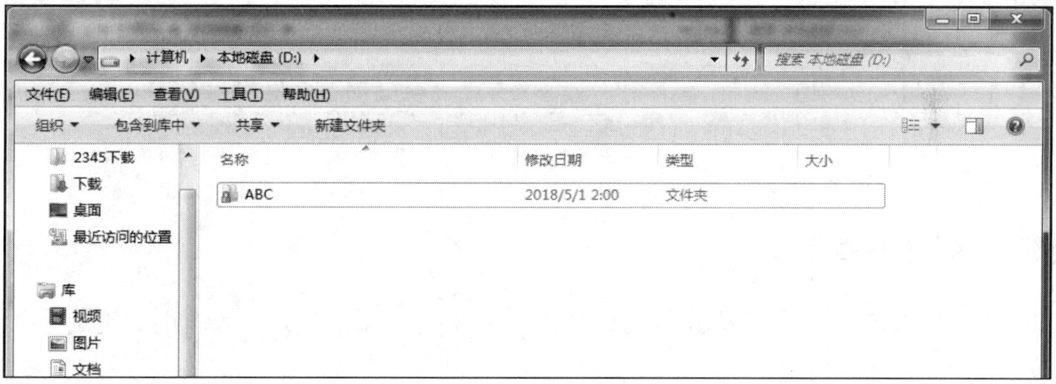

图 7-11 文件夹共享

（3）设置打印机共享。

1）在计算机 C 上安装打印机并设置共享：单击“开始”选项卡中的“打印机和传真”按钮，打开“打印机”窗口。选定提供共享的打印机，右击并选择“共享”命令，弹出“打印机属性”对话框。选定打印机后选择“文件”选项卡中的“共享”命令也可以打开“打印机属性”对话框。

2）在计算机 A 上安装网络打印驱动程序。

如图 7-12 所示，计算机 C 上已经安装了打印机，其 IP 地址为 192.168.6.80。在计算机 C 上操作：单击“开始”选项卡，在“搜索程序和文件”文本框中输入\\192.168.10.80 并回车，或者在计算机的地址栏内直接输入\\192.168.10.80 并回车。

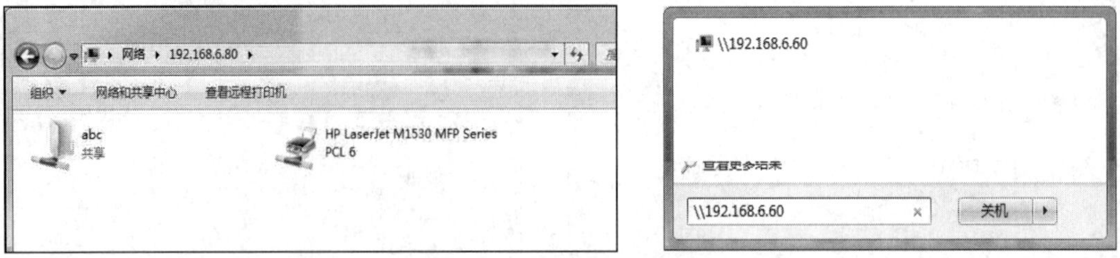

图 7-12　计算机 C 上的操作

在计算机 C 上操作：在打开的共享窗口中可以看到共享打印机，双击后系统自动在本地安装打印机和打印驱动程序，安装好以后，单击“开始”选项卡中的“设置”→“打印机和传真”命令，可以看到本地已经增加了新的打印机，如图 7-13 所示。

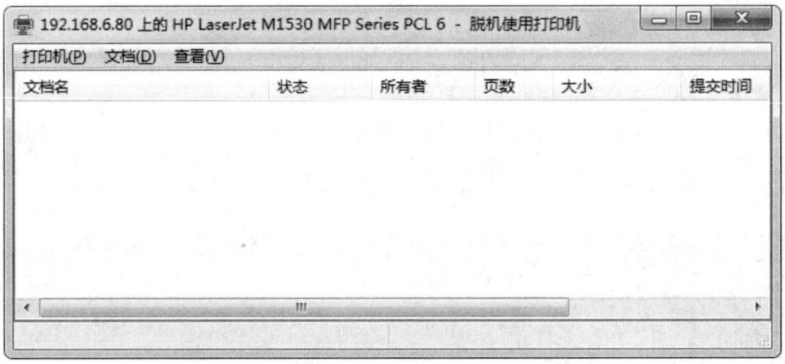

图 7-13　“打印机”对话框

思考与综合练习

1. 主机的 IP 地址、子网掩码、默认网关、DNS 服务器 IP 地址等设置的原则是什么？
2. 哪些网络命令可以查看一个域名对应的 IP 地址？
3. 如果一台主机不能上网，试分析可能的原因。

实验 7.2　Internet 基本使用

实验目的

（1）掌握 IE（Internet Explorer）浏览器的启动与退出方法。

（2）掌握 IE 浏览器启动主页的设置。

（3）掌握搜索引擎或搜索器的使用。

（4）掌握如何收发电子邮件。

实验内容与操作步骤

任务 1　启动和关闭 IE 浏览器

操作方法及步骤如下：

（1）在 Windows 桌面上双击 Internet Explorer 浏览器图标或在任务栏中单击快速启动栏中的 Internet Explorer 图标即可启动 IE 浏览器。

（2）在 IE 浏览器的地址栏中输入网站地址 http://www.baidu.com，按 Enter 键后稍等片刻，IE 浏览器窗口中出现百度网站的主页画面，如图 7-14 所示。

图 7-14　百度网站的主页画面

（3）在菜单栏中右击并选择“关闭”选项或单击窗口右上角的“关闭”按钮即可关闭 IE 浏览器窗口。

任务 2　操作 IE 浏览器

操作方法及步骤如下：

（1）在任务栏中单击 Internet Explorer 浏览器图标启动 IE 浏览器。

（2）单击“查看”菜单中的“工具栏”命令打开“工具栏”级联菜单，如图 7-15 所示，分别取消对“菜单栏”和“状态栏”菜单条目的选中，完成对菜单栏和状态栏的屏蔽。

图 7-15 “工具栏”级联菜单

（3）单击“工具”菜单中的“Internet 选项”命令，弹出“Internet 选项”对话框，如图 7-16 所示。

（4）单击“常规”选项卡，在“浏览历史记录”区域中单击“设置”按钮，弹出“网站数据设置”对话框，如图 7-17 所示。

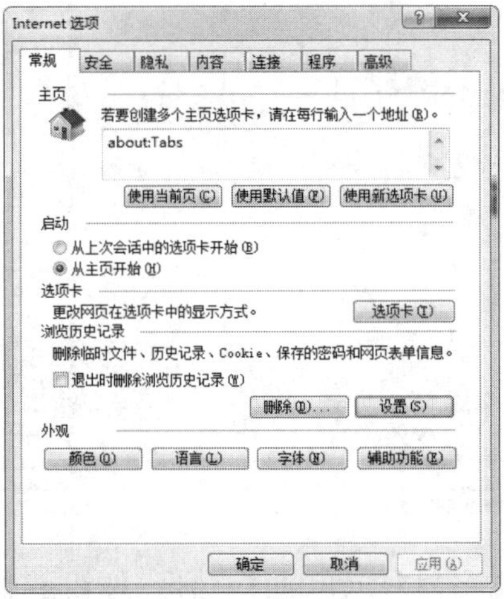

图 7-16 “Internet 选项”对话框

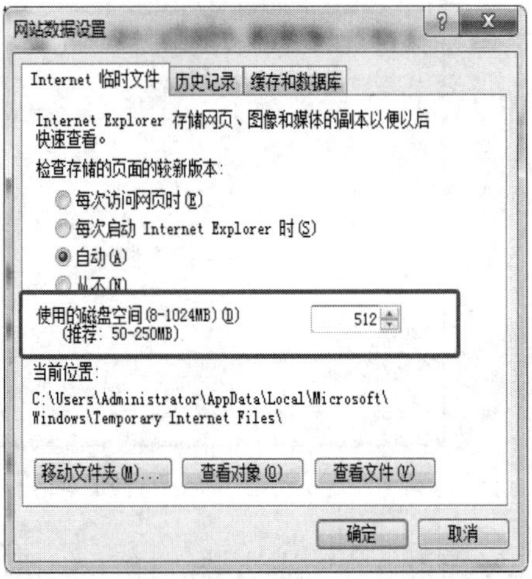

图 7-17 “网站数据设置”对话框

（5）在“使用的磁盘空间”微调框中输入或通过微调器按钮调整到一个大小合适的数值，如 512，然后单击“确定”按钮即可设置 IE 浏览器的数据缓冲区为 512MB。

（6）设置受信任的站点（如图 7-18 所示）：单击“安全”选项卡，在“受信任的站点”右侧单击“站点”按钮，弹出“受信任的站点”对话框，在“将该网站添加到区域”文本框中输入网络地址，然后单击“添加”按钮，注意要取消对“对该区域中的所有站点要求服务器验证”复选项的选中，如图 7-19 所示。

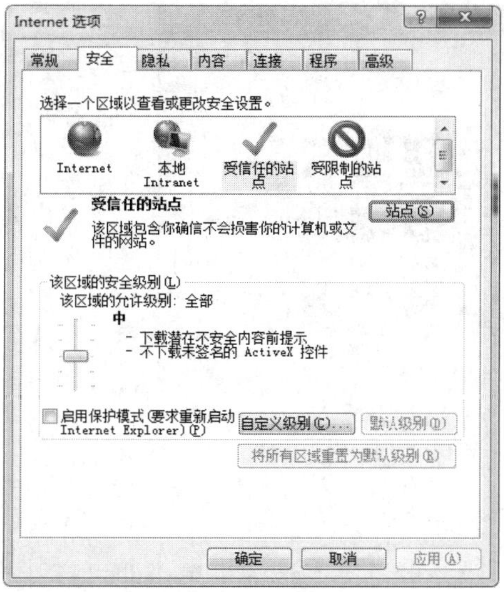

图 7-18 受信任的站点

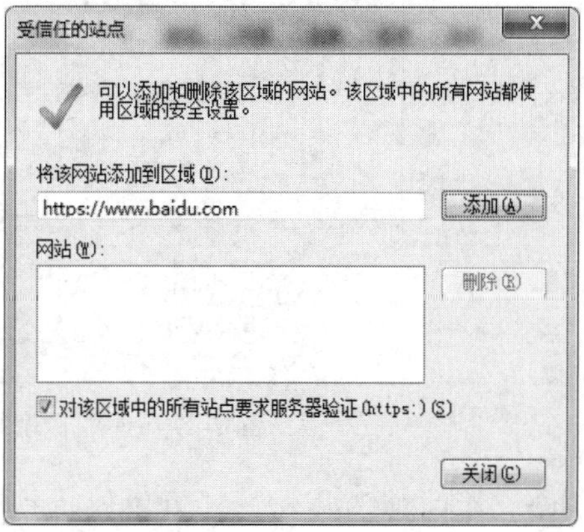

图 7-19 添加可信任站点

（7）在“Internet 选项”对话框中单击“高级”选项卡，如图 7-20 所示。在“设置”列表框中取消勾选“在网页中播放动画”复选项，单击“确定”按钮，则 IE 浏览器取消该功能。

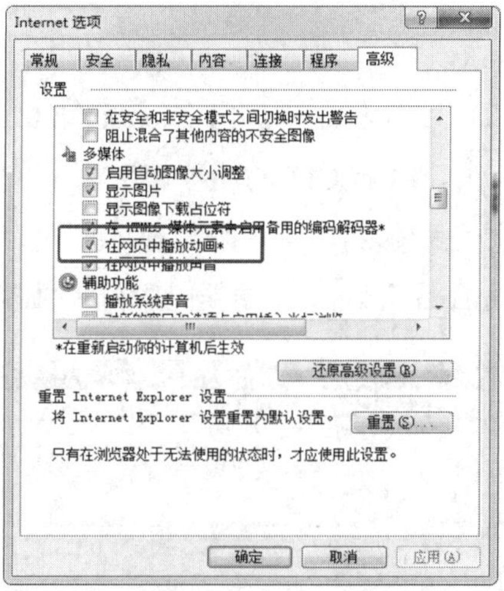

图 7-20 “高级”选项卡

（8）设置默认首页。在浏览器地址栏中输入 http://www.baidu.com 并按 Enter 键，打开百度主页。然后打开“Internet 选项”对话框。单击“常规”选项卡，在“主页”区域中单击“使用当前页”按钮，则下次打开 IE 浏览器时将自动进入百度主页。

（9）在百度主页“搜索”栏中输入“filetype:ppt 计算机网络”，单击“百度一下”按钮，百度搜索引擎开始搜索词条文件类型为 ppt 的与“计算机网络”有关的信息，搜索显示结果如图 7-21 所示。如果要搜索 Word 文档，只要把 filetype:ppt 修改成 filetype:doc 即可。

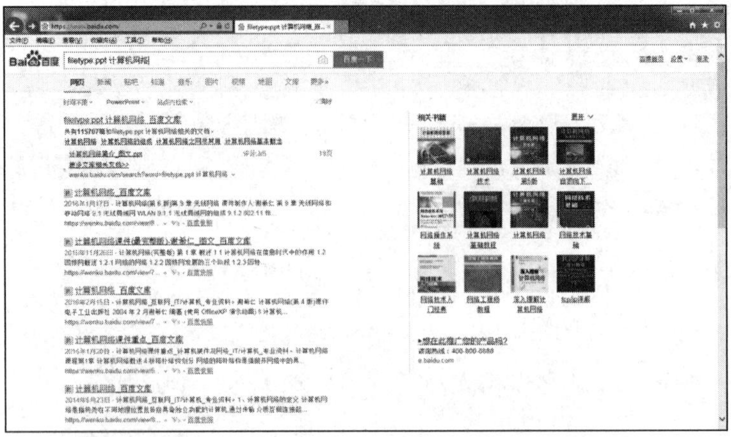

图 7-21　使用百度搜索引擎进行相关搜索的结果

（10）在出现的众多“计算机网络”条目中，选择自己感兴趣的项单击即可打开相关的内容。

任务 3　收发电子邮件

操作方法及步骤如下：

（1）启动 IE 浏览器。

（2）申请电子邮箱：用户可以从 http://mail.163.com、http://mail.qq.com、http://mail.sina.com.cn 等网站申请免费电子邮箱。由于 QQ 的流行使用，现在大多数用户都拥有一个或多个 QQ 号，此 QQ 号也就是用户的免费邮箱，具体邮箱地址形式为：QQ 号@qq.com。

（3）通过 IE 浏览器打开 mail.qq.com，登录自己的 QQ 邮箱，如图 7-22 所示。

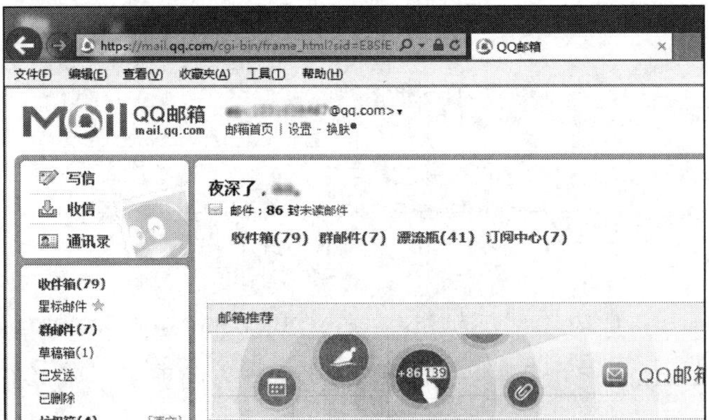

图 7-22　登录用户的 QQ 邮箱

（4）在邮箱首页中，单击“设置”按钮，打开“邮箱设置”页面，如图 7-23 所示。

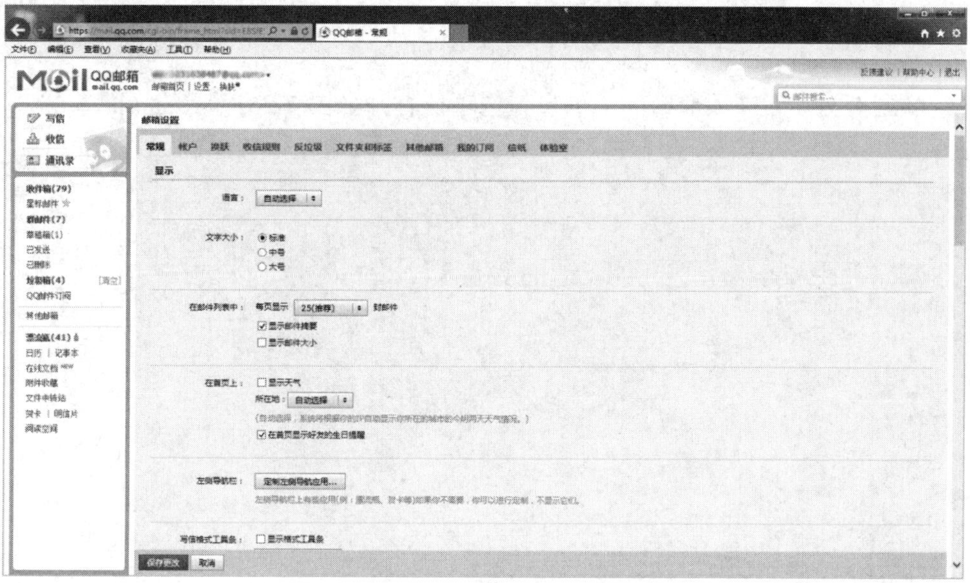

图 7-23　“邮箱设置”页面

（5）单击“账户”→POP3/IMAP/SMTP/…服务，勾选“开启服务：POP3/SMTP 服务”，最后单击“保存更改”按钮并退出 QQ 邮箱。

注意：http://mail.163.com、http://mail.sina.com.cn 等邮箱不需要上述设置。

（6）单击“开始”→“所有程序”→Microsoft Office→Microsoft Outlook 2010 命令，打开 Outlook 工作主窗口，如图 7-24 所示。

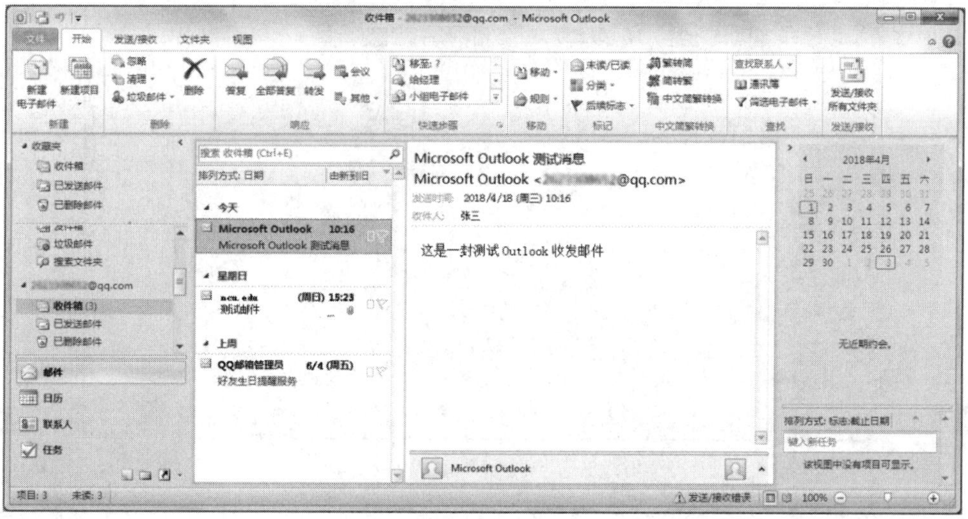

图 7-24　Outlook 2010 工作主窗口

注意：第一次启动 Outlook 程序时，系统将启动 Outlook 与邮箱（账户）关联的配置向导，单击“下一步”按钮，接着在出现的第 2 个界面中选择“否”；单击“下一步”按钮，在出现的第 3 个界面中勾选“继续（没有电子邮件支持）”，单击“完成”按钮可直接进入 Outlook 工作主窗口。

（7）单击“文件”选项卡中的“信息”选项，打开如图 7-25 所示的界面。

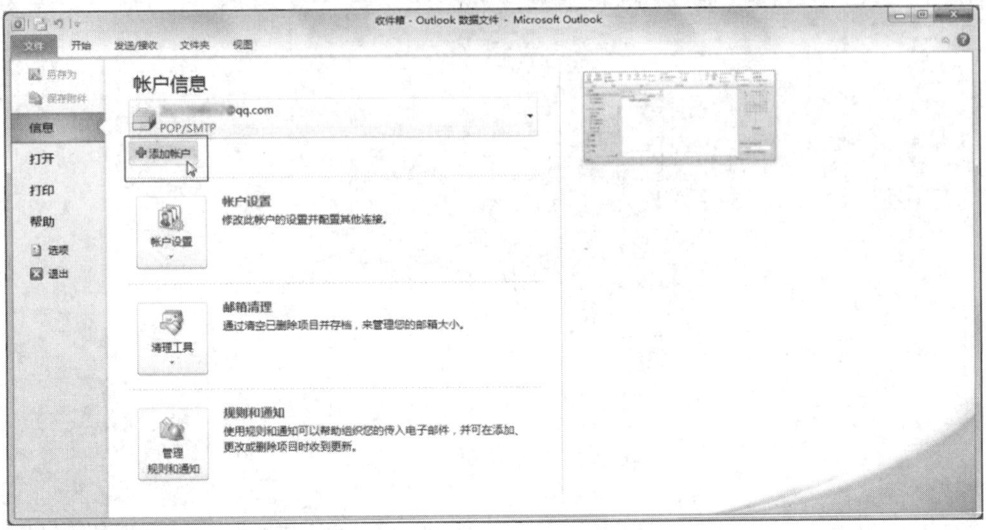

图 7-25 “文件”选项卡“信息”选项界面

（8）单击“添加账户”按钮，弹出如图 7-26 所示的“添加新账户”对话框。

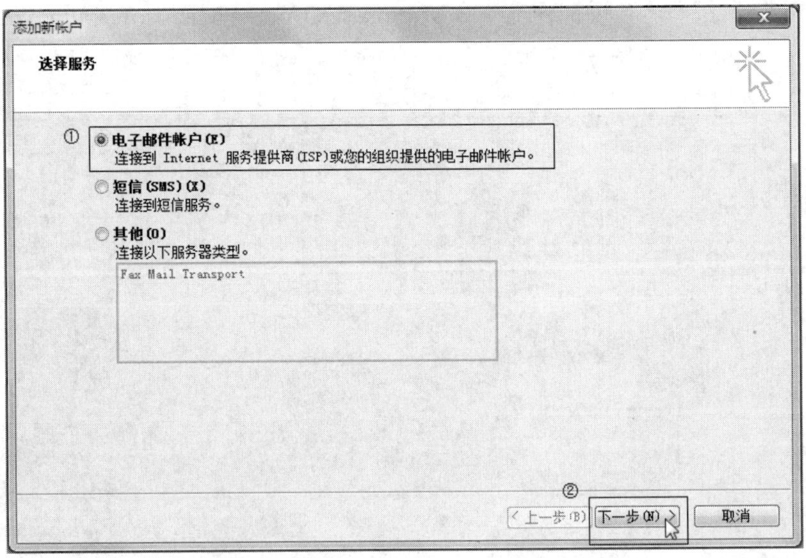

图 7-26 “添加新账户”对话框

（9）选择“电子邮件账户”单选项，然后单击“下一步”按钮，进入如图 7-27 所示的“添加新账户—自动账户设置”界面。

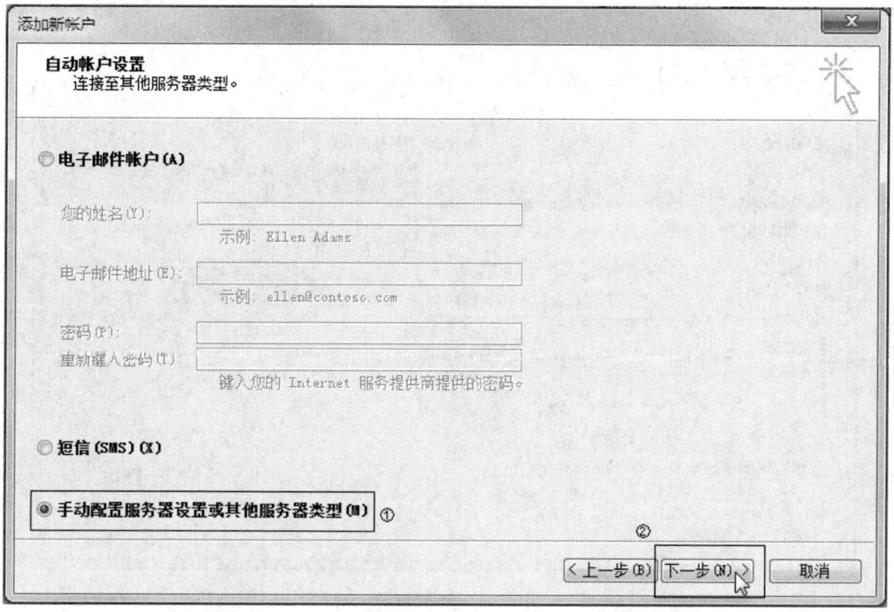

图 7-27　“添加新账户－自动账户设置”界面

（10）选择“手动配置服务器设置或其他服务器类型”单选项，单击“下一步”按钮，进入如图 7-28 所示的“添加新账户－选择服务”界面。

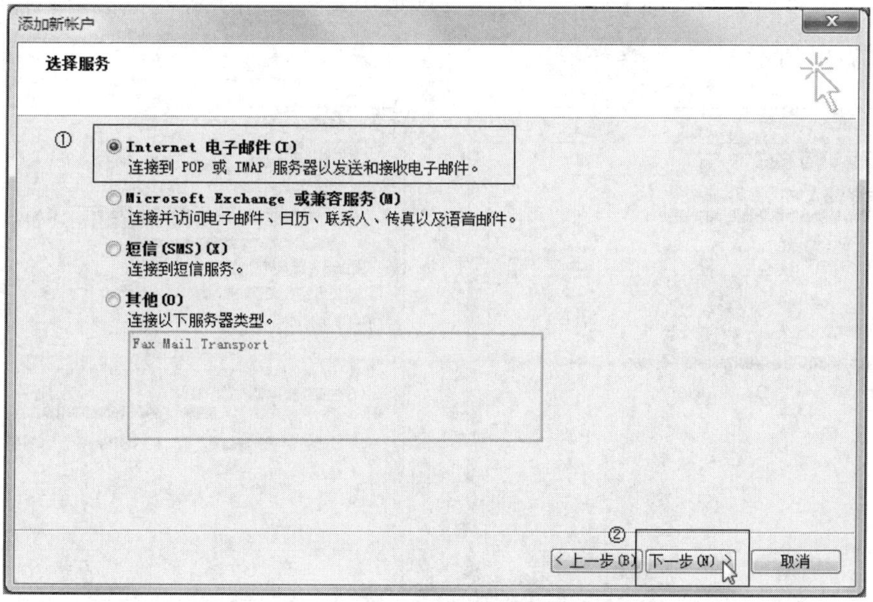

图 7-28　“添加新账户－选择服务”界面

（11）选择“Internet 电子邮件”单选项，单击“下一步”按钮，进入如图 7-29 所示的“更改账户－Internet 电子邮件设置”界面。在其中按操作步骤（以数字标示）进行参数设置。

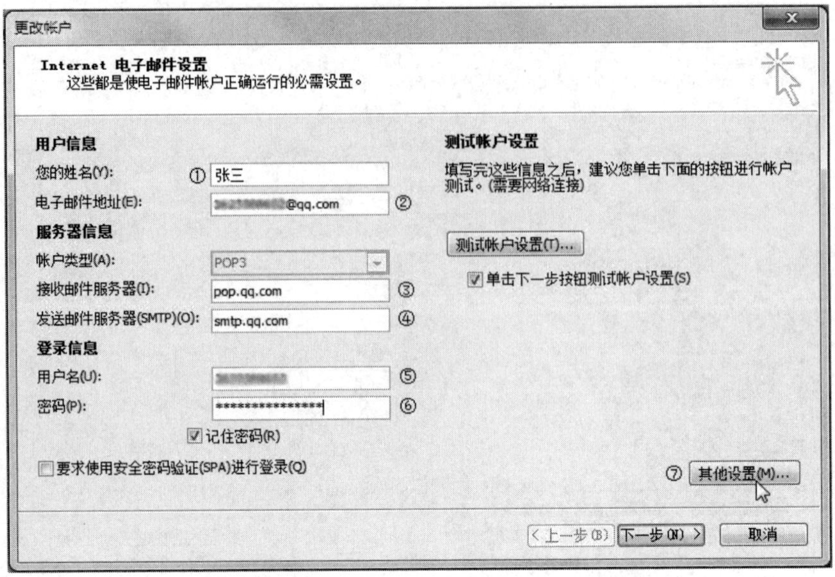

图 7-29 “更改账户－Internet 电子邮件设置”界面

（12）单击“其他设置”按钮，弹出如图 7-30 所示的“Internet 电子邮件设置”对话框。

（13）单击“发送服务器”选项卡，勾选“我的发送服务器（SMTP）要求验证”复选项并选择“使用与接收邮件服务器相同的设置”单选项。

（14）单击“高级”选项卡，在“传递”区域中勾选“在服务器上保留邮件的副本”复选项，如图 7-31 所示。

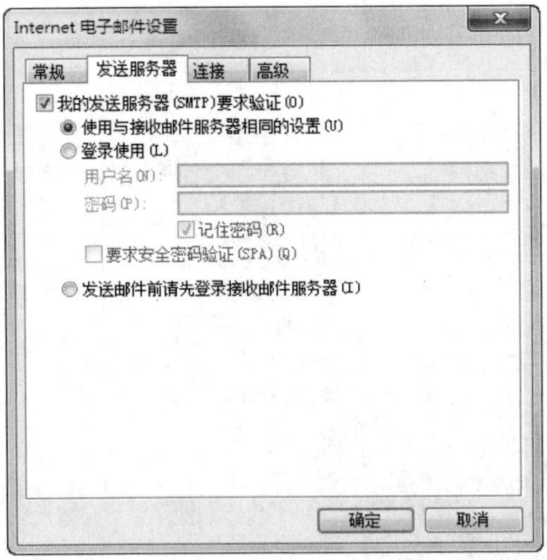

图 7-30 “Internet 电子邮件设置”对话框

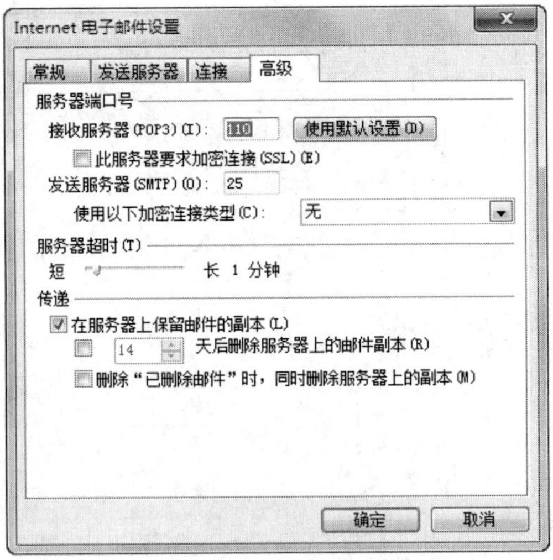

图 7-31 “高级”选项卡

（15）单击“确定”按钮回到图 7-29 所示的界面。单击“下一步”按钮，系统弹出“测试账户设置”对话框，如图 7-32 所示。

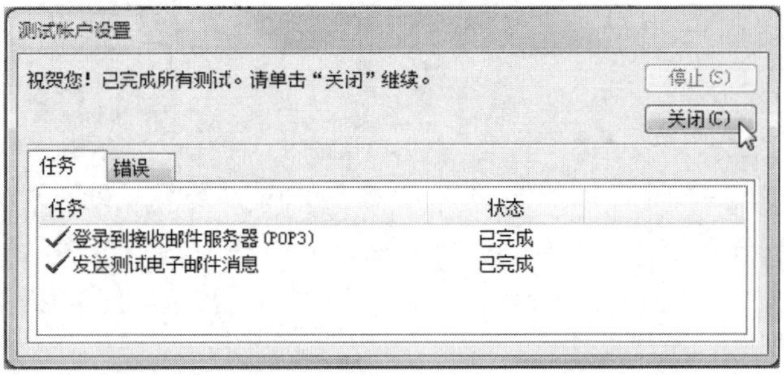

图 7-32　“测试账户设置”对话框

“测试账户设置”的过程可能要等待几分钟，如果正常，会进入“添加新账户－祝贺您!”界面，如图 7-33 所示。最后单击“完成”按钮，账户添加完毕。使用同样的方法可以添加其他账户（其他的电子邮箱）。

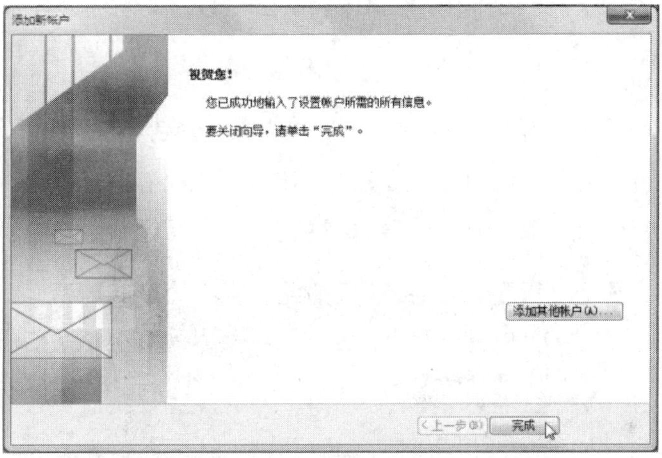

图 7-33　“添加新账户－祝贺您！”界面

（16）使用 Outlook 发送和接收邮件，试着给自己发一封信。

1）在 Outlook 工作主窗口中单击“开始”选项卡“新建”组中的“新建电子邮件”按钮，打开如图 7-34 所示的“新建邮件”窗口。

2）依次输入收件人、抄送、主题等项目，在内容栏中输入“我会使用 Outlook 2010 了”。在内容栏中，也可像在 Word 中那样进行编辑，在此不再详述；单击“附加文件”按钮，在弹出的“插入文件”对话框中选择要插入的附件，也可将插入的附件（文件）直接拖至“附件”框中。

3）内容和附件准备就绪后，单击“邮件”窗口左上方的“发送”按钮，Outlook 会将邮件发送出去，同时邮件保存在该账户的“发件箱”里。

4）单击“文件”选项卡中的“另存为”命令，可以将当前建立的邮件以文件（*.msg）的形式进行保存，以便将来再次使用。

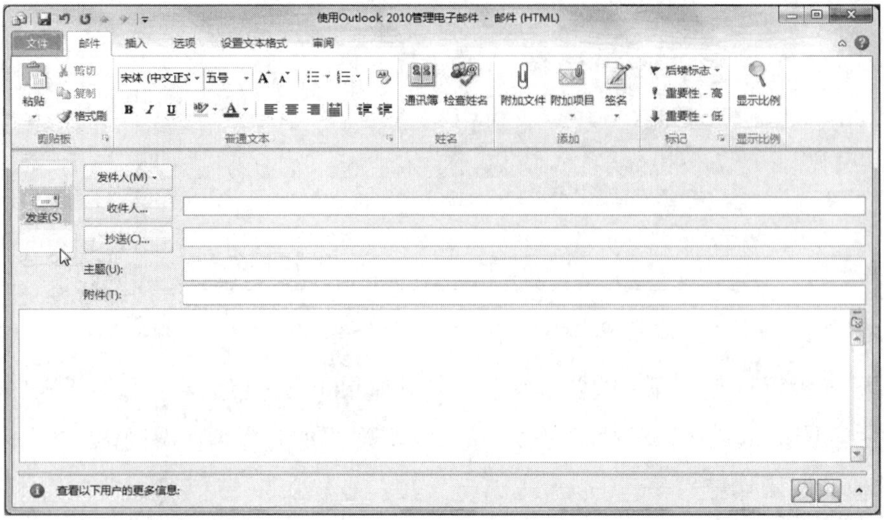

图 7-34 “新建邮件”窗口

（17）接收邮件。

单击 Outlook 工作主窗口中的“开始”选项卡“发送/接收”组中的“发送/接收组”按钮，在弹出的下拉列表框中选择要接收邮件的账户，在其子菜单中选择“接收收件箱”命令，弹出如图 7-35 所示的“Outlook 发送/接收进度”对话框。

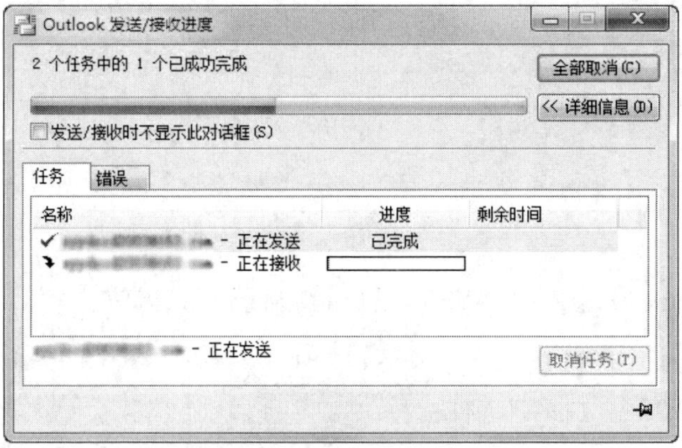

图 7-35 “Outlook 发送/接收进度”对话框

单击“全部取消”按钮中断接收，只接收部分邮件，否则将接收全部邮件，这个过程可能会较长。

（18）查看邮件。

1）在 Outlook 工作主窗口的导航栏中，单击某账户前的“折叠”按钮▷，展开该账户的邮件管理结构。单击“收件箱”图标，该账户接收的邮件将显示在中部的邮件列表框中。

2）单击某一邮件，邮件内容显示在右侧的邮件内容查看框中（或者双击某一邮件，系统将弹出“邮件”查看窗口并显示邮件的内容）。

3）双击右侧的某一附件，可以查看附件的内容。如果右击某一附件，在弹出的快捷菜单中可以选择“预览”“打开”“另存为”“保存所有附件”和“删除附件”等命令执行。

如果要对邮件中的附件进行处理，也可使用 Outlook 系统主选项卡中的“附件工具/附件”选项卡中的相关命令。

（19）回复和转发。

打开收件箱阅读完邮件之后，可以直接回复发信人。单击 Outlook 主窗口“开始”选项卡“响应”组中的“答复”按钮或“全部答复”按钮，即可撰写回复内容并发送出去。如果要将信件转给第三方，则单击“转发”按钮，显示转发邮件窗口，此时邮件的标题和内容已经存在，只需填写第三方收件人的地址即可。

思考与综合练习

1．采用 Outlook Express 收发邮件，邮件一旦接收到本地，远程服务器中的邮件就没有了，如果你想在实验室收一次邮件，同时回家以后再收一次，应该如何设置呢？

2．别人发给你的邮件，有时会出现退信的情况，假如网络正常，而且没有操作错误，试分析一下退信的原因主要是什么？如何解决？

3．在 Outlook Express 中建立通讯簿，并且试着导出到 Excel 中。

4．如果你有两个邮件地址，并且这两个邮件服务器都支持 Outlook Express，请问该如何设置 Outlook Express？

第 8 章　多媒体技术

知识要览

本章主要内容包括：

- 多媒体技术的概念。
- 媒体的分类。
- 多媒体计算机的组成。

实验 8.1　音频的制作、播放、编辑

任务 1　用麦克风录制一段语音

实验目的

（1）掌握麦克风与计算机的连接。

（2）掌握录音机工具的使用。

（3）掌握音频文件的保存。

实验内容与操作步骤

启动录音工具软件，录制一段音频并保存，保存在 D:盘以学号姓名命名的文件夹中。

操作方法及步骤如下：

（1）准备一份录制所需的材料作为解说词，确认已将麦克风与声卡的 MIC IN 端连接。

（2）双击任务栏上的喇叭（音量）图标，弹出“音量合成器 - 扬声器（High Definition Audio 设备）”对话框，如图 8-1 所示。确保录放时 Microphone（话筒）和 Line in（线路输入）不为“静音”。

（3）单击“开始”→“所有程序”→“附件”→“录音机”选项启动录音机界面，如图 8-2 所示。

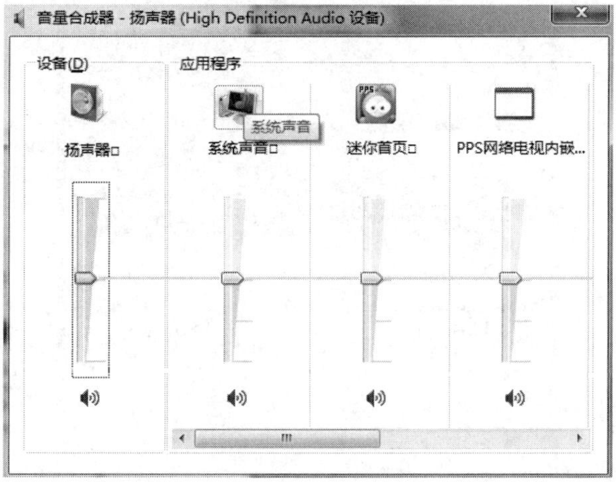

图 8-1　“音量合成器 - 扬声器（High Definition Audio 设备）”对话框

图 8-2　“录音机”界面

（4）右击任务栏上的喇叭（音量）图标，打开录音设备，双击“录音设备”，弹出“麦克风 属性”对话框，如图 8-3 所示。

图 8-3　“麦克风 属性”对话框

（5）单击“高级”选项卡，如图 8-4 所示。

（6）在下拉列表框中选择声音数据品质，然后单击“确定”按钮。

（7）单击“开始录制”按钮。

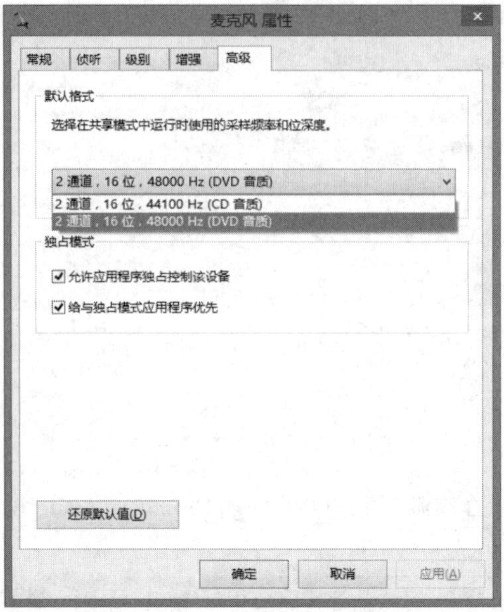

图 8-4 “高级”选项卡

（8）打开麦克风（调节好输入音量）并对着麦克风讲话。

（9）要结束录音时单击“停止录制”按钮，结束录音。

（10）选择“文件”选项卡中的“保存”命令，选择保存的路径，输入文件名，保存类型选择 wav，然后单击“确定”按钮即可将录音文件保存下来。

任务 2 用 Windows Media Player 播放音频文件

实验目的

（1）掌握 Windows Media Player 的启动和退出方式，认识 Windows Media Player 的操作界面。

（2）掌握用 Windows Media Player 播放音频文件的方法。

实验内容与操作步骤

正确播放一段音频文件，操作方法及步骤如下：

（1）确认你的计算机的某处已有某个音频文件，记住其盘符、路径、文件名。若没有，请下载。确认你的计算机已经安装了 Windows Media Player。若没有，请下载并安装。

（2）直接双击音频文件，系统将自动打开 Windows Media Player，如图 8-5 所示，播放你所选择的音频文件（注意：中心窗口为随机屏保图案）。

（3）也可以单击“开始”→“所有程序”→Windows Media Player 命令，打开 Windows

Media Player 界面。单击“文件”菜单中的“打开”命令，选择你要播放的音频文件，单击“打开”按钮，开始播放。

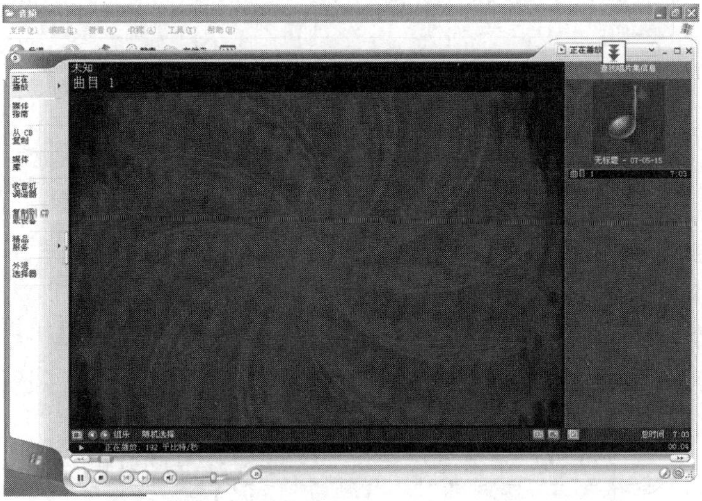

图 8-5　Windows Media Player 界面

（4）音量控制。单击屏幕右下方的喇叭图标即可出现“音量控制”界面，如图 8-6 所示。上下拖动滑杆可调节音量的大小。在“音量”框底部有“喇叭”图标，单击它可以关闭所有声音。

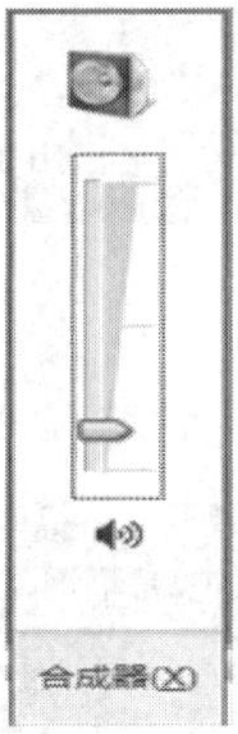

图 8-6　“音量控制”界面

任务 3　用迅捷音频转换器编辑音频文件

实验目的

掌握常用音频处理工具的使用。

实验内容与操作步骤

启动音频处理工具迅捷音频转换器，剪切合并音频文件并转换音频格式，保存在 D:盘以学号姓名命名的文件夹中。

操作方法及步骤如下：

（1）首先添加音频文件，然后剪切，如图 8-7 和图 8-8 所示。

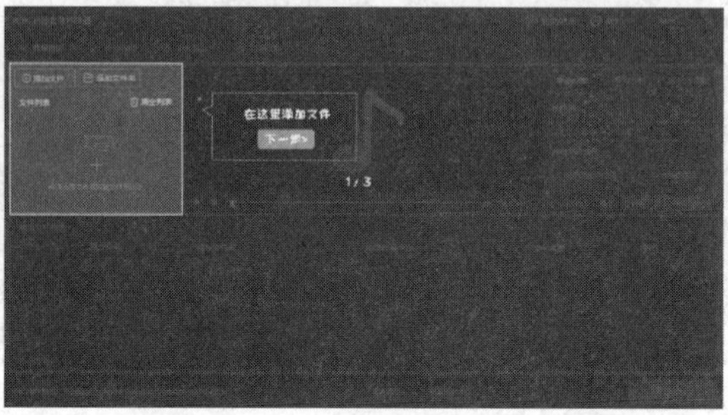

图 8-7　添加音频文件

图 8-8　剪切音频文件

（2）添加音频文件，调整音频顺序，合并音频文件，如图 8-9 所示。

图 8-9　合并音频文件

（3）添加音频文件，选择转换格式，调整音频效果，开始转换音频格式，如图 8-10 所示。

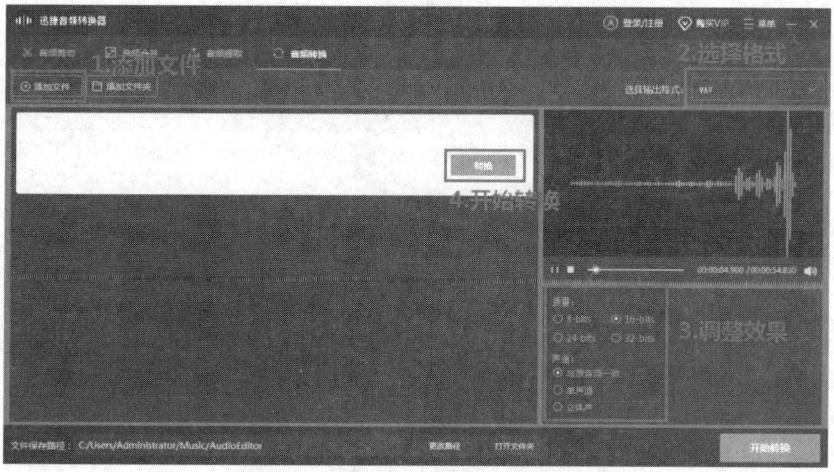

图 8-10　音频文件转码

实验 8.2　用 Windows Media Player 播放视频文件

实验目的

（1）掌握 Windows Media Player 的启动和退出方式，认识 Windows Media Player 的操作界面。

（2）用 Windows Media Player 播放视频文件。

实验内容与操作步骤

正确播放一段视频文件。操作方法及步骤如下：

（1）事先下载一段视频文件，保存在你的硬盘中；或通过 USB 接口，将数码相机或 DV 中的录像保存到你的硬盘中。

（2）如果你的系统只安装了 Windows Media Player，而没有安装其他的视频播放软件，可直接双击视频文件，系统将自动打开 Windows Media Player 播放你所选择的视频文件。

（3）也可以单击“开始”→“所有程序”→Windows Media Player 命令，打开 Windows Media Player 界面。单击“文件”菜单中的“打开”命令，选择你要播放的视频文件，单击“打开”按钮，开始播放。

实验 8.3　图形的制作与浏览

实验目的

（1）掌握画图工具的启动和退出方式，认识画图工具的操作界面。

（2）掌握图片的格式和图片的保存。

实验内容与操作步骤

绘制一幅图画并保存，然后用看图软件放大图片的局部图案。

操作方法及步骤如下：

（1）单击“开始”→“所有程序”→“附件”→“画图”命令，出现“画图”界面，用左侧的绘图工具绘制你喜爱的图画。

（2）图画的保存。单击“保存”按钮，对话框将提示你输入文件名，保存类型为*.bmp 或*.dib 格式，自己选择保存路径或者选择系统自带的“库”中“图片”下的“我的图片”文件夹，如图 8-11 所示，单击“保存”按钮即可存到你选择的路径中。

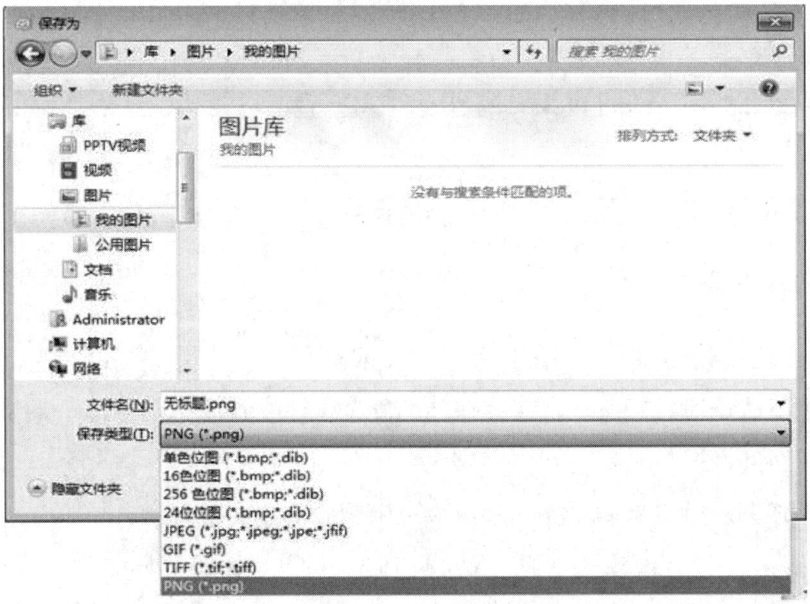

图 8-11　图画“保存”到图库的路径选择方式

（3）通过 Windows 照片查看器查看图片。找到你所要查看的图片所在的文件夹并打开，双击要显示的图片，如图 8-12 所示。

图 8-12　Windows 照片查看器图片浏览界面

（4）滚动鼠标滑轮或通过“放大”按钮（如图 8-13 所示）改变图片大小，让图像尽量放大，直到观察到图像模糊、边沿呈锯齿状为止，如图 8-14 所示。

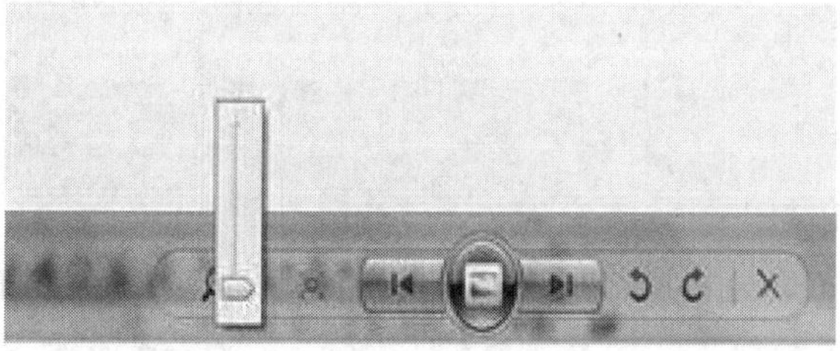

图 8-13　放大按钮

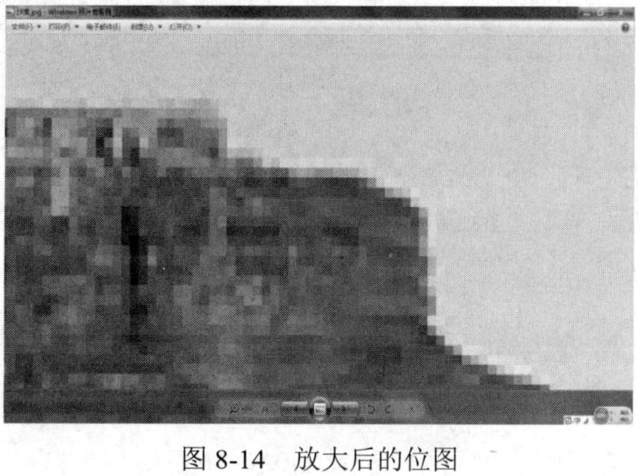

图 8-14　放大后的位图

实验 8.4　用 Photoshop CS5 制作九宫图

实验目的

掌握常用图片处理工具 Photoshop 的使用。

实验内容与操作步骤

启动图片处理工具 Photoshop，制作微信九宫格图片，保存在 D:盘以学号姓名命名的文件夹中。

操作方法及步骤如下：

（1）先要了解一下微信九宫格的尺寸，一般是 1800×1800 像素，若照片太大发朋友圈会显示不完全。单击“文件”→“新建”命令，设置画布宽度和高度均为 1800 像素，并把照片拖入 Photoshop 画布中，如图 8-15 至图 8-17 所示。

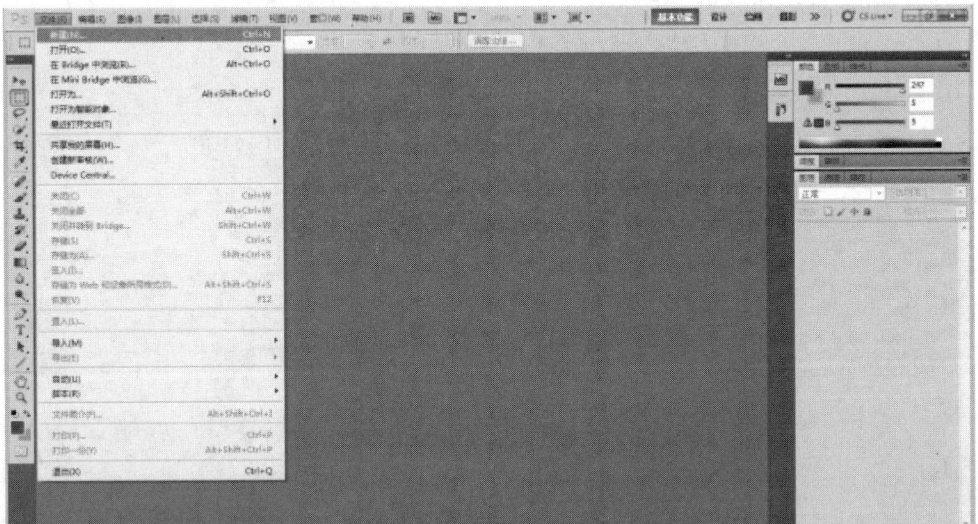

图 8-15　新建画布

（2）按 Ctrl+T 组合键调整图片和画布一样大小，调整好后单击上方的对号，右击标签并选择“切片工具”，选中图片并右击，在弹出的快捷菜单中选择“划分切片”选项，水平 3，垂直 3，然后单击“确定”按钮，单击“存储为 Web 所用格式”，用鼠标将整个图片选出来，然后更改为 jpg 格式，最后单击“存储”按钮，如图 8-18 至图 8-24 所示。

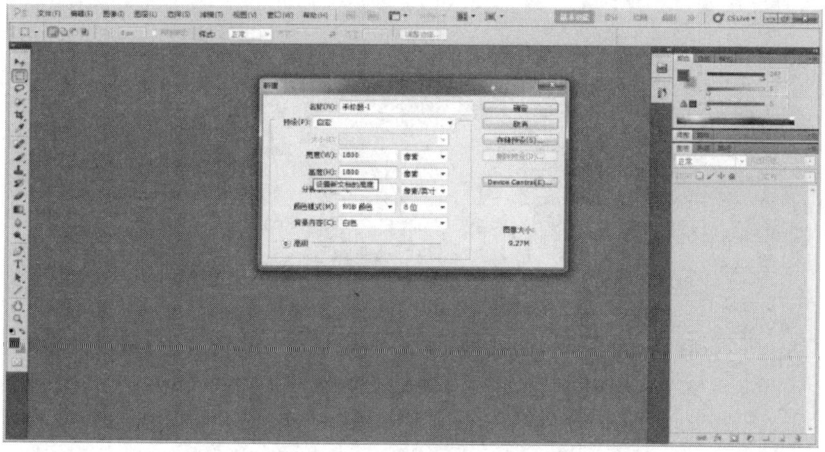

图 8-16　调整画布大小

图 8-17　选择图片

图 8-18　调整图片大小

图 8-19　选择切片工具

图 8-20　切片操作

图 8-21　划分切片

图 8-22　另存切片

图 8-23　完成图片

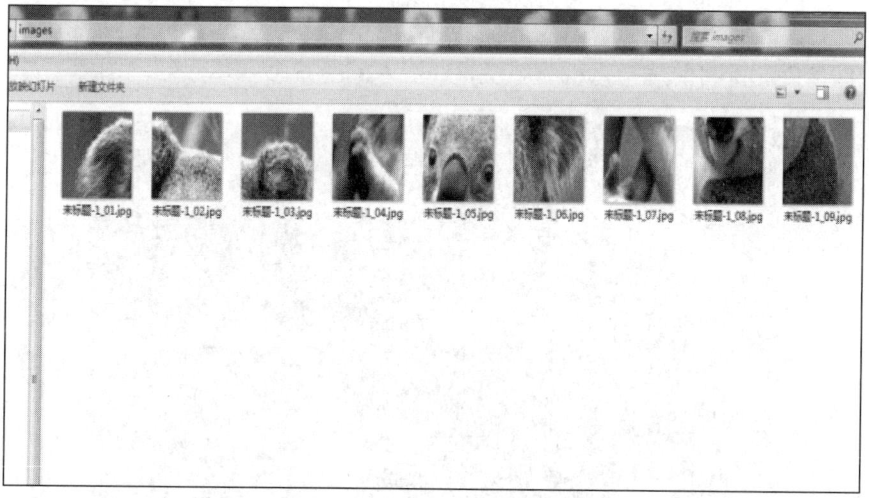

图 8-24　九宫格图片

实验 8.5 用会声会影制作照片视频

实验目的

掌握常用视频处理工具的使用。

实验内容与操作步骤

启动视频处理工具会声会影，制作一个简单的照片视频，保存在 D:盘以学号姓名命名的文件夹中。

操作方法及步骤如下：

（1）单击文件夹，找到导入照片以及需要添加的背景音乐，如图 8-25 所示。

图 8-25 打开所需文件

（2）按住鼠键左键将照片拖入视频轨道，已拖入的照片会显示已勾选图标，如图 8-26 所示。

图 8-26 导入图片

（3）想要照片之间有切换特效，则单击转场图标，选择想要的转场效果，按住鼠标左键拖到两张照片之间，如图 8-27 所示。

图 8-27　切换特效

（4）添加字幕。单击标题图标，选择想要的字幕效果，拖到叠加栏，需要出现在哪张图片上就放在相应的图片下面，双击叠加栏的框可在预览框中看见文字，用鼠标拖动调整位置，双击预览框中的文字可修改文字内容，如图 8-28 所示。

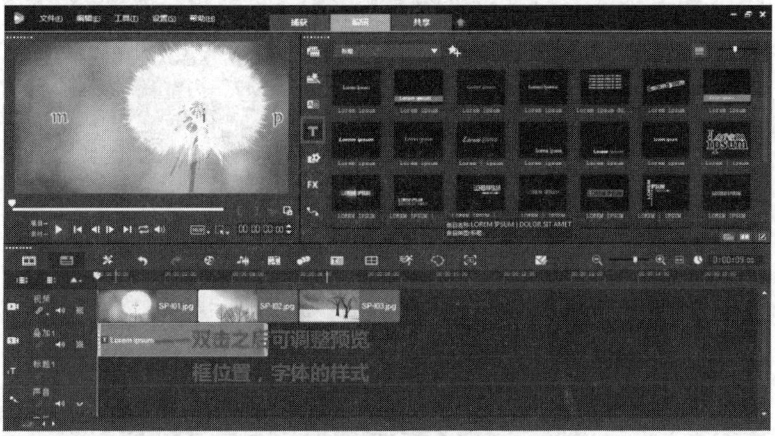

图 8-28　添加字幕

（5）添加背景音乐。将前面导入的音乐文件拖到音乐轨道上，如图 8-29 所示。

（6）调整照片播放时长、字幕时长、音乐时长。选中图片或文字框，将鼠标放在框边缘，会出现一个悬浮鼠标，按住可左右拖动调整时长，如图 8-30 所示。

（7）导出视频。单击“共享”按钮，左边播放框可以预览，确定没有问题后选择导出格式，一般选择 MPEG-4（即常用的 MP4 格式），选择文件存储位置，单击“开始”按钮，等待导出完成，如图 8-31 所示。

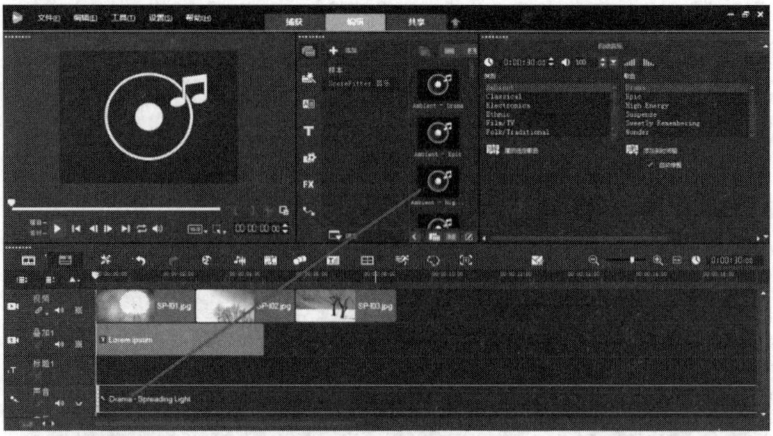

图 8-29　添加音乐

图 8-30　调整时长

图 8-31　导出视频

第 9 章　网页制作（HTML+CSS+JavaScript）

知识要览

本章主要内容包括:

- HTML 设计和开发所需了解的基本概念和框架结构。
- 文字与段落、列表、超链接、表格、表单和多媒体在页面开发中的应用。
- CSS 在实际开发中的应用技巧。
- JavaScript 在动态网页开发中的基本概念和应用等。

实验 9.1　基本网页制作

实验目的

（1）认识 HTML 常用标签，理解其常用属性。

（2）掌握 HTML 常用标签的用法。

（3）熟练使用 HTML 制作较简单的网页。

实验内容与操作步骤

任务 1　认识 HTML 语言

一、实验内容

通过一个简单的网页示例来认识 HTML 文件的基本结构和 HTML 语言的基本语法，效果如图 9-1 所示。网页背景颜色为淡绿色，文本颜色为白色。

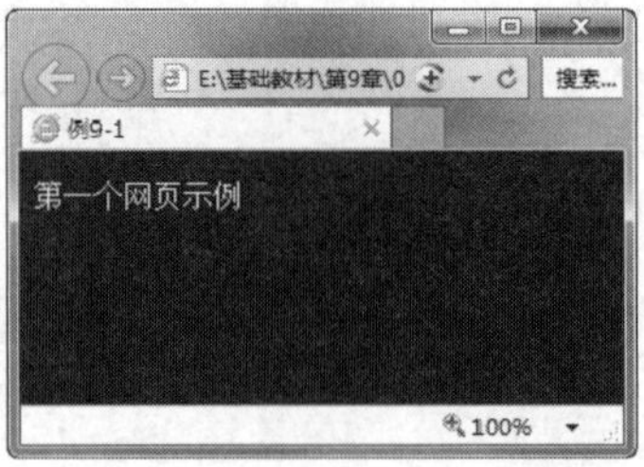

图 9-1　用 HTML 语言书写的一个简单网页

二、相关知识介绍

1. HTML 语言

HTML（Hyper Text Markup Language，超文本标记语言）是一种用来制作超文本文档的简单标记语言。用 HTML 编写的超文本文档称为 HTML 文档，通常扩展名为.html 或.htm。常用版本有 HTML 4.0.1、XHTML 1.0、HTML 5。

2. HTML 的基本语法

HTML 语言是通过各种标签来标识文档的结构和文字、图形、动画、声音、表格、链接等信息的。HTML 的标签总是放在一对尖括号<>中，它有两种形式：单标签和双标签。

（1）单标签。单独使用就可以表达语意的标签，如换行标签
。

（2）双标签。双标签必须成对出现，由“始标签”和“尾标签”两部分组成。“尾标签”是在“始标签”前加一个斜杠（/），如段落标签 <p> …… </p>。

（3）标签属性。为了使呈现的页面更加美观，除了使用标签外，还可以使用标签属性对标签之间的内容进行修饰，语法如下：

```
<标签 属性 1="值" 属性 2="值" 属性 3="值" ...>
```

例如：

```
<body bgcolor="#003300" text="#FFFFFF">
```

属性是可以省略的，省略时即取默认值。各个属性之间无先后次序，但是各属性间必须用空格隔开，属性的值用英文半角的双引号引起来。

（4）文档的结构。HTML 文档通常由包含在<html>标签和</html>标签之间的头部和主体两大部分构成，基本结构如下：

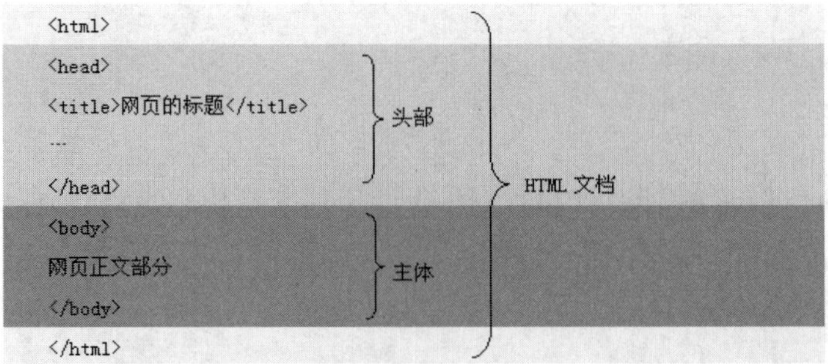

- <html>…</html>：表示文档的开头和结尾，在文档的最外层，文档中的所有信息都包含在这一对标签中。
- <head>…</head>：是 HTML 文档的头部，这一对标签中的内容用于说明网页文件的标题（<title>…</title>）和其他公共的属性，是不显示在浏览器窗口中的。
- <body>…</body>：这对标签之间的内容是浏览器窗口中显示的内容。

（5）文档的属性。<body>标签对应网页的主体部分，其标签属性就是页面的属性，如 bgcolor、background、text 等。

```
bgcolor="颜色"        #设置文档背景色
background="图像文件的路径/图像文件的名字"    #设置文档背景图像文件
text="颜色"           #设置文档文字默认颜色
```

在 HTML 中，色彩的表示方法有两种：一种是用英文单词来表示的，如"red"、"blue"等几种常用颜色；另一种是用十六进制数表示的红（R）、绿（G）、蓝（B），即数字 0～9 和字母 A～F 来表示的，如"#FF0000"（红色）。

三、操作步骤

（1）运行 Sublime Text 3。

（2）在 example9 文件夹中新建一个空白文件，取名为 9-01.html。

（3）输入如下语句：

```
<!doctype html>
<html>
<head>
    <meta charset="utf-8">
    <title>例 9-01</title>
</head>
<body bgcolor="#003300" text="#FFFFFF">
    <p>
        第一个网页示例</p>
</body>
</html>
```

（4）保存文件，在浏览器中浏览其效果。

四、任务拓展

使用 Sublime Text 3 编辑器制作网页，效果如图 9-2 所示。

操作步骤如下：

（1）运行 Sublime Text 3。

（2）在 example9 文件夹中新建一个空白文件，取名为 9-02.html。

图 9-2 示例网页

（3）输入如下语句：

```html
<html>
<head>
    <meta http-equiv="Content-Type" content="text/html; charset=utf-8">
    <title>课程中心</title>
</head>
<body bgcolor="silver">
    <div align="center">
        <img src="images/top.png" width="1040" height="150">
        <p>
            <a href="http://zydy.ncu.edu.cn">点击进入……</a></p>
    </div>
</body>
</html>
```

（4）保存文件并在浏览器中浏览其效果。

任务 2 基本页面制作

一、实验内容

结合网页基本知识，介绍页面标签的使用方法，实现如图 9-3 所示的效果。

二、相关知识介绍

网页元素由 HTML 标签组成，下面对页面中经常用到的标签及其主要属性进行介绍。

1. 标题标签<h#>

“#”的取值范围为 1～6。取 1 时为一级标题，字体最大；取 6 时为六级标题，字体最小。

常用属性：align，用于定义标题的对齐方式，取值可以是 left、center、right，默认值为 left（左对齐）。例如：

```html
<h2 align="center">二级标题居中对齐</h2>
```

2. 段落标签<p>

使标签后的内容另起一段，并加一个空白行。

图 9-3　实验实现的效果

常用属性：align，用于定义段落的对齐方式。例如：

```
<p align="right"> 该段落右对齐</p>
```

3．换行标签

使标签后的内容换一行显示，但是不换段落。

4．字体标签<font>

设置标签间内容的字体、大小、颜色等格式。

常用属性：face（字体）、size（字号）、color（文字颜色）、title（当鼠标指向文本时出现的信息）等。例如：

```
<font face="宋体" size="2" color="red" title="标签">文本</font>
```

设置内容显示为宋体、大小为 2、颜色为红色。

5．字体修饰标签

设置标签间内容的粗体、斜体、下划线等特殊效果，如表 9-1 所示。

表 9-1　字体修饰标签

标签	功能	示例
<b>…</b> <strong>…</strong>	粗体	<b>字体加粗显示</b>
<i>…</i>	斜体	<i>字体斜体显示</i>
<u>…</u>	下划线	<u>字体加下划线显示</u>
<strike>…</strike>	删除线	<strike>字体加删除线显示</strike>
<big>…</big>	字体加大	<big>字体加大显示</big>
<small>…</small>	字体缩小	<small>字体缩小显示</small>
[…]	上标	^{字体变上标显示}
_…	下标	_{字体变下标显示}
<em>…</em>	强调	<em>字体强调显示</em>
<center>…</center>	文本居中对齐	<center>文本居中对齐</center>

6. 水平线标签<hr>

在文档中插入一根水平线，常用属性有 align、color、size、width、noshade。例如：

```
<hr align="right" color="red" size="5" width="95%" noshade >
```

显示一条居右、红色、宽度为 5 像素、长度为 95%、无阴影的水平线。

7. 注释标签

格式：

```
<! --注释的文字-->
```

为文档加上注释，但是不显示在浏览器打开的网页页面中。

8. 列表标签

列表分为有序列表、无序列表和定义列表 3 类。

（1）有序列表格式。

```
<ol type="1">
  <li>列表项 1</li>
    …
  <li>列表项 n</li>
</ol>
```

常用属性：type，取值可以为 1、i、I、a、A。列表效果如图 9-4 所示。

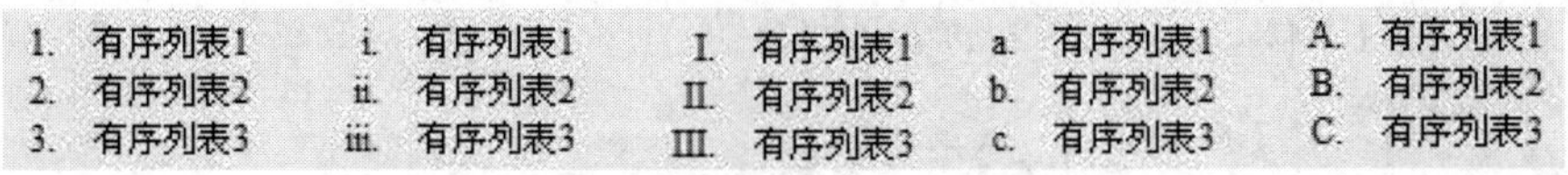

图 9-4　有序列表的样式

（2）无序列表格式。

```
<ul type="disc">
  <li>列表项 1</li>
    …
  <li>列表项 n</li>
</ul>
```

常用属性：type，取值可以为 Disc、circle、square。列表效果如图 9-5 所示。

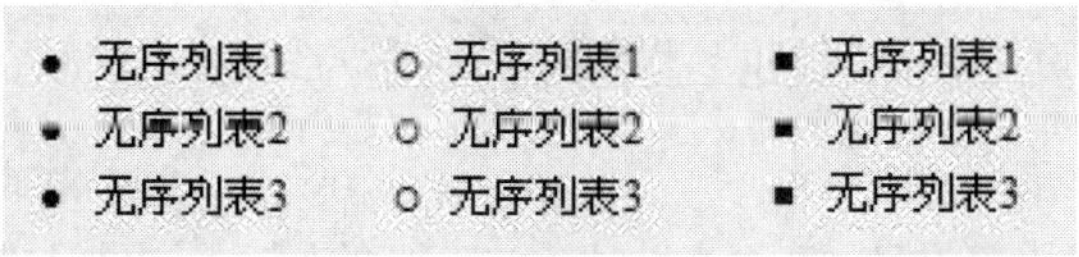

图 9-5　无序列表的样式

（3）定义列表格式。

```
<dl>
  <dt>列表项 1</dt>
    <dd>列表项 1 描述 1.</dd>
    <dd>列表项 1 描述 2</dd>
    ...
  <dt>列表项 2</dt>
    <dd>列表项 2 描述 1</dd>
    <dd>列表项 2 描述 2</dd>
</dl>
```

9. 图像标签<img>

在文档中插入图像文件，其中插入图像文件的格式可以是.JPG、.GIF 和.PNG 等。

常用属性如表 9-2 所示。

表 9-2　图像标签的属性

常用属性	功能	示例
src	指定插入图像文件的路径和名称	<img src="images/1.gif">
align	与文本的对齐方式，属性值有 left、right、top、middle、bottom	<img src="images/1. gif " align ="middle">
alt	当鼠标指向图像时显示的文本	<img src=" images/1. gif " align ="middle" alt="文本">
width	指定图像的宽度，单位为像素	<img src=" images/1. gif " width="200" height="150" border="2">
height	指定图像的高度，单位为像素	
border	指定图像的边框，默认为 0，即无边框	
hspace	指定图像左右两边与其他对象之间的距离，单位为像素	<img src=" images/1. gif " hspace="15" vspace="15">
vspace	指定图像上下两端与其他对象之间的距离，单位为像素	

网页中常用的文件类型有如下几种：

- JPG 文件：是真彩位图图像的压缩格式，与其他真彩图像格式相比占用的数据量较少，便于网络传输。网页制作中 JPG 图像的压缩率在 60%～80%之间较好。
- PNG 文件：是专门针对 Web 的一种无损压缩图像格式文件，其压缩比较大，同时还支持透明背景和动态效果。
- GIF 文件：这类文件所表示的图片颜色数最多为 256 种，可仿真彩色。图像所占用的数据量较少，是网页中常用的图片类型之一，分为静态 GIF（图片）和动态 GIF（动画）。

10. 超链接标签<a>

通过点击网页中的文本、图像等对象链接到其他的网页、图像或文件等。

常用属性如表 9-3 所示。

表 9-3 超链接标签的属性

常用属性	功能	示例
href	链接文件的地址，可以是本机上的位置，也可以是网址	<a href=" images/1.jpg">图片</a> <a href="http://www.baidu.com">百度</a>
target	链接的目标窗口，属性值有_blank、_parent、_self、_top	<a href=" images/1.jpg" target="_blank">图片</a>
title	鼠标指向链接时显示的文本	<a href=" images/1.jpg" title="图片 1">图片</a>

其中，target 属性值可取以下 4 种之一：

- _blank：在新窗口中打开。
- _parent：在上一级窗口中打开。
- _self：在当前窗口中打开，为默认值。
- _top：在浏览器的整个窗口中打开，会删除所有框架。

11. 特殊符号显示

在文档中显示特殊符号需要用引用实体表示。

各种特殊符号的字符名称如表 9-4 所示。

表 9-4 特殊符号

字符名称	显示结果
	空格
<	小于号（<）
>	大于号（>）
"	双引号（"）
©	版权所有（©）
®	已注册（®）

三、操作步骤

（1）运行 Sublime Text 3。

（2）在 example9 文件夹中新建一个空白文件，取名为 9-03.html。

（3）输入如下语句：

```
<!doctype html>
<html>
<head>
    <meta charset="utf-8">
    <title>实验 1</title>
</head>
<body>
    <h1>
        实验 1 静态网页制作</h1>
    <hr>
    <h2>
        一、实验目的</h2>
    <ol>
        <li>通过本实验了解 HTML 标记语言的基本语法格式</li>
        <li>了解使用 HTML 语言制作静态网页的基本技术</li>
        <li>掌握 HTML 表格的设计方法</li></ol>
    <h2>
        二、实验要求</h2>
    使用 HTML 语言，在 Windows“记事本”程序中编写 HTML 代码，制作学生成绩登记表，要求能
    在浏览器中正确显示字体、字形、字号等格式。
    <h2>
        三、实验步骤</h2>
    <p>
        使用 Windows 记事本程序制作网页</p>
    <ol>
        <li>编写 HTML 代码：启动 Windows 附件中的记事本程序，编写 HTML 代码</li>
        <li>保存 HTML 文件</li>
        <li>执行如下图</li></ol>
    <img src="images/9-3.png" width="665" height="373">
</body>
</html>
```

（4）认识并分析网页文件中所使用的标签及其属性。

（5）保存文件并在浏器中浏览其效果。

任务 3　表格的制作

一、实验内容

利用表格标签制作如图 9-6 所示的“学生成绩登记表”页面。

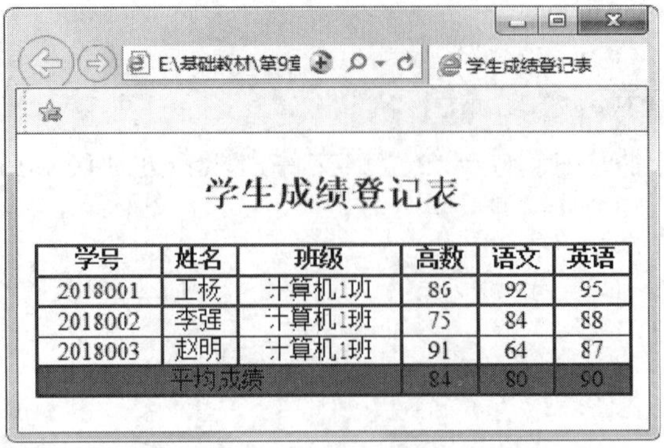

图 9-6　学生成绩登记表

二、相关知识介绍

1. 几种表格标签

表格中的主要标签有以下 5 种：

（1）表格标签<table>。标志表格的开始和结束，常用属性如表 9-5 所示。

表 9-5　<table>标签的常用属性

常用属性	功能
width	表格宽度，单位为像素或百分比
height	表格高度，单位为像素或百分比
align	表格的对齐方式，属性值有 left、right、center，默认为左对齐
border	表格边框的宽度，单位为像素，默认值为 0，即无边框
bordercolor	表格边框颜色
bgcolor	表格的背景颜色
background	表格的背景图像
cellspacing	单元格与单元格之间的间距，单位为像素
cellpadding	单元格内容与单元格边框的距离，单位为像素

（2）表格标题标签<caption>。用于设置表格的标题，该标签可省略。

（3）行标签<tr>。设置表格中的行，常用属性如表 9-6 所示。

表 9-6　<tr>标签的常用属性

常用属性	功能
align	行中内容的水平对齐方式，属性值有 left、right、center，默认为左对齐
valign	行中内容的垂直对齐方式，属性值有 top、middle、bottom，默认为居中对齐
height	行高，单位为像素或百分比
title	当鼠标指向该行时显示的文字
bgcolor	背景颜色

续表

常用属性	功能
bordercolor	边框颜色
nowrap	设定行中所有单元格中的内容不能自动换行

（4）单元格标签<td>。表示表格中的一个普通单元格，但是该标签必须放在<tr>标签中。

除了表 9-6 中的常用属性外，它还有两个比较重要的属性，如表 9-7 所示。

表 9-7　<td>标签的属性

属性	功能
rowspan	单元格所占的行数，用于合并单元格
colspan	单元格所占的列数，用于合并单元格

（5）表头单元格标签<th>。表示表格中的表头单元格，该标签也必须放在<tr>标签中，但是该标签可以省略。

该标签的常用属性与<td>标签的相同。

注意：如果<td>标签中的属性值与<th>标签中的属性值冲突时，以<td>标签中的属性值为主。

2. 合并单元格

在建立表格时，常常需要一些不规则的表格，那么就需要使用<td>标签中的 rowspan 属性和 colspan 属性来实现。其中 colspan 是横向合并，rowspan 是纵向合并。

图 9-7 所示的表格通过合并单元格可以得到图 9-8 所示的表格。图 9-8 中的 A2 单元格是纵向合并（设置 rowspan="2"）得到的，B3 和 C2 单元格都是横向合并（分别设置 colspan="2" 和 colspan="3"）得到的。

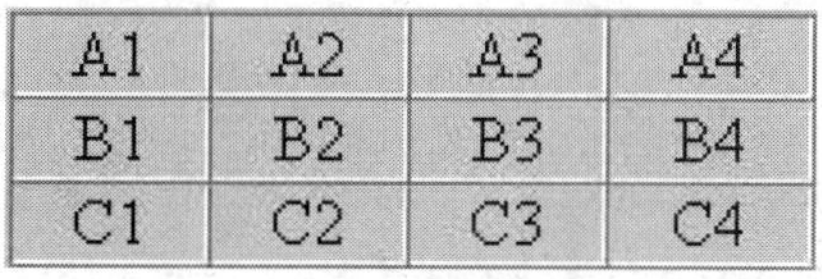

图 9-7　原始表格

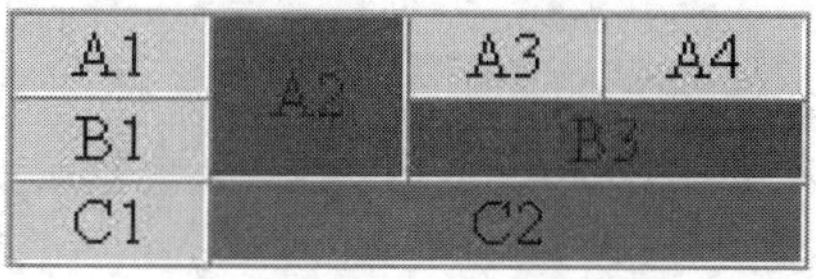

图 9-8　合并单元格后的表格

在进行单元格合并时需要注意以下几点：

（1）整个表格中，每行的列数和是相同的。

（2）如果在某行中使用了 colspan 属性，即在该行中横向合并。例如：colspan="2"，则从当前单元格向右合并两个单元格，那么在当前行<tr>标签中就要少包含一个<td>标签，依此类推。

（3）如果在某列中使用了 rowspan 属性，即在该列中纵向合并。例如：rowspan="2"，则从当前单元格向下合并两个单元格。那么在下一行中，就少包含一个单元格，即下一行的<tr>标签中要少写一个<td>标签，依此类推。

三、操作步骤

（1）运行 Sublime Text 3。

（2）在 example9 文件夹中新建一个空白文件，取名为 9-04.html。

（3）输入如下语句：

```
<!doctype html>
<html>
<head>
    <meta charset="utf-8">
    <title>学生成绩登记表</title>
</head>
<body>
<table width="400" border="1" align="center" cellpadding="0" cellspacing="0" >
    <caption><h2>学生成绩登记表</h2></caption>
  <tr   align="center">
    <th>学号</th>
    <th>姓名</th>
    <th>班级</th>
    <th>高数</th>
    <th>语文</th>
    <th>英语</th>
  </tr>
  <tr   align="center">
    <td>2018001</td>
    <td>王杨</td>
    <td>计算机 1 班</td>
    <td>86</td>
    <td>92</td>
    <td>95</td>
  </tr>
  <tr   align="center">
    <td>2018002</td>
    <td>李强</td>
    <td>计算机 1 班</td>
    <td>75</td>
    <td>84</td>
    <td>88</td>
  </tr>
  <tr   align="center">
    <td>2018003</td>
    <td>赵明</td>
```

```
        <td>计算机 1 班</td>
        <td>91</td>
        <td>64</td>
        <td>87</td>
    </tr>
        <tr align="center"    bgcolor="#666666">
        <td colspan="3" >平均成绩</td>
        <td>84</td>
        <td>80</td>
        <td>90</td>
    </tr>
</table>
</body>
</html>
```

（4）认识并分析网页文件中所使用的标签及其属性。

（5）保存网页文件并在浏览器中浏览网页效果。

任务 4　HTML5 视频播放

一、实验内容

制作如图 9-9 所示的视频播放网页。

图 9-9　视频播放网页

二、相关知识介绍

<video>标签定义视频，比如电影片段或其他视频流。<video>标签是 HTML 5 的新标签。

可以在开始标签和结束标签之间放置文本内容，这样老的浏览器就可以显示出不支持该标签的信息。

video 标签的常用属性如表 9-8 所示。

表 9-8 video 标签的属性

属性	值	描述
autoplay	autoplay	如果出现该属性，则视频在就绪后马上播放
controls	controls	如果出现该属性，则向用户显示控件，比如播放按钮
height	pixels	设置视频播放器的高度
loop	loop	如果出现该属性，则当媒介文件完成播放后再次开始播放
preload	preload	如果出现该属性，则视频在页面加载时进行加载并预备播放。如果使用 "autoplay"，则忽略该属性
src	url	要播放的视频的 URL
width	pixels	设置视频播放器的宽度

video 元素加载的视频格式文件需要浏览器支持才能播放。当前，video 元素常用的 3 种视频格式浏览器版本支持的情况如表 9-9 所示。

表 9-9 主要浏览器版本对视频格式文件支持的情况

浏览器 / 格式	IE	Firefox	Opera	Chrome	Safari
Ogg	不支持	3.5+	10.5+	5.0+	不支持
MPEG 4	9.0+	不支持	不支持	5.0+	3.0+
WebM	不支持	4.0+	10.6+	6.0+	不支持

- Ogg：带有 Theora 视频编码和 Vorbis 音频编码的 Ogg 文件。
- MPEG4：带有 H.264 视频编码和 AAC 音频编码的 MPEG 4 文件。
- WebM：带有 VP8 视频编码和 Vorbis 音频编码的 WebM 文件。

以下代码可以测试浏览器是否支持 MP4 文件，当浏览器不支持时会显示标签中的文本。

```
<video src="video/movie.mp4" controls="controls">
    您的浏览器不支持 video 标签。
</video>
```

三、操作步骤

（1）运行 Sublime Text 3。

（2）在 example9 文件夹中新建一个空白文件，取名为 9-05.html。

（3）输入如下语句：

```
<!DOCTYPE HTML>
<html>
<head>
    <meta charset="utf-8">
```

```
    <title>视频测试</title>
</head>
<body>
    <video src="video/movie.mp4" controls="controls">
        您的浏览器不支持 video 标签。
    </video>
    <br>
    <a href="videos.html"> 更多视频...</a>
</body>
</html>
```

（4）保存文件并浏览网页。鼠标单击“更多视频...”时会产生页面跳转。

思考与综合练习

利用 HTML 的基本知识，选择合适的 HTML 标签，完成如图 9-10 和图 9-11 所示两个页面的设计。

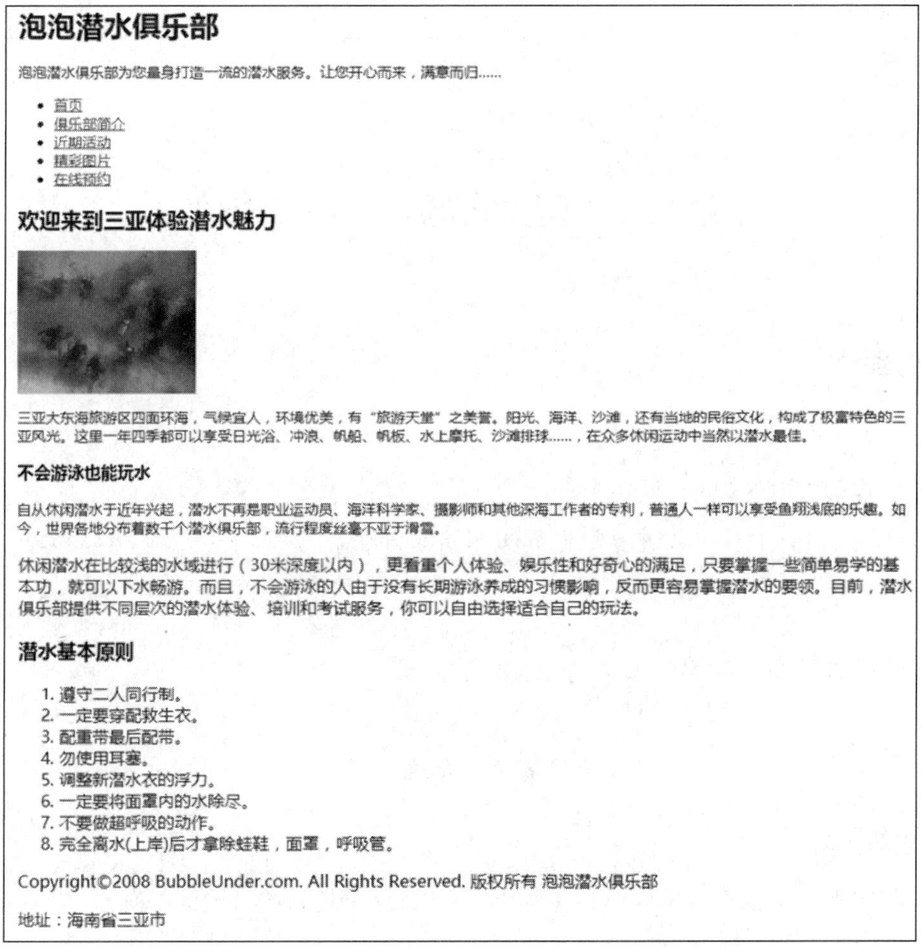

图 9-10　网站首页

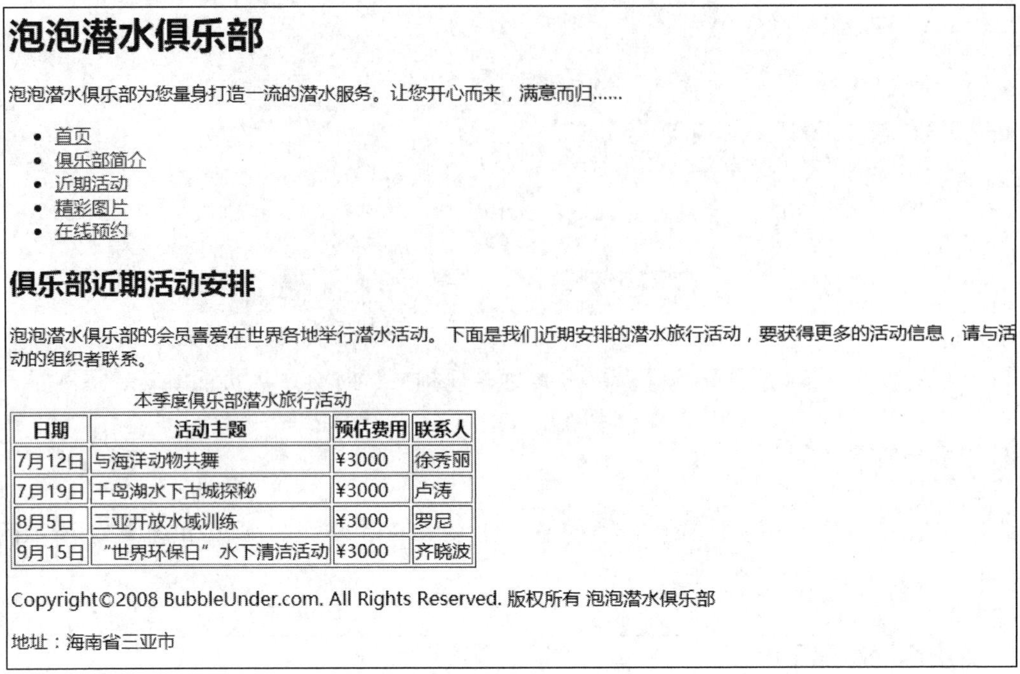

泡泡潜水俱乐部

泡泡潜水俱乐部为您量身打造一流的潜水服务。让您开心而来，满意而归……

- 首页
- 俱乐部简介
- 近期活动
- 精彩图片
- 在线预约

俱乐部近期活动安排

泡泡潜水俱乐部的会员喜爱在世界各地举行潜水活动。下面是我们近期安排的潜水旅行活动，要获得更多的活动信息，请与活动的组织者联系。

本季度俱乐部潜水旅行活动

日期	活动主题	预估费用	联系人
7月12日	与海洋动物共舞	¥3000	徐秀丽
7月19日	千岛湖水下古城探秘	¥3000	卢涛
8月5日	三亚开放水域训练	¥3000	罗尼
9月15日	“世界环保日”水下清洁活动	¥3000	齐晓波

Copyright©2008 BubbleUnder.com. All Rights Reserved. 版权所有 泡泡潜水俱乐部

地址：海南省三亚市

图 9-11　近期活动页面

实验 9.2　网页布局（DIV+CSS）

实验目的

（1）掌握 DIV（层）的概念。

（2）了解 DIV+CSS 的布局优势。

（3）掌握使用 DIV+CSS 进行常见页面布局的方法。

实验内容与操作步骤

任务 1　用基本的 CSS 特性实现 DIV 样式设置

一、实验内容

根据图 9-12 所示的效果，在网页中按要求实现 DIV 的 CSS 样式设置。

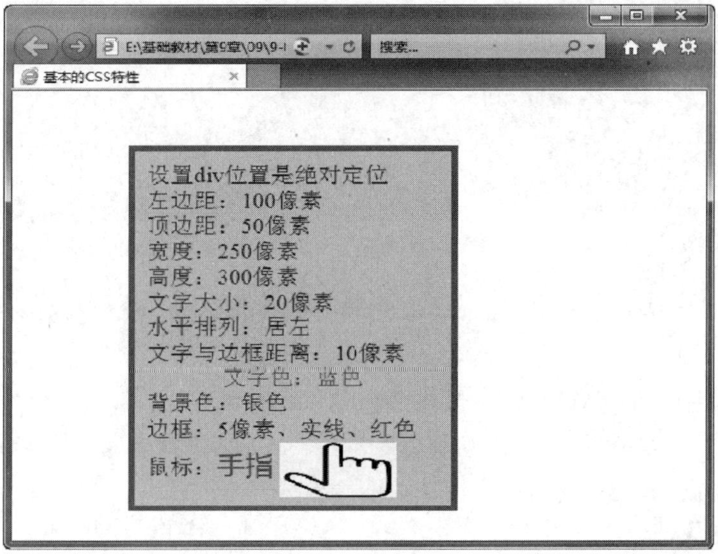

图 9-12　设置 DIV 的 CSS 样式

二、相关知识介绍

DIV+CSS 是网站标准中的常用术语之一，是一种网页的布局方法。这种网页布局方法有别于传统的 HTML 网页设计语言中的表格定位方式，真正达到了信息结构清晰、内容与表现相分离。

1. DIV 标签

DIV 是网页中的“层”（或称为“块”）标签，相当于一个容器。一个 DIV 标签自身是不会产生任何显示效果的，除非你用 CSS 规则专门为其作了设定。DIV 标签的边距、留白、边框默认值为 0。网页中的元素均可以划分到相应的层中进行显示输出。

DIV 的起始标签是<div>，结束标签是</div>。介于<div>和</div>之间的所有内容都属于这个层，其中所包含元素的特性由 DIV 标签的属性来控制，或者是通过使用 CSS 样式表来进行控制。

网页布局以层为单位，层的属性及层中所包含元素的属性都是通过 CSS 进行控制的，以实现页面的协调统一布局。

2. CSS 基础

CSS 是 Cascading Style Sheets（层叠样式表）的缩写，解决了网页界面排版的问题，实现内容和样式的分离，利于团队开发。

一个样式表是多条 CSS 规则组成的集合。

每条 CSS 规则由一个或多个属性构成，如颜色、字体、大小等，这些属性规定了当页面元素被应用该规则时页面元素所呈现的外观和格式。

例如：

```
p{
    color: red;              /*段落 p 内文字颜色：红色*/
    height:300px;            /*段落 p 的宽度：300 像素*/
    font-size:20px;/         /*段落 p 内文字大小：20 像素*/
}
```

样式规则的定义方式如下：

（1）行内样式。在 HTML 元素上设置 style 属性来定义 CSS 规则，定义的 CSS 规则只能在该标签中有效。如：

```
<p style="text-align: center; color: red;">行内样式规则定义</p>
```

（2）内部样式。在本页面的 head 标签中嵌入 style 标签来定义 CSS 规则，标签可以应用这些规则。内部定义的 CSS 规则只能在该页面中有效。

```
<head>
<style type="text/css">
    p{ text-align: center;
      color: red;  }
</style>
</head>
<body>
    <p>内部样式规则定义</p>
</body>
```

（3）外部样式。在单独的文件中定义 CSS 规则，要使用的 HTML 页面中需要链接此样式文件。外部定义的 CSS 规则可以供多个页面使用。

例如，在文件 style.css 中定义如下 CSS 规则：

```
p{   text-align: center;
     color: red;  }
```

在 test.html 中输入如下代码，链接 style.css 文件，使用其定义的规则：

```
<head>
<style type="text/css">
  <link rel="stylesheet" type="text/css" href="style.css"></link>
</style>
</head>
<body>
<p>外部样式规则定义</p>
</body>
```

内部样式和外部样式中 CSS 规则的定义格式如下：

```
选择器{
    对象的属性 1: 属性值 1;
    对象的属性 2: 属性值 2;
  }
```

属性名称与属性值之间用冒号分隔，不同的属性之间用分号分隔。CSS 规则包含定义规则和 HTML 标签使用规则，它们之间通过选择器来关联。

样式表中选择器的类型主要有以下几种：

- HTML 标签选择器。选择器用的是 HTML 标签，body 中 HTML 标签会自动应用与选择器同名的样式规则。

```
<style type="text/css">
p {
    color:#ff0000;
    font-size: 20px;
}
ul{
    list-style: square;
    padding: 10px;
}
</style>
```

- 类选择器。样式定义中自定义类名称，前面加个圆点，在 HTML 标签内使用 class 属性应用该条 CSS 规则，类选择器名称与 class 属性值相同才会被应用。

```
<html>
<head>
<style type="text/css">
    .redtext {    color:red;    }
</style>
</head>
<body>
    <p class="redtext">段落内容用类设置样式    </p>
</body>
</html>
```

- ID 选择器。样式定义中自定义 ID 名称，前面加个井号，在 HTML 标签内使用 id 属性应用该条 CSS 规则，ID 选择器名称与 id 属性值相同才会被应用。

```
<html>
<head>
<style type="text/css">
#container {
    margin:0 auto;
    width:780px;    height:300px;
    background-color:red;
    }
</style>
</head>
<body>
    <div id="container">网页内容    </div>
</body>
</html>
```

- 复合内容选择器。更加精确地指明 CSS 规则的应用对象，规则的使用根据页面元素的上下文关系自动匹配。例如：

```
<html>
<head>
<style type="text/css">
body ul li strong {
    color:red;
    }
</style>
</head>
<body>
    <ul>
        <li>HTML 标签 </li>
        <li><strong>CSS</strong>样式规则 </li>
        <li>JavaScript<strong>程序</strong> </li>
    </ul>
    <p><strong>内容不在 ul 中</strong></p>
</body>
</html>
```

body ul li strong 选择器中空格代表标签的包含关系。浏览器显示效果如图 9-13 所示。

图 9-13 浏览器显示效果

3. CSS 盒子模型

CSS 把页面上的每个元素看作一个虚拟方框的盒子模型。每个虚拟矩形框充当一个容器，用于容纳文本、图像、媒体、表格等内容，并在页面上占据一定区域。每个虚拟矩形框可以设定自己的留白、边距和边框。

盒子模型是嵌套的。浏览器窗口是最大的盒子，而 body 标签对应的盒子是页面中所有其他元素的根容器。

我们在网页设计中常常使用一些属性：内容（Content）、留白（Padding）、边框（Border）、边距（Margin）。这些属性类似于我们日常生活中盒子的属性。

CSS 盒子模式就具备这些属性，盒子模型的结构如图 9-14 所示。

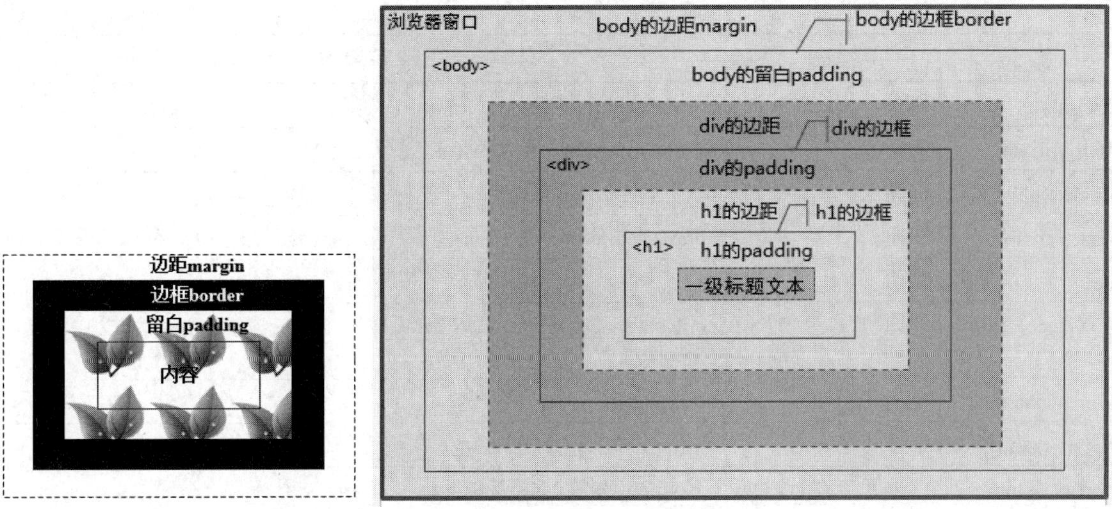

图 9-14　CSS 盒子模型

body 的边距就决定了页面本身的边界。

- 内容 content：就是盒子里装的东西，常指文字、图片或 DIV 等元素。
- 边距 margin：指围绕盒子的透明区域，包括上、下、左、右边距。4 个边距可以设置不同值。边距的默认值不等于 0。
- 留白 padding：指盒子的边框与其内容之间的透明区域，包括上、下、左、右留白。亦可设置 4 个不同值。留白的默认值等于 0。
- 边框 border：位于盒子的边距区与留白区之间，包括上、下、左、右边框。边框默认是透明的，可以分别设定每个边框的宽度、颜色和样式。

整个盒子最终的宽度（高度）= width（height）+margin+border+padding

4. CSS 常用属性

CSS 常用属性如表 9-10 所示。

表 9-10　CSS 常用属性

属性	描述	可用值
width	宽度	值
height	高度	值
border	边界	值
margin	边距	值
padding	留白	值
font-family	字体	值
font-size	字号	值
font-weight	加粗	normal、bold（粗体）、bolder（特粗）、lighter（细体）

续表

属性	描述	可用值
font-style	样式	normal、italic（斜体）、oblique（倾斜）
font-variant	变形	normal、small-caps（小型的大写字母）
line-height	行高	值
text-transform	转换	none、capitalize（首字母大写）、uppercase（大写）、lowercase（小写）
color	颜色	值
text-decoration	装饰	none、blink（闪烁）、underline（下划线）、line-through（穿越线）、overline（上划线）
word-spacing	单词间距	normal、值
letter-spacing	字母间距	normal、值
vertical-align	行内元素在行内的垂直对齐方式	baseline（基线）、sub（下标）、super（上标）、top（顶部）、text-top（文本顶部）、middle（中线）、bottom（底部）、text-bottom（文本底部）
text-align	文本水平对齐方式	left、right、center、justify（两端对齐方式）
text-indent	首行缩进	值
white-space	空白	normal、pre（保留空白）、nowrap（不换行）
display	显示方式	none（不显示）、inline（显示为行内元素）、block（显示为块元素）
list-style-type	项目符号的样式	none、disc（圆点，默认值）、circle（圆圈）、square（方块）、decimal（数字）、lower-roman（小写罗马数字）、upper-roman（大写罗马数字）、lower-alpha（小写字母）、upper-alpha（大写字母）
list-style-image	项目符号的图像	none、值

三、实验步骤

（1）运行 Sublime Text 3。

（2）在 example9 文件夹中新建一个空白文件，取名为 9-06.html。

（3）输入如下语句：

```
<!DOCTYPE html>
<!DOCTYPE html>
<html>
<head>
<meta charset="utf-8">
<title>基本的 CSS 特性</title>
<style type="text/css">
    .div_style{position:absolute;        /*div 在 body 中的定位方式：绝对定位*/
        left:100px;                      /*div 左边距*/
        top:50px;                        /*div 顶边距*/
        width:250px;                     /*div 宽度：250 像素*/
        height:300px;                    /*div 高度：300 像素*/
        font-size:20px;                  /*div 内文字大小：20 像素*/
        text-align:left;                 /*div 内元素水平排列：居左*/
```

```
            padding:10px;                    /*div 内文字与边框距离：10 像素*/
            color:#0000ff;                   /*div 内文字颜色：蓝色*/
            background:silver;               /*div 背景颜色：银色*/
            border:5px solid #ff0000;        /*div 边框：5 像素、实线、红色*/
            cursor:pointer;                  /*鼠标进入到 div 的形状：手指*/
        }
</style>
</head>
<body>
<div class="div_style">
设置 div 位置是绝对定位<br />
左边距：100 像素<br />
顶边距：50 像素<br />
宽度：250 像素<br />
高度：300 像素<br />
文字大小：20 像素<br />
水平排列：居左<br />
文字与边框距离：10 像素<br />
<p style="text-align: center;padding:0px; margin:0px;color: red;">文字颜色：蓝色</p>
背景色：银色<br />
边框：5 像素、实线、红色<br />

鼠标：<span style=" font-family:'微软雅黑', '宋体'; font-size: 24px; color: red;">手指</span>
<img src="images/point.jpg " width="100" height="50"   align="center">
<!-- 图片与文字的对齐方式：居中 -->
</div>
</body>
</html>
```

（4）保存文件并浏览网页。

任务 2　用 DIV 和 CSS 实现页面两列或三列布局

一、实验内容

利用 DIV+CSS 实现“两列固定宽度居中”布局方式的网页，其中网页宽度为 780px，sidebar 的宽度为 240px，如图 9-15 所示。

二、相关知识介绍

常用的 DIV 布局方式有固定宽度居中、两列固定宽度等。

1. 固定宽度居中

显示在浏览器中一个居中的、有固定宽度的层，就是“固定宽度居中”布局方式，如图 9-16 所示。

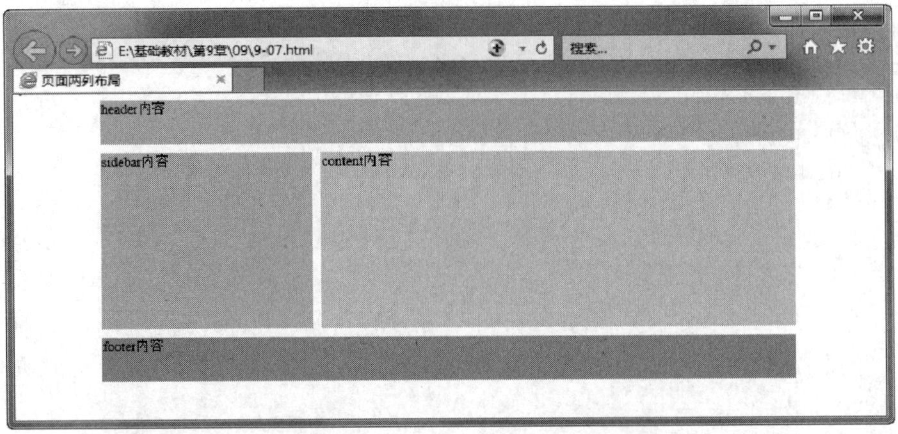

图 9-15　DIV+CSS 布局的网页

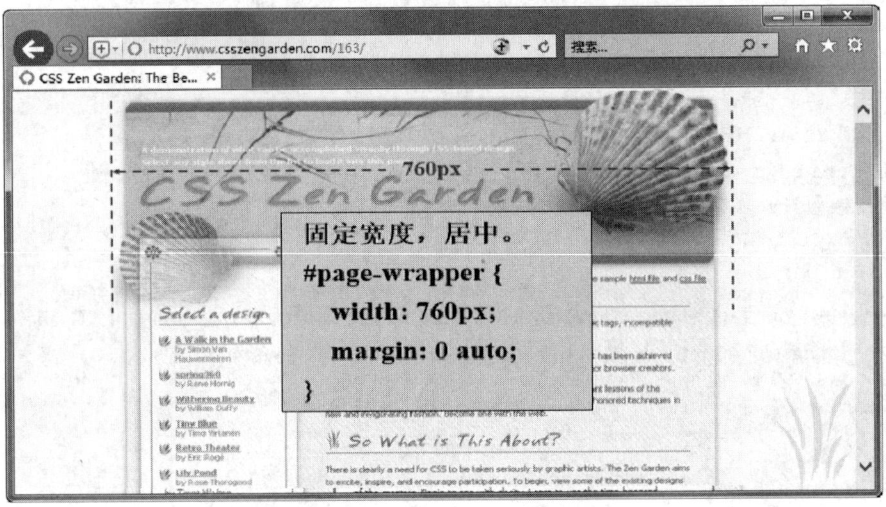

图 9-16　固定宽度居中布局的网页

在 DIV+CSS 布局中是通过设置最外层的 DIV 中的 margin 属性控制层左右两个方向的外边距来实现的。margin 属性可以直接使用数值，也可以设定为 auto，即浏览器自动判断边距，当层的左右边界设置为 auto 时，浏览器就会将层的左右边距设为相等的值，从而实现居中效果。

2. 两列固定宽度

“两列固定宽度”的布局方式是网页中常见的布局结构，两个层呈水平方向排列。

要实现层的水平方向排列，必须使用到层的浮动（float）属性，float 属性是 DIV+CSS 布局中非常强大的功能。在 CSS 中，任何元素都能以浮动的方式显示。

在网页中顺序插入的两个 DIV，即使设置了合适的宽度，仍然还是保持在垂直方向上的线性排列，如图 9-17 所示。如果需要在水平方向进行排列，就需要设置 DIV 的浮动方式，如图 9-18 所示。

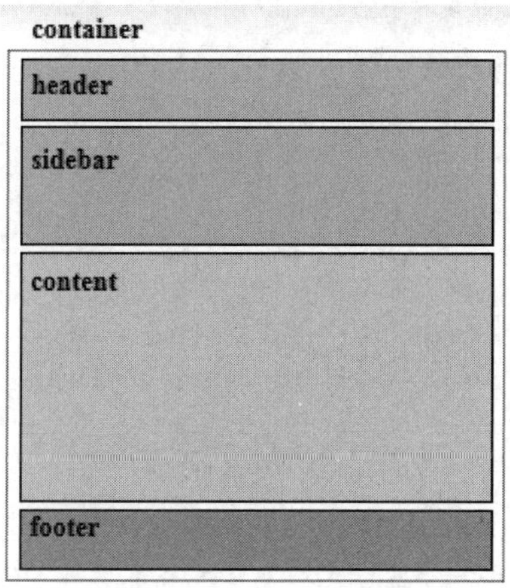

图 9-17　未设置浮动

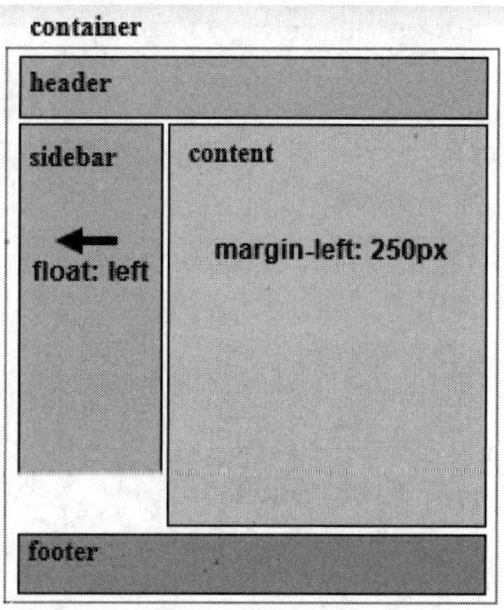

图 9-18　设置左浮动

所以，在设计时对左层 sidebar 和右层 content 的样式定义除了宽和高之外，还需要定义 float 属性为 left。这样，sidebar 层在浏览器中居左对齐，content 层 margin-left 留出 sidebar 层的宽度即可。

三、操作步骤

（1）运行 Sublime Text 3。

（2）在 example9 文件夹中新建一个空白文件，取名为 9-07.html。

（3）输入如下语句：

```
<!DOCTYPE html>
<html>
<head>
<meta charset="utf-8">
<title>页面两列布局</title>
<style type="text/css">
#container { width: 780px;          /* 网页固定宽度 */
    margin: 0 auto;                 /* 网页内容居中 */
}
#header {
    height:50px;
    background-color:rgb(138, 196, 240);
    margin-bottom: 10px;
}
#sidebar {
    width: 240px;
    float: left;   /* 左浮动 */
    height:200px;
    background-color: rgb(165, 224, 17);
}
#content {
     margin-left: 250px;   /* 留出 sidebar 的宽度，否则会层叠 */
     height:200px;
```

```
        background-color: rgb(246,199, 83);
    }
    #footer {
        clear:both; /* 清除左右浮动 */
        height:50px;
        background-color:rgb(245, 106, 138);
        margin-top: 10px;
    }
    </style>
    </head>
    <body>
        <div id="container">
            <div id="header">header 内容</div>
            <div id="sidebar">sidebar 内容</div>
            <div id="content">content 内容</div>
            <div id="footer">footer 内容</div>
        </div>
    </body>
    </html>
```

（4）保存文件并浏览网页。

思考与综合练习

用 DIV 和 CSS 实现实验 9.1 思考与综合练习中页面的布局和美化，网页效果如图 9-19 和图 9-20 所示。

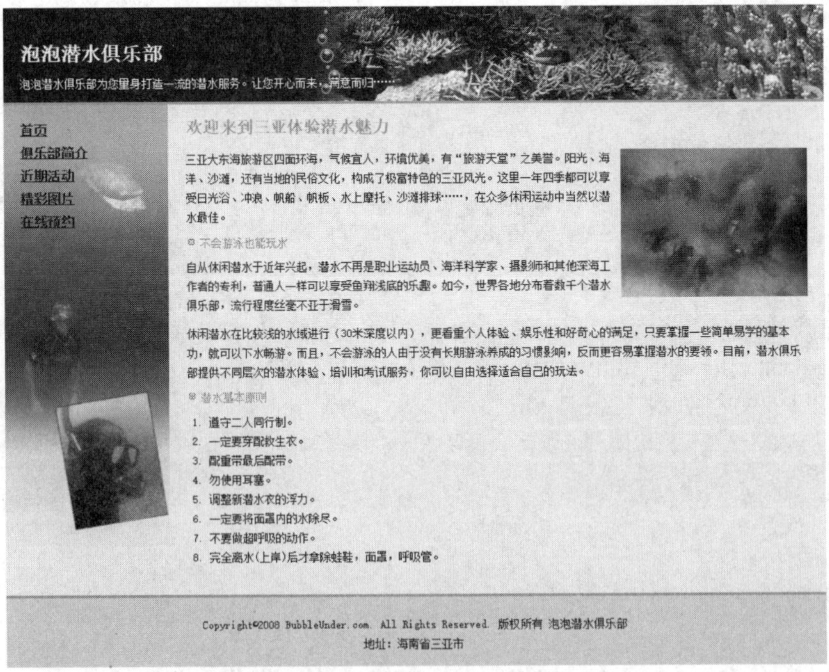

图 9-19　首页效果

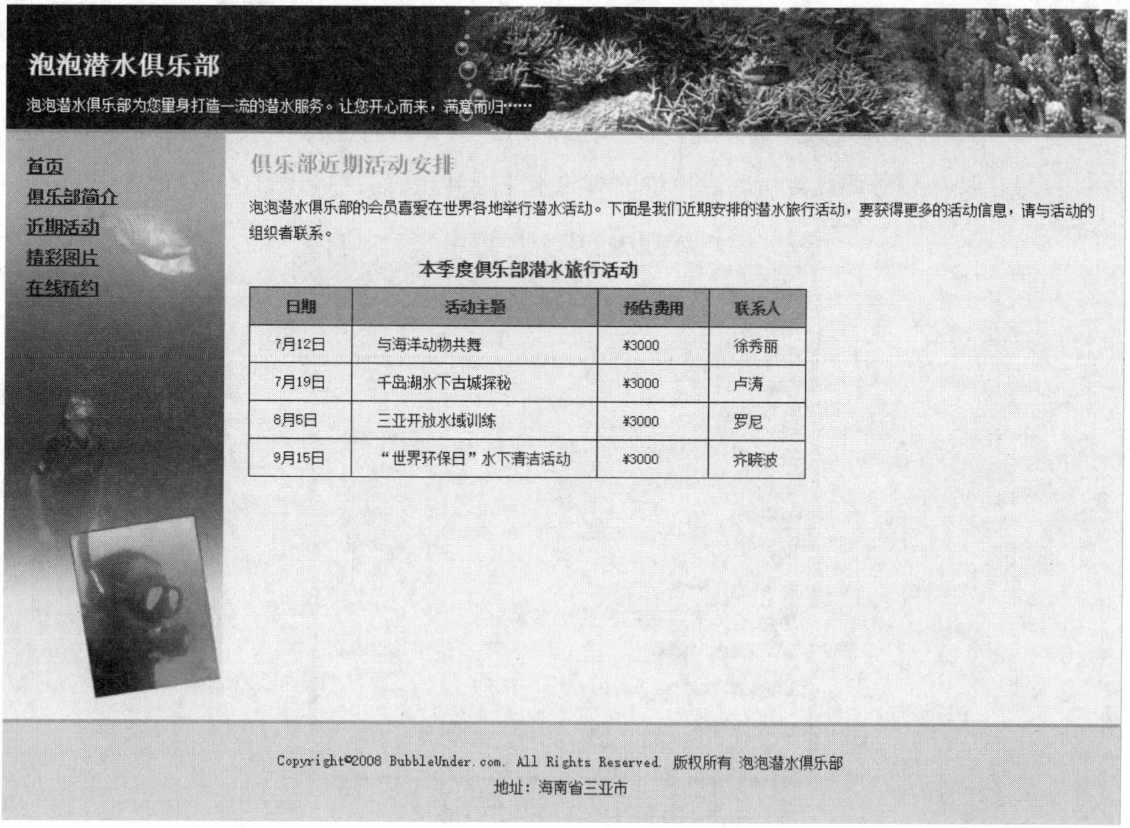

图 9-20　近期活动页面效果

实验 9.3　表单设计

实验目的

（1）理解表单的概念。

（2）掌握表单的属性设置。

（3）掌握表单对象属性的设置。

实验内容与操作步骤

任务　表单的设计

一、实验内容

表单是网页上的一个特定的区域，是用户交互的控件集合，相当于一个容器，其中可以包含按钮、文本框、下拉列表框等。表单在 HTML 页面中发挥了重要作用，利用表单可以收集用户端提交的信息，是联系用户和站点拥有者的重要桥梁，是实现交互的重要手段。

制作一个在线完善个人信息页面，图 9-21 所示。该界面通过表单对象与用户进行交互，接收用户数据。本任务通过分析此表单中的对象来认识其相应的标记在 HTML 语言中的用法。

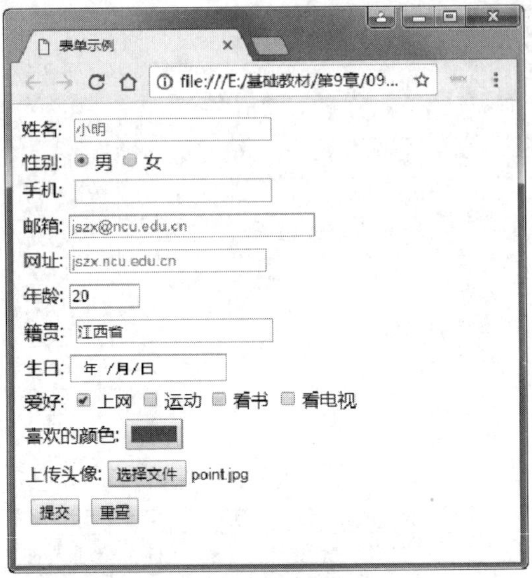

图 9-21　表单提交数据

注意：由于表单对象的内容（值）需要传递到相应的服务器，由服务器的相关程序来处理，因此在静态网页制作中，我们只能设计表单的界面效果，而不能处理用户数据。表单的具体使用方法应通过学习动态网页知识来理解和掌握。

二、相关知识介绍

1. 表单标签<form>

表单标签标志表单的开始和结束，在<form>和</form>之间可以使用<form>以外的任何 HTML 标记，这使表单变得非常灵活。

常用属性如表 9-11 所示。

表 9-11　<form>标记的常用属性

常用属性	功能
action	用于定义表单处理的信息的位置
method	用于定义将表单结果从浏览器传送到服务器的方法，有两种：get 和 post，默认的提交方式为 get，但是该方法不能用于传递大于 1KB 的信息，常用到的是 post 方法，它可以隐藏信息
target	指定服务器返回时所显示的目标窗口，属性值有_blank、_parent、_self、_top
title	当鼠标指向表单时显示的内容

2. 常用的表单元素

表单中需要嵌套表单标签元素，常用的表单元素如表 9-12 所示。

表 9-12　表单中的主要元素

元素	控件	功能
text	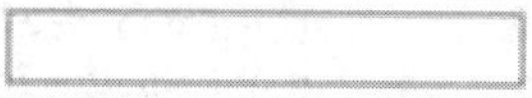	文本框：用于接收用户输入的文本
button	 按钮	普通按钮：响应用户鼠标点击
submit	 提交	提交按钮：提交表单数据到相应的处理程序
reset	 重置	重置按钮：清空表单的内容，恢复到初始状态
radio		单选按钮：一组选项中只能选择一项
checkbox		复选框：一组选项中可以选择多项
select		下拉列表框：从下拉列表中选择项
textarea		多行文本框：又称为文本域，用于接收用户输入的多行文本

表单中的各元素通过以下标记来输入：

（1）<input>标签。表单的不同类型的元素通过设定属性 TYPE="表单类型"实现。

1）文本框和密码框。

type="text"为文本框，type="password"为密码框。

常用属性如表 9-13 所示。

表 9-13　文本框的常用属性

属性	功能
name	设定文本框的名称
size	设定文本框显示的宽度（字符数）
value	设定文本框的初始值
maxlength	设定文本框可输入字符串的最大长度
align	文本框的对齐方式，属性值有 top、middle、bottom、right、left

例如，下面这段语句对应图 9-22 所示的效果。

```
用户名：<input type="text" name="t1" size="20">
<p>密  码：<input type="password" name="t2" size="20">
```

图 9-22　文本框和密码框

2）按钮。按钮分为普通按钮、提交按钮、复位按钮。

- 普通按钮（type="buttom"）：单击后执行设定的代码。
- 提交按钮（type="submit"）：当用户单击这个按钮后，用户的输入信息即被传送到服务器。

```
<input type="submit" name="subsave" value="提交">
<input type="submit" name="subresset" value="更改" formaction="1.php" formmethod="get">
```

formaction：可以更改单击此按钮时提交到服务器的处理程序。

formmethod：可以更改向服务器提交数据的方式。

- 重置按钮（type="reset"）：当用户单击这个按钮后，用户输入的信息全部清除，用户重新输入信息。

常用的属性有 name、value、align 等，参考表 9-13。

3）单选按钮。类型为 type="radio"，单选按钮提供多个选项让用户选择，一次只能选择一个。常用的属性有 name、value、align、checked（默认选择项）等，参考表 9-13。

例如，下面这段语句对应图 9-23 所示的效果。

```
性   别：
<input type="radio" name="r1" value="radio" checked="checked">男
<input type="radio" name="r1" value="radio2">女
```

图 9-23 单选按钮

4）复选框。类型为 type="checkbox"，复选框提供多个选项让用户选择，一次能选择多个。常用的属性有 name、value、align、checked（默认选择项）、maxlength。

例如，下面这段语句对应图 9-24 所示的效果。

```
爱好：
<p><input type="checkbox" name="c1">上网
<input type="checkbox" name="c2" checked >运动
<input type="checkbox" name="c3">看书
<input type="checkbox" name="c4" checked >看电视
```

图 9-24 复选框

5）HTML 5 新增表单元素。HTML 5 中新增加了一些表单元素，下面列出这些元素及其作用：

- email 类型：用于验证 email 的格式，当提交表单时会自动验证 email 域的值。
- url 类型：用于验证 URL 地址的格式，当提交表单时会自动验证 url 域的值。

- number 类型：会根据你的设置提供选择数字的功能，min 属性设置最小值，max 属性设置最大值，value 属性设置当前值，step 属性设置每次增长的值，某些浏览器还不支持。
- range 类型：用于包含一定范围内数字值的输入域，其会以一个滑块的形式展现，min 属性设置最小值，max 属性设置最大值，value 属性设置当前值，如果没有设置，则其默认值的范围是 1～100。
- 日期和时间类型：HTML5 拥有多个可供选取日期和时间的新输入类型：
  - date：选取日、月、年。
  - month：选取月、年。
  - week：选取周和年。
  - time：选取时间（小时和分钟）。
  - datetime：选取时间、日、月、年（UTC 时间）。
  - datetime-local：选取时间、日、月、年（本地时间）。
- color 类型：会提供一个颜色拾取器，供用户选择颜色，并将用户选择的颜色填充到此元素中。

6）HTML 5 的新 input 属性。

- placeholder：用于在文本框未输入时进行提示。
- autofocus：用于控件自动获取焦点。
- required：必填。
- autocomplete：在网页的文本框中输入部分内容或者双击时，经常会看到在下面显示输入过的内容，这就是 HTML 5 的新特性：自动完成，如果不想使用此功能，将其设置为 off 即可。
- multiple：在选择文件时，默认只能单选，加上这个属性后，则可以使用鼠标选中多个文件进行上传。

```
<input type="file" name="upload" value="" multiple="multiple">
```

- list：这个属性要和 datalist 元素一起使用，指定此文本框的可选项，另外其相较于 select 的优点在于还可以输入。

```
省份：
    <input type="text" name="age" value="" list="list1">
    <br>
    <datalist id="list1">
        <option value="021">上海市</option>
        <option value="0791">江西省</option>
        <option value="010">北京市</option>
    </datalist>
```

（2）<select>标签。和<option>…</option>标记结合使用，用于产生一个下拉列表框。

常用属性如表 9-14 所示。

表 9-14 <select>的常用属性

属性	功能
name	设定下拉列表框的名称
size	设定下拉列表框的选项个数。默认为 1，如果大于 1，则有多个选项
multiple	设置是否能够多选

<option>标签的常用属性为 selected，用于设定选项被默认选中的初始状态。

例如，下面这段语句对应图 9-25 所示的效果。

```
<select name="s2" size="3">
<option selected>说明 1</option>
<option>说明 2</option>
<option>说明 3</option>
</select>
```

图 9-25 下拉列表框

（3）<textarea>标签。有时候我们希望使用者输入比较多的文字，此时文本框就不能满足用户的需求了，需要一个可以输入大量文字的元件，即文本域。

文本域的常用属性如表 9-15 所示。

表 9-15 <textarea>的常用属性

属性	功能
name	设定文本域的名称
wrap	设定文本域中的换行模式，属性值：off，不自动换行；virtual，当按下 Enter 键时视为换行；physical，自动换行
cols	设定文本域的行数
rows	设定文本域的列数

例如，下面这段语句对应图 9-26 所示的效果。

```
评论：
<p>
<input type="radio" name="r1" value="radio">好评
<input type="radio" name="r1" value="radio2">中评
<input type="radio" name="r1" value="radio3">差评
</p>
<textarea name="t3" cols="25" rows="5"></textarea>
```

图 9-26　文本域控件

三、操作步骤

（1）运行 Sublime Text 3。

（2）在 example9 文件夹中新建一个空白文件，取名为 9-08.html。

（3）输入如下语句：

```
<!DOCTYPE html>
<html lang="zh-cn">
<head>
    <meta charset="utf-8">
    <title>表单示例</title>
    <style type="text/css">
        input
        {   margin: 5px;        }
    </style>
</head>
<body>
    <form action="#" method="post">
    <!--必填字段-->
    <label for="name">
        姓名:</label>
    <input id="name" name="name" type="text" placeholder="小明" required />
    <br />
    <!--必填字段-->
    <label for="sex">
        性别:</label>
    <input type="radio" name="sex" value="radio" checked="checked">男
    <input type="radio" name="sex" value="radio2">女
    <br />
    <!--正则匹配-->
    <label for="phone">
        手机:</label>
    <input type="text" name="phone" pattern="[0-9]{11}"><br />
    <!--类型匹配-->
    <label for="email">
        邮箱:</label><input type="email" name="email" placeholder="jszx@ncu.edu.cn" size="26" /><br />
```

```
<label for="url">
    网址:</label><input type="url" name="url" placeholder="jszx.ncu.edu.cn" /><br />
<!-- 数字字段 -->
<label for="age">
    年龄:</label><input type="number" name="age" min="10" max="60" value="20"><br />
<!--选项列表-->
<label for="text">
    籍贯:</label>
<input type="text" list="mydata">
<datalist id="mydata">
<option label="江西省" value="江西省"/>
<option label="北京市" value="北京市"/>
<option label="上海市" value="上海市"/>
</datalist>
<br />
<!-- 日期字段 -->
<label for="birthday">
    生日:</label><input name="birthday" type="date" min="2018-04-16" /><br />
<label for="birthday">
    爱好:</label>
<input type="checkbox" name="c1">上网
<input type="checkbox" name="c2">运动
<input type="checkbox" name="c3">看书
<input type="checkbox" name="c4">看电视<br />
<!-- 拾色器 -->
<label for="color">
    喜欢的颜色:</label><input type="color" value="#ed1c24"/><br />
<label for="file">
    上传头像:</label><input type="file" name="file" accept="images/*" /><br />
<input type="submit" name="sub" value="提交"/><input type="reset" name="res" value="重置"/>
</form>
</body>
</html>
```

（4）保存文件并浏览网页。

思考与综合练习

在前面的思考与综合练习的基础上新增一个在线预约的页面，效果如图 9-27 所示。

图 9-27　在线预约页面

实验 9.4　JavaScript 网页设计

实验目的

（1）理解 JavaScript 语言的作用和执行方式。

（2）掌握在网页中使用客户端脚本的方法。

（3）掌握 JavaScript 语言的基本语法。

（4）认识核心语言对象，熟悉使用核心语言对象的方法和属性。

（5）掌握对页面中不同种类事件响应的编程。

（6）能够利用 JavaScript 语言完成对文档内容的交互。

（7）了解客户端常见 JavaScript 特效程序的编程。

实验内容与操作步骤

任务 1　使用 JavaScript 实现一个简单的计算器

一、实验内容

在网页上实现一个简单的计算器功能，如图 9-28 所示。

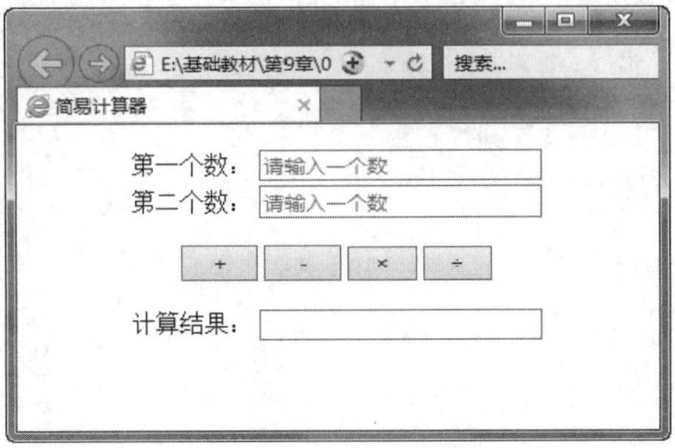

图 9-28　简单的计算器

二、相关知识介绍

1. JavaScript 简介

JavaScript 是一种解释性的基于对象的脚本语言，如今已经越来越广泛地应用于网页制作，用它可以编写出各种应用于网页动态效果的程序。在 HTML 基础上，使用 JavaScript 可以开发交互式 Web 网页，不仅增添网页和用户之间实时、动态、交互的功能，还能让网页包含更多活跃的元素和更加精彩的内容。

JavaScript 短小精悍，主要是在客户端运行，这样就大大减少了服务器的负荷，提高了网页的浏览速度和交互能力。同时也就要求网页浏览器能支持 JavaScript 语言。目前我们所使用的浏览器均能非常友好地支持 JavaScript 语言。

JavaScript 程序本身不能独立存在，它是依附于某个 HTML 页面，在浏览器端运行的。

在网页中使用 JavaScript 时，代码需要放在<script>…</script>标记之间，并将其加入到 HTML 文档的相应位置，常用格式如下：

```
<script type="text/javascript">
    …
</script>
```

script 为脚本标签，必须以<script type="text/javascript">开头，以<script>结束，界定程序开始的位置和结束的位置。

script 在页面中的位置决定了什么时候装载它们，JavaScript 代码可以位于 head 标签中，可以位于 BODY 标签中，可以直接位于事件处理部分的代码中，还可以写在独立的文件中被网页引用。下面的示例综合了这几种情况。

（1）test.js 文件。

```
document.write("<h2>test.js 中 JavaScript 程序执行!</h2>");
```

（2）9-09.html 文件。

```
<html>
<title>第一个 JavaScript 程序</title>
<head>
   <script src="test.js"></script>
     <script type="text/javascript">
           document.write("head 中 JavaScript 程序执行！  ");
    </script>
</head>
<body onload="alert('页面加载事件中 JavaScript 程序执行');">
     <script type="text/javascript">
          document.write("<h2>body 中 JavaScript 程序执行!</h2>");
     </script>
</body>
</html>
```

其中，document.write 是向页面输出信息，alert 输出提示信息窗口，onload 是页面加载事件。浏览器显示效果如图 9-29 所示。

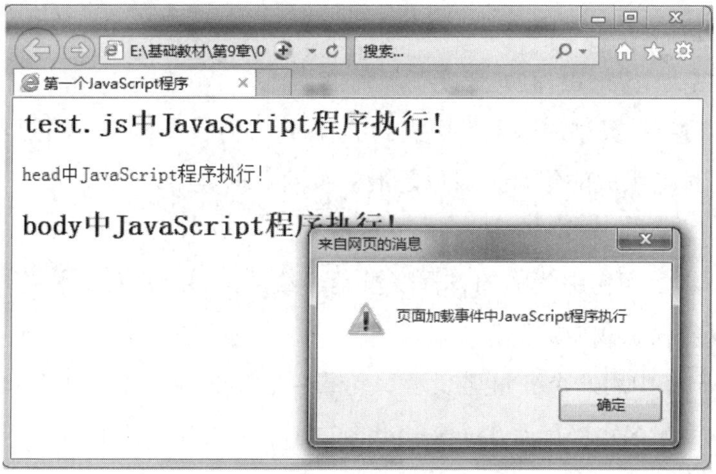

图 9-29　浏览效果图

作为一种嵌入到 HTML 页面内的解释型程序设计语言，JavaScript 脚本语言的基本构成是由语句、函数、对象、方法、属性等来实现编程的，在程序结构上同样是有顺序、分支和循环 3 种基本结构。

2. 数据类型

JavaScript 有 6 种数据类型，主要的类型有 number、string、object 和 boolean，其他两种类型为 null 和 undefined。JavaScript 不是一种强类型的语言，虽然 JavaScript 变量表面上没有类型，但是 JavaScript 内部还是会为变量赋予相应的类型。

（1）string（字符串）类型。字符串是用单引号或双引号来说明的（可以使用单引号来输入包含引号的字符串），如"张华"、'张华'或者'"张华"'。

字符串中每个字符都有特定的位置，首字符从位置 0 开始，第二个字符在位置 1，依此类推。这意味着字符串中的最后一个字符的位置一定是字符串的长度减 1。

（2）number（数值）类型。JavaScript 不区分整数和浮点数，统一用 number 表示。以下都是合法的 number 类型：

```
123;            //整数 123
0.456;          //浮点数 0.456
1.2345e3;       //科学记数法表示 1.2345x1000，等同于 1234.5
-99;            //负数
NaN;            //NaN 表示 Not a Number，当无法计算结果时用 NaN 表示
Infinity;       //Infinity 表示无限大，当数值超过了 JavaScript 的 number 所能表示的最大值时，就
                //表示为 Infinity
```

（3）boolean（布尔）类型。布尔值代表“真”和“假”两个状态。“真”用关键字 true 表示，“假”用关键字 false 表示。布尔值只有这两个值。

（4）undefined 数据类型。一个为 undefined 的值就是指在变量被创建后但未给该变量赋值之前所具有的值。

（5）null 数据类型。null 值就是没有任何值，什么也不表示。

（6）object（对象）类型。除了上面提到的各种常用类型外，对象也是 JavaScript 中的重要组成部分，是各种值组成的集合，对象是最复杂的数据类型。

3. 变量

变量的概念基本上和初中代数的方程变量是一致的，只是在计算机程序中，变量不仅可以是数字，还可以是任意数据类型。

变量在 JavaScript 中用一个变量名表示，变量名是大小写英文、数字、$和_的组合，而且不能用数字开头。变量名也不能是 JavaScript 的关键字，如 if、while 等。声明一个变量用 var 语句，比如：

```
var a;          //声明了变量 a，此时 a 的值为 undefined
var $b = 1;     //声明了变量$b，同时给$b 赋值，此时$b 的值为 1
var t = null;   //t 的值是 null
```

变量名也可以用中文。

在 JavaScript 中，使用等号=对变量进行赋值。可以把任意数据类型赋值给变量，同一个

变量可以反复赋值，而且可以是不同类型的变量，但是要注意只能用 var 声明一次，例如：

```
var a = 123;      //a 的值是整数 123
a = 'ABC';        //a 变为字符串
```

4. 运算符和表达式

运算符是处理数据的基本方法，用来从现有的值得到新的值。JavaScript 提供了多种运算符，下面介绍一些 JavaScript 常用的运算符。

（1）算术运算符。给定 y=5，表 9-16 解释了算术运算符的运算规则。

表 9-16　算术运算符

运算符	描述	例子	x 运算结果	y 运算结果
+	加法	x=y+2	7	5
-	减法	x=y-2	3	5
*	乘法	x=y*2	10	5
/	除法	x=y/2	2.5	5
%	取模（余数）	x=y%2	1	5
++	自增	x=++y	6	6
		x=y++	5	6
--	自减	x=--y	4	4
		x=y--	5	4

（2）赋值运算符。赋值运算符用于给 JavaScript 变量赋值。

给定 x=10 和 y=5，表 9-17 解释了赋值运算符的运算规则。

表 9-17　赋值运算符

运算符	例子	等同于	运算结果
=	x=y		x=5
+=	x+=y	x=x+y	x=15
-=	x-=y	x=x-y	x=5
*=	x*=y	x=x*y	x=50
/=	x/=y	x=x/y	x=2
%=	x%=y	x=x%y	x=0

（3）比较运算符。比较运算符在逻辑语句中使用，以测定变量或值是否相等。

给定 x=5，表 9-18 解释了比较运算符的运算规则。

（4）逻辑运算符。给定 x=4，y=6，用于测定变量或值之间的逻辑。表 9-19 解释了逻辑运算符的运算规则。

表 9-18 比较运算符

运算符	描述	比较	返回值
==	等于	x==8	false
		x==5	true
===	绝对等于（值和类型均相等）	x==="5"	false
		x===5	true
!=	不等于	x!=8	true
!==	不绝对等于（值和类型有一个不相等，或两个都不相等）	x!=="5"	true
		x!==5	false
>	大于	x>8	false
<	小于	x<8	true
>=	大于或等于	x>=8	false
<=	小于或等于	x<=8	true

表 9-19 逻辑运算符

运算符	描述	例子	返回值
&&	and	(x < 10 && y > 1)	true
||	or	(x==5 || y==5)	false
!	not	!(x==y)	true

（5）三元运算符：?:。

```
条件 ? 表达式 1 : 表达式 2
```

判断?号前面的条件是否成立，成立，计算表达式 1 的值；不成立，计算表达式 2 的值。

（6）逗号运算符。用于对两个表达式求值，并返回后一个表达式的值。

例如 x=(a=4,b=5)，这里是将逗号表达式(a=4,b=5)的值赋给 x，先求解 a=4，再计算 b=5，再将(a=4,b=5)的值 5 赋给 x。

根据运算符需要操作数的个数，可以把运算符分为一元运算符、二元运算符和三元运算符。

由操作数（变量、常量、函数调用等）和运算符结合在一起构成的式子称为“表达式”。对应的表达式包括算术表达式、赋值表达式、逗号表达式、关系表达式、逻辑表达式、位表达式等。

5. 语句

JavaScript 程序的执行单位为语句，也就是一条语句一条语句地执行。语句（Statement）是为了完成某种任务而进行的操作，比如下面就是一行赋值语句：

```
var a = 1 + 3;
```

这条语句先用 var 命令声明了变量 a，然后将 1 + 3 的运算结果赋值给变量 a。

语句以分号结尾，一个分号就表示一个语句结束。多个语句可以写在一行内。

JavaScript 使用大括号将多个相关的语句组合在一起，称为“区块”（Block）。

对于 var 命令来说，JavaScript 的区块不构成单独的作用域（Scope）。

```
{
    var a = 1;
    a=a+1;
}
```

在 JavaScript 语言中，单独使用区块并不常见，区块往往用来构成其他更复杂的语法结构，比如 for、if、while、function 等。

6. JavaScript 程序流程控制结构

程序流程控制就是程序代码执行顺序，通过规定的语句让程序代码有条件地按照一定的方式执行。3 种基本的流程控制结构是顺序结构、选择结构和循环结构。

（1）顺序结构：按照书写顺序来执行，是程序中最基本的流程控制结构。

（2）选择结构（分支结构、条件结构）：根据给定的条件有选择地执行相应的语句。主要的程序结构有：

- if 语句：在一个指定的条件成立时执行代码。
- if...else 语句：在指定的条件成立时执行代码，当条件不成立时执行另外的代码。
- if...else if....else 语句：使用这个语句可以选择执行若干块代码中的一个。
- switch 语句：使用这个语句可以选择执行若干块代码中的一个。

例如，用户输入一个百分制成绩，程序自动转换为五级制成绩。

```
var grade = prompt('请输入你的成绩：');
if (grade > 90) {
    document.write('优秀);
} else if (grade > 80) {
    document.write('良好');
} else if (grade > 70) {
    document.write('中等');
} else if (grade >= 60) {
    document.write('及格');
} else {
    document.write('不及格');
}
```

（3）循环结构：在给定条件满足的情况下，反复地执行同一段代码。

有以下 4 种基本的循环结构：

- for 循环。

```
for (初始化表达式;判断表达式;循环表达式){
    需要循环执行的代码
}
```

- while 循环：用于在指定条件为 true 时循环执行代码。

```
while(表达式){    需要执行的代码; }
```

- do…while 循环：do...while 循环是 while 循环的变种。该循环程序在初次运行时会首先执行一遍其中的代码，然后当指定的条件为 true 时，它会继续这个循环。

```
do{
   需要执行的代码;
}while(表达式)
```

- for...in 循环：for...in 循环是另外一种特殊用途的循环。

```
for (变量 in 对象){
    执行代码;
}
```

下面的程序是将 window 对象中的属性成员全部输出到网页中显示出来。

```
<script type="text/javascript">
    for(var prop in window){
      document.write(prop);
      document.write("<br>");
    }
</script>
```

7. 对象

JavaScript 既支持传统的结构化编程，也支持面向对象的编程（OOP），用户在编程时可以定义自己的对象类型。这里重点介绍内建的 JavaScript 对象，使用浏览器的内部对象系统可实现与 HTML 文档乃至浏览器本身进行交互。

建立对象的目的是将围绕对象的属性和方法封装在一起提供给程序设计人员使用，从而减轻编程人员的负担，提高设计 Web 页面的能力。例如，通过 document 对象可以获得页面表单内的输入内容，也可以直接用程序更改一个表格的显示样式。

（1）访问对象的属性和方法。

访问一个对象的属性和方法可以通过下面的方式进行。

```
对象名称.属性名
对象名称.方法名()
```

访问一个对象的属性和方法时，一定要指明是哪一个对象，通过圆点运算符来访问。

访问对象的方法时，括号是必须有的，无论是否需要提供参数值。

例如 var s = "Welcome to you! "; 这条语句创建了一个字符串对象，通过变量名 s 来引用它。

```
var len = s.length;          //length 是对象的属性，表示字符串对象 s 中的字符个数
var ch = s.charAt(3);        //方法调用，获得字符串 s 中第 3 个位置的字符
```

（2）JavaScript 的常用对象。

JavaScript 的核心对象主要有 Array、Boolean、Date、Function、Math、Number、Object、String、documen、window 等。

1）Array 对象。

```
var course = new Array ("Java 程序设计","HTML 开发基础","数据库原理","计算机网络");
```

length：数组对象的一个属性，通过它可以获得一个数组的长度。

join(separator)：把数组各个项用某个字符（串）连接起来，但并不修改原来的数组，如果省略了分隔符，默认用逗号分隔。例如：

```
var cn=course.join('-');   //这里用一个短横线作为分隔符
```

则变量 cn 获得的值是“Java 程序设计-HTML 开发基础-数据库原理-计算机网络”。

pop()：删除并返回数组的最后一个元素。例如：

```
var cn=course.pop();
```

则变量 cn 获得的值是“计算机网络”。

push(newelement1,newelement2,....,newelementX)：可向数组的末尾添加一个或多个元素，并返回新的长度。例如：

```
var length=course.push("软件工程","人工智能");
```

则变量 length 获得的值为 6。

shift()和 unshift()：在数组的第一个元素之前删除和插入元素。

2）Date 对象。Date 对象用来处理和日期时间相关的事情。例如，两个日期间的前后比较等。

有以下几种定义日期对象的方法：

```
new Date()
new Date("month day, year hours:minutes:seconds")
new Date(yr_num, mo_num, day_num)
new Date(yr_num, mo_num, day_num, hr_num, min_num, sec_num)
```

具体应用如下：

```
var today = new Date();                          //自动使用当前的日期和时间作为其初始值
var birthday = new Date(“May 1, 2018 03:24:00”);    //按照日期字符串设置对象
birthday = new Date(2018,5,1);                   //根据指定的年月日设置对象
birthday = new Date(2018,5,1,3,24,0);  //根据指定的年月日时分秒设置对象
```

根据定义对象的方法可以看出日期对象包括年月日时分秒等各种信息，Date 对象提供了获得这些内容的方法。例如：

```
getDate()：从 Date 对象返回一个月中的某一天（1～31）
getDay()：从 Date 对象返回一周中的某一天（0～6）
getMonth()：从 Date 对象返回月份（0～11）
getFullYear()：从 Date 对象以四位数字返回年份
getHours()：返回 Date 对象的小时（0～23）
getMinutes()：返回 Date 对象的分钟（0～59）
getSeconds()：返回 Date 对象的秒数（0～59）
getMilliseconds()：返回 Date 对象的毫秒（0～999）
```

3）Math 对象。Math 对象提供多种算术常量和函数，执行普通的算术任务。使用 Math

对象无需像数组和日期对象一样要首先定义一个变量，可以直接通过 Math 名来使用它提供的属性和方法。

可以使用的 Math 常量，如 Math.PI。

random()：伪随机数函数，生成 0.0～1.0 之间的一个随机数，例如：

```
var r= Math.random();
```

sqrt()：平方根函数，可返回一个数的平方根，如果给定的值小于 0，则返回 NaN。

其他函数，如：max()和 min()函数、取整函数 ceil()、floor()和 round()、exp()、log()、pw()等。

4）String 对象。字符串是 JavaScript 程序中使用非常普遍的一种类型。JavaScript 为 String 提供丰富的属性和方法来完成各种各样的要求。

两种不同的定义字符串对象的方式：

```
var   s1 = "Welcome to you!";
var   s2 = new String("Welcome to you!");
```

- 获取字符串的长度：每个字符串都有一个 length 属性来说明该字符串的字符个数，例如：

```
var   s1 = "Welcome to you!";
var   len = s1.length;       //s1.length 返回 15，也就是 s1 所指向的字符串中有 15 个字符
```

- 获取字符串中指定位置的字符：通过 charAt()方法可以获得一个字符串指定位置上的字符，例如要想获得"Welcome to you!"这个字符串中的第 4 个字符 c，可以这样：

```
var ch = s1. charAt(3);
```

之所以取第 4 个字符，却给 charAt()方法传递了 3 这样的数值，是因为字符串的字符位置是从 0 开始的。

- 子串查找：字符串对象提供了在字符串内查找一个子串是否存在的方法，它们是：
  - indexOf(searchvalue,fromindex)：返回某个指定的字符串值在字符串中首次出现的位置，在一个字符串中的指定位置从前向后搜索，如果没有发现，返回-1。
  - lastIndexOf()：可返回一个指定的字符串值最后出现的位置，在一个字符串中的指定位置从后向前搜索，如果没有发现，返回-1。
- 字符串的分割：split()方法用于把一个字符串分割成字符串数组。例如“Welcome to you!”中的 3 个单词之间都用空格间隔，就可以把这个字符串按照空格分成 3 个字符串。

```
<script type=text/javascript>
    var s1 = "Welcome to you!";
    var sub = s1.split(" ");   //sub 是一个数组
    for(var i=0;i<sub.length;i++){
        document.write(sub[i]);
        document.write("<br>");
```

```
    }
</script>
```

5）Window 对象。Window 对象是 JavaScript 层级中的顶层对象。

这个对象会在一个页面中<body>出现时被自动创建，也就是一个浏览器中显示的网页会自动拥有相关的 Window 对象。Window 对象的主要属性和方法如表 9-20 和表 9-21 所示。

表 9-20　Window 对象的主要属性

名称	说明
document	表示给定浏览器窗口中的 HTML 文档
history	包含有关客户访问过的 URL 的信息
location	包含有关当前 URL 的信息
name	设置或检索窗口或框架的名称
status	设置或检索窗口底部状态栏中的消息
screen	包含有关客户端的屏幕和显示性能的信息
navigator	包含有关客户端浏览器信息的对象

表 9-21　Window 对象的主要方法

名称	说明
alert ("提示信息")	显示包含消息的对话框
confirm ("提示信息")	显示一个确认对话框，包含一个确定取消按钮
prompt ("提示信息")	弹出提示信息框
open ("url","name")	打开具有指定名称的新窗口，并加载给定 URL 所指定的文档；如果没有提供 URL，则打开一个空白文档
close ()	关闭当前窗口
setInterval ("函数",毫秒数)	按照指定的周期（以毫秒计）来调用函数
clearInterval()	停止 setInterval 的执行

6）Document 对象。JavaScript 程序可以对一个 HTML 页面中的各个元素进行控制。Document 对象代表了整个 HTML 文档，可用来访问页面中的所有元素。Document 对象是 Window 对象的一部分，虽然可通过 window.document 属性来访问，但编程中，也可以直接使用 document 名称来访问页面元素。

页面就是按照规则由一系列如<html>、<body>、<a>和<h1>等各种标签组成的规范文档。这些标签之间存在着一定的关系，例如<body>被<html>所包含，而<a>标签又被包含在<body>内，这些页面元素的关系好象倒垂的一棵树一样，而顶端就是<html>，图 9-30 所示的文档树就是对网页的结构说明。

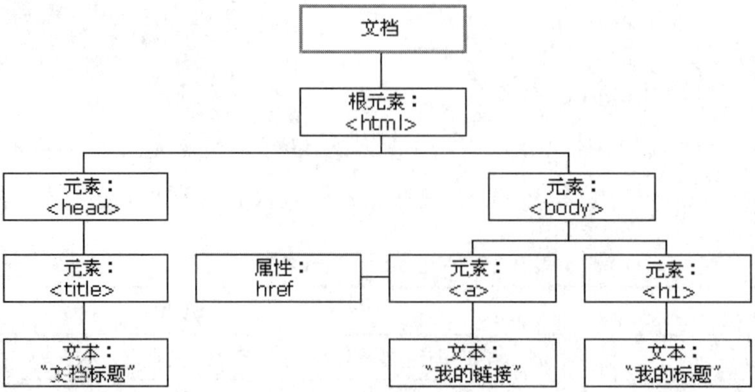

图 9-30 Document 对象

Document 对象的常用方法如表 9-22 所示。

表 9-22 Document 对象的常用方法

方法	说明
document.getElementsById("id");	通过 id 属性获取节点对象
document.getElementsByName("name");	通过 name 属性获取节点对象
document.getElementsByTagName("tag");	通过 tag 属性获取节点对象

假如页面上有一个文本输入框，代码如下：

```
<input id="idname" name="userName" type="text" placeholder="小明" />
```

若要获取文本框的输入值，可以用下面的代码得到：

```
var userName=document.getElementById("idname ").value;
```

或

```
var userNameInput=document.getElementsByName("userName");
var userName=userNameInput[0].value;
```

8. 事件编程

事件编程是 JavaScript 中最吸引人的地方，因为它提供了一个平台，让用户不仅能够浏览页面中的内容，而且可以和页面元素进行交互。

（1）事件简介。事件是可以被 JavaScript 侦测到的行为。网页中的每个元素都可以产生某些可以触发 JavaScript 函数的事件。网页访问中常见的事件有：

- 鼠标单击：例如单击 button、选中 checkbox 和 radio 等元素。
- 鼠标进入、悬浮或退出页面的某个热点：例如鼠标停在一个图片上方或者进入 table 的范围。
- 页面或图像载入：例如页面 body 被加载时。
- 在表单中选取输入框或改变输入框中文本的内容：例如选中或修改了文本框中的内容。

- 确认表单：例如准备提交表单的内容。
- 键盘按键：当按下按键或释放按键时。

（2）常用事件（如表 9-23 所示）。

表 9-23　常用事件

事件名称	说明
onload	当页面 body 被加载时执行脚本
onchange	当元素改变时执行脚本
onsubmit	当表单被提交时执行脚本
onreset	当表单被重置时执行脚本
onselect	当元素被选取时执行脚本
onblur	当元素失去焦点时执行脚本
onfocus	当元素获得焦点时执行脚本
onclick	当鼠标被单击时执行脚本
ondblclick	当鼠标被双击时执行脚本
onmousedown	当鼠标按钮被按下时执行脚本
onmousemove	当鼠标指针移动时执行脚本
onmouseout	当鼠标指针移出某元素时执行脚本
onmouseover	当鼠标指针悬停于某元素之上时执行脚本
onmouseup	当鼠标按钮被松开时执行脚本
onkeydown	当键盘被按下时执行脚本
onkeypress	当键盘被按下后又松开时执行脚本
onkeyup	当键盘被松开时执行脚本

（3）指定事件处理程序。HTML 标签中可以添加事件属性并指定事件处理程序，当标签元素的该事件发生时，执行该事件的处理程序。例如：

```
<script type="text/javascript">
    function m(){
        alert("你点击按钮了！");
    }
</script>
<input type="button" onclick="m()" value="点击试试">
<body  onload="alert('网页读取完成！')" onunload="alert('再见！')">
```

三、操作步骤

（1）运行 Sublime Text 3。

（2）在 example9 文件夹中新建一个空白文件，取名为 9-10.html。

（3）输入如下语句：

```
<!doctype html>
<html>
<head>
<meta charset="utf-8">
<title>简易计算器</title>
<style type="text/css">
p{    line-height:24px;
      text-align:center;
      }
</style>
<script language="JavaScript" >
   function compute(op)
   {
       var num1,num2;
       num1=parseFloat(document.myform.num1.value);
       num2=parseFloat(document.myform.num2.value);
       if(isNaN(num1) ||    isNaN(num2) ){
               document.myform.result.value='输入的数不正确';}
       else{
            if (op=="+")
                    document.myform.result.value=num1+num2    ;
                    if (op=="-")
                    document.myform.result.value=num1-num2    ;
                    if (op=="*")
                    document.myform.result.value=num1*num2    ;
                    if (op=="/"    &&    num2!=0)
            {
                    document.myform.result.value=num1/num2    ;
            }else if(num2==0)
                    {document.myform.result.value='除数不能为零' }
          }
       }

</script>
</head>
<body>
<form action="" method="post" name="myform" id="myform">
   <p>输入第一个数：
   <input name="num1" type="text" id="num1" size="25" placeholder="请输入一个数">
   <BR>
输入第二个数：
 <input name="num2" type="text" id="num2" size="25"    placeholder="请输入一个数">
```

```
    </p>
    <p>
      <input name="addButton" type="button" id="addButton" value="    +    " onClick="compute('+')">
      <input name="subButton" type="button" id="subButton" value="    -    " onClick="compute('-')">
      <input name="mulButton" type="button" id="mulButton" value="    ×    " onClick="compute('*')">
      <input name="divButton" type="button" id="divButton" value="    ÷    " onClick="compute('/')">
    </p>
    <p>计算结果：
      <input name="result" type="text" id="result" size="25">
    </p>
  </form>
  </body>
  </html>
```

（4）保存文件并浏览网页。

任务 2　使用 JavaScript 制作网页特效

一、实验内容

通过 JavaScript 编程实现在网页的 Canvas 标签中绘制一个时钟，效果如图 9-31 所示。

图 9-31　绘制时钟

二、相关知识介绍

1. Canvas

Canvas 是 HTML5 新增的组件，它就像一块幕布，可以用 JavaScript 在上面绘制各种图表、动画等。没有 Canvas 的年代，绘图只能借助 Flash 插件实现，页面不得不用 JavaScript 和 Flash 进行交互。有了 Canvas，就再也不需要 Flash 了，直接使用 JavaScript 完成绘制。<canvas> 标签只是图形容器，必须使用脚本来绘制图形。

可以通过多种方法使用 canvas 绘制路径、盒、圆、字符，以及添加图像等。在画布（Canvas）上画一个红色、渐变、彩色的矩形和一些彩色的文字，效果如图 9-32 所示。

图 9-32　绘制效果

2. 浏览器支持

表 9-24 中的数字表示支持 <canvas> 元素的第一个浏览器版本号。

表 9-24　各浏览器版本对 canvas 的支持情况

元素	谷歌	IE	火狐	Safari	Opera
<canvas>	4.0	9.0	2.0	3.1	9.0

在使用 Canvas 前，用 canvas.getContext 来测试浏览器是否支持 Canvas。

3. 创建一个画布（Canvas）

一个画布在网页中是一个矩形框，通过 <canvas> 元素来绘制。默认情况下 <canvas> 元素没有边框和内容。<canvas>简单实例如下：

```
<canvas id="myCanvas" width="200" height="100"></canvas>
<canvas id="myCanvas" width="200" height="100" style="border:1px solid #000000;"> </canvas>
```

4. 使用 JavaScript 来绘制图像

Canvas 元素本身是没有绘图能力的，所有的绘制工作必须在 JavaScript 内部完成。JavaScript 程序需要调用 Canvas 对象的方法 getContext("2d")来获取一个 CanvasRenderingContext2D 对象，它是一个内建的 HTML5 对象，所有的绘图操作都需要通过这个对象完成。这个对象拥有多种绘制路径、矩形、圆形、字符，以及添加图像的方法。

如果需要绘制 3D 图形怎么办？HTML5 还有一个 WebGL 规范，允许在 Canvas 中绘制 3D 图形，需要调用 Canvas 的另外一个方法：getContext("webgl")。

这里只专注于绘制 2D 图形。

可以在 Canvas 上绘制各种形状。在绘制前，需要先了解一下 Canvas 的坐标系统，如图 9-33 所示。

Canvas 的坐标以左上角为原点，水平向右为 X 轴，垂直向下为 Y 轴，以像素为单位，所以每个点都是非负整数。

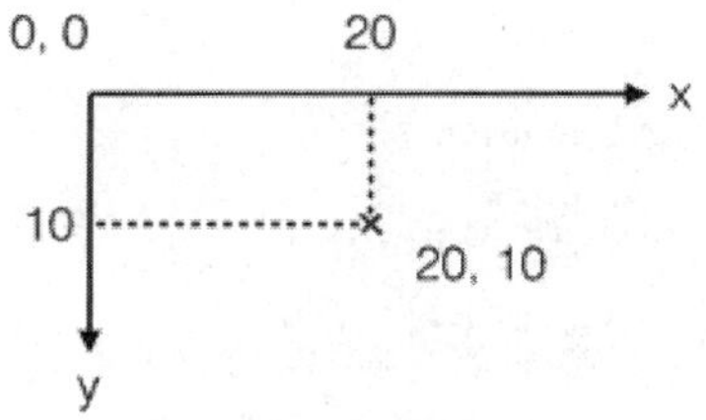

图 9-33　Canvas 的坐标系统

下面是绘制一个红色矩形图形的实例，效果如图 9-34 所示。

```
var c=document.getElementById("myCanvas");          //找到 <canvas> 元素
var ctx=c.getContext("2d");          //创建 context 对象
ctx.fillStyle="#FF0000";             //设置填充颜色
ctx.fillRect(0,0,150,75);            //设置矩形填充方式
```

图 9-34　在 Canvas 中绘制红色矩形

下面介绍几种常用图形的绘制方法。

（1）Canvas - 路径。

在 Canvas 上画直线，如图 9-35 所示。

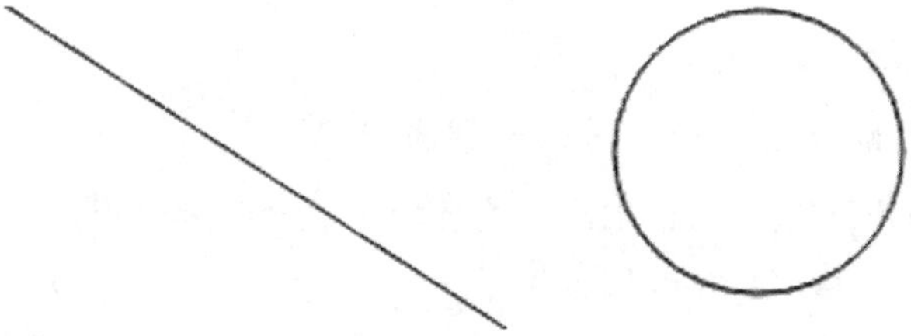

图 9-35　在 Canvas 上绘制路径

JavaScript 代码如下：

```
var c=document.getElementById("myCanvas");
var ctx=c.getContext("2d");
ctx.moveTo(0,0);              //开始坐标
ctx.lineTo(200,100);          //结束坐标
ctx.stroke();                 //绘制线条
```

在 Canvas 中绘制圆形，如图 9-35 所示。

JavaScript 代码如下：

```
var c=document.getElementById("myCanvas");
var ctx=c.getContext("2d");
ctx.beginPath();
ctx.arc(95,50,40,0,2*Math.PI);        //圆参数设置
ctx.stroke();      //绘制圆
```

（2）Canvas - 文本。

使用 Arial 字体在画布上绘制一个高 30px 的文字（实心），如图 9-36 所示。

JavaScript 代码如下：

```
var c=document.getElementById("myCanvas");
var ctx=c.getContext("2d");
ctx.font="30px Arial";     //定义字体
ctx.fillText("Hello World",10,50);       //绘制实心的文本
strokeText():
```

图 9-36　在 Canvas 上绘制文本

使用 Arial 字体在画布上绘制一个高 30px 的文字（空心），如图 9-36 所示。

JavaScript 代码如下：

```
var c=document.getElementById("myCanvas"); var ctx=c.getContext("2d");
ctx.font="30px Arial";
ctx.strokeText("Hello World",10,50); 绘制空心的文本
```

（3）Canvas - 渐变。

渐变可以填充在矩形、圆形、线条、文本等中，各种形状可以自己定义不同的颜色。

有两种不同的方式来设置 Canvas 渐变，如下：

- createLinearGradient(x,y,x1,y1)：创建线条渐变。
- createRadialGradient(x,y,r,x1,y1,r1)：创建一个径向/圆渐变。

当使用渐变对象时，必须使用两种或两种以上的停止颜色。addColorStop()方法指定颜色停止，参数使用坐标来描述，可以是 0～1。

使用渐变，设置 fillStyle 或 strokeStyle 的值为渐变，然后绘制形状，如矩形、文本或一条线。

使用 createLinearGradient()：创建一个线性渐变，使用渐变填充矩形，如图 9-37 所示。

JavaScript 代码如下：

```
var c=document.getElementById("myCanvas");
var ctx=c.getContext("2d");
var grd=ctx.createLinearGradient(0,0,200,0);          //创建渐变
```

```
grd.addColorStop(0,"red"); grd.addColorStop(1," green ");        //指定颜色停止
ctx.fillStyle=grd; ctx.fillRect(10,10,150,80);           //填充渐变
```

图 9-37　渐变填充矩形

使用 createRadialGradient()：创建一个径向/圆渐变填充矩形，如图 9-37 所示。

JavaScript 代码如下：

```
var c=document.getElementById("myCanvas"); var ctx=c.getContext("2d");
var grd=ctx.createRadialGradient(75,50,5,90,60,100);            //创建渐变
grd.addColorStop(0,"red"); grd.addColorStop(1,"green");         //指定颜色停止
ctx.fillStyle=grd; ctx.fillRect(10,10,150,80);                  //填充渐变
```

（4）Canvas - 图像。

把一幅图像放置到画布上，使用方法 drawImage(image,x,y)，如图 9-38 所示。

图 9-38　在 Canvas 上绘制图像

JavaScript 代码如下：

```
var c=document.getElementById("myCanvas");
var cxt=c.getContext("2d");
var img=new Image();       //创建图片对象
img.src="images/10.jpg";
cxt.drawImage(img,0,0);    //在画布上
```

三、操作步骤

（1）运行 Sublime Text 3。

（2）在 example9 文件夹中新建一个空白文件，取名为 9-11.html。

（3）输入如下语句：

```
<!DOCTYPE html>
<html lang="en">
<head>
    <meta charset="UTF-8">
    <title>canvas 时钟</title>
    <style>
        div {
            text-align: center;
            margin-top: 15%;
        }
    </style>
</head>
<body>
<div>
    <canvas id="clock" height="200px" width="200px"></canvas>
</div>
<script>
    var dom = document.getElementById('clock');
    var ctx = dom.getContext('2d');
    var width = ctx.canvas.width;
    var height = ctx.canvas.height;
    var r = width / 2;
    var rem = width / 200;
    //绘制时钟的圆表盘
    function drawBackground() {
        ctx.save();  //保存当前环境的状态
        ctx.translate(r, r);        //重新映射画布上的 (0,0) 位置
        ctx.beginPath();            //起始一条路径或重置当前路径
        ctx.lineWidth = 5 * rem;      //设置或返回当前的线条宽度
        ctx.arc(0, 0, r - ctx.lineWidth / 2, 0, 2 * Math.PI, false)  //创建弧/曲线（用于创建圆形或部分圆）
        ctx.strokeStyle ="#0000ff"
        ctx.stroke();      //stroke()    绘制已定义的路径
        //绘制 12 个时钟数字
        var hourNumbers = [3, 4, 5, 6,7, 8, 9, 10, 11, 12, 1, 2];
        ctx.font = 18 * rem + "px arial";
        ctx.textAlign = "center";   //设置或返回文本内容的当前对齐方式
        ctx.textBaseline = "middle";  //设置或返回在绘制文本时使用的当前文本基线
        hourNumbers.forEach(function (number, i) {
            var rad = 2 * Math.PI / 12 * i;
            var x = Math.cos(rad) * (r - 30 * rem);
            var y = Math.sin(rad) * (r - 30 * rem);
            ctx.fillText(number, x, y);  //在画布上绘制“被填充的”文本
        });
```

```
            //绘制 60 个分钟小圆点
            for (var i = 0; i < 60; i++) {
                var rad = 2 * Math.PI / 60 * i;
                var x = Math.cos(rad) * (r - 18 * rem);
                var y = Math.sin(rad) * (r - 18 * rem);
                ctx.beginPath();
                if (i % 5 === 0) {
                    ctx.fillStyle = "red";
                    ctx.arc(x, y, 2 * rem, 0, 2 * Math.PI, false);
                } else {
                    ctx.fillStyle = "green";
                    ctx.arc(x, y, 2 * rem, 0, 2 * Math.PI, false);
                }
                ctx.fill();
            }
        }
        // 绘制时针
        function drawHour(hour, minute) {
            ctx.save();
            ctx.beginPath();   //起始一条路径或重置当前路径
            var rad = 2 * Math.PI / 12 * hour;
            var mrad = 2 * Math.PI / 12 / 60 * minute;
            ctx.rotate(rad + mrad);
            ctx.lineWidth = 6 * rem;
            ctx.lineCap = 'round';
            ctx.moveTo(0, 10 * rem);
            ctx.lineTo(0, -r / 2);
            ctx.stroke();
            ctx.restore();
        }
        //绘制分针
        function drawMinute(minute) {
            ctx.save();
            ctx.beginPath();
            var rad = 2 * Math.PI / 60 * minute;
            ctx.rotate(rad);
            ctx.lineWidth = 3 * rem;
            ctx.lineCap = 'round';
            ctx.moveTo(0, 10 * rem);
            ctx.lineTo(0, -r + 30 * rem);
            ctx.stroke();
            ctx.restore();
        }
        //绘制秒针
        function drawSecond(second) {
            ctx.save();
```

```
            ctx.beginPath();
            ctx.fillStyle = "red";
            var rad = 2 * Math.PI / 60 * second;
            ctx.rotate(rad);
            ctx.moveTo(-2 * rem, 20 * rem);    //把路径移动到画布中的指定点，不创建线条
            ctx.lineTo(2 * rem, 20 * rem);    //添加一个新点，然后在画布中创建从该点到最后指定点的线条
            ctx.lineTo(1, -r + 18 * rem);
            ctx.lineTo(-1, -r + 18 * rem);
            ctx.fill();//fill()    填充当前绘图（路径）
            ctx.restore();
        }
        // 绘制时针、分针和秒针相交处的圆点
        function drawDot() {
            ctx.beginPath();
            ctx.fillStyle = "white";
            ctx.arc(0, 0, 3 * rem, 0, 2 * Math.PI, false);
            ctx.fill();
        }
        // 绘制 Canvas
        function draw() {
            ctx.clearRect(0, 0, width, height);    //在给定的矩形内清除指定的像素
            var now = new Date();    //获得系统的当前时间
            var hour = now.getHours();
            var minute = now.getMinutes();
            var second = now.getSeconds();
            drawBackground();
            drawHour(hour, minute);
            drawMinute(minute);
            drawSecond(second);
            drawDot();
            ctx.restore();  //restore()    返回之前保存过的路径状态和属性
        }
        draw();
        setInterval(draw, 1000);    //设置 1 秒钟调用一次 draw 函数，重新绘制 Canves
    </script>
    </body>
    </html>
```

（4）保存文件并在浏览器中测试效果。

思考与综合练习

1．设计如图 9-39 所示的一个页面，输入属性名和属性值，单击“确定”按钮能改变下面 DIV 属性的值。

图 9-39　页面效果

2．当鼠标移动到小图片上时大图片变换成显示该小图片，如图 9-40 所示。

图 9-40　图片显示页面

3．设计一个倒计时页面，如图 9-41 所示，单击“启动”按钮开始倒计时，单击“取消”按钮暂停倒计时。

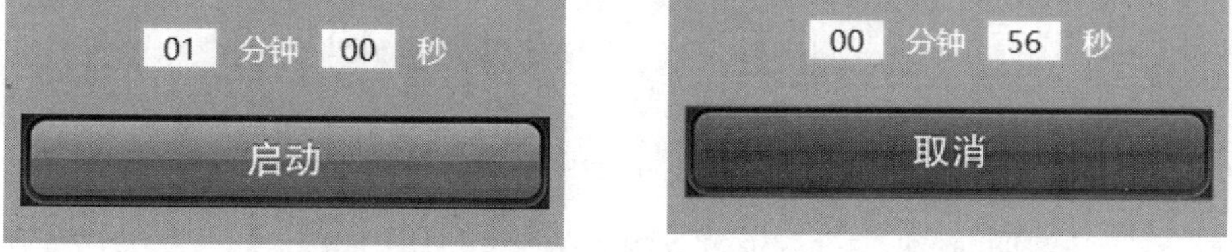

图 9-41　倒计时页面

参考文献

[1] 陈炼，陶俊才．大学计算机应用基础与上机实验指导[M]．北京：北京邮电大学出版社，2011．

[2] 陈炼，陶俊才．大学计算机基础与应用[M]．北京：科学出版社，2008．

[3] 周海芳，周竞文．谭春娇，等．大学计算机基础实验教程[M]．2 版．北京：清华大学出版社，2018．

[4] 嵩天，礼欣，黄天羽．Python 语言程序设计基础[M]．2 版．北京：机械工业出版社，2017．

[5] 江红，余青松．Python 程序设计与算法基础教程[M]．北京：清华大学出版社，2017．

[6] 戴伟辉，孙海，黄丽华．信息系统分析与设计[M]．北京：高等教育出版社，2004．

[7] 梁昌勇．信息系统分析、设计与开发方法[M]．北京：清华大学出版社，2011．

[8] 张海蕃．软件工程[M]．北京：清华大学出版社，2009．

[9] 熊婷，梅毅．大学计算机应用基础教程[M]．北京：北京邮电大学出版社，2015．

[10] 梅毅，熊婷．大学计算机应用基础实验上机指导[M]．北京：北京邮电大学出版社，2015．

[11] 董付国．Python 程序设计基础[M]．2 版．北京：清华大学出版社，2018．

[12] 李暾，毛晓光，刘万伟，等．大学计算机基础[M]．3 版．北京：清华大学出版社，2018．

[13] 王桂玲，王强，赵卓峰，等．物联网大数据处理技术与实践[M]．北京：电子工业出版社，2017．

[14] 黄东军．物联网技术导论[M]．2 版．北京：电子工业出版社，2017．

[15] 李暾，毛晓光，陈跃新，等．大学计算机基础[M]．3 版．北京：清华大学出版社，2018．

[16] 教育部考试中心．公共基础知识（2014 年版）[M]．北京：高等教育出版社，2014．

[17] 黄纯国，刁海旭，殷常鸿，等．多媒体技术与应用[M]．2 版．北京：清华大学出版社，2016．

[18] 林福宗．多媒体技术基础[M]．4 版．北京：清华大学出版社，2017．

[19] 王正才，董晓娜．大学计算机基础实训教程（Windows 7+Office 2010）[M]．北京：中国水利水电出版社，2014．

[20] 李姝博，王闻．Office 2010 办公软件实用教程[M]．北京：清华大学出版社，2017．

[21] 刘红梅，高倩．Dreamweaver CS6 网页设计与制作[M]．北京：中国电力出版社，2016．